HZ BOOKS

华 章 图 书

一本打开的书，一扇开启的门，
通向科学殿堂的阶梯，托起一流人才的基石。

Effective Java

Third Edition

Effective Java

中文版

（原书第3版）

[美] 约书亚·布洛克（Joshua Bloch） 著

俞黎敏 译

机 械 工 业 出 版 社
China Machine Press

图书在版编目（CIP）数据

Effective Java 中文版（原书第 3 版）/（美）约书亚·布洛克（Joshua Bloch）著；俞黎敏
译 . —北京：机械工业出版社，2018.10（2021.6 重印）
（Effective 系列丛书）
书名原文：Effective Java, Third Edition

ISBN 978-7-111-61272-8

I. E… II. ①约… ②俞… III. JAVA 语言 – 程序设计 IV. TP312.8

中国版本图书馆 CIP 数据核字（2018）第 247876 号

Effective Java 中文版（原书第 3 版）

出版发行：机械工业出版社（北京市西城区百万庄大街 22 号　邮政编码：100037）
责任编辑：陈佳媛　　　　　　　　　　　　　　　　责任校对：殷　虹
印　　刷：大厂回族自治县益利印刷有限公司　　　　版　　次：2021 年 6 月第 1 版第 9 次印刷
开　　本：186mm×240mm　1/16　　　　　　　　　印　　张：21.25
书　　号：ISBN 978-7-111-61272-8　　　　　　　　定　　价：119.00 元

凡购本书，如有缺页、倒页、脱页，由本社发行部调换
客服热线：（010）88379426　88361066　　　　　　投稿热线：（010）88379604
购书热线：（010）68326294　88379649　68995259　　读者信箱：hzit@hzbook.com

版权所有·侵权必究
封底无防伪标均为盗版
本书法律顾问：北京大成律师事务所　韩光 / 邹晓东

如果有一个同事这样对你说："我的配偶今天晚上在家里制造了一顿不同寻常的晚餐，你愿意来参加吗？"（Spouse of me this night today manufactures the unusual meal in a home. You will join？）这时候你脑子里可能会想到三件事情：第一，满脑子的疑惑；第二，英语肯定不是这位同事的母语；第三，同事是在邀请你参加他的家庭晚宴。

如果你曾经学习过第二种语言，并且尝试过在课堂之外使用这种语言，就该知道有三件事情是必须掌握的：这门语言的结构是怎么样的（语法），如何命名你想谈论的事物（词汇），以及如何以惯用和高效的方式来表达日常事物（用法）。在课堂上大多只涉及前面两点，当你使出浑身解数想让对方明白你的意思时，却常常发现母语人士或当地人对你的表述忍俊不禁。

程序设计语言也是如此。你需要理解语言的核心：它是面向算法的，还是面向函数的或者是面向对象的？你需要知道词汇表：标准类库提供了哪些数据结构、操作和功能？你还需要熟悉如何用习惯和高效的方式来构建代码。关于程序设计语言的书籍通常只涉及前两点，或者只是蜻蜓点水般地介绍一下用法。也许是因为前两点比较容易编写。语法和词汇是语言本身固有的特性，用法则反映了使用这门语言的群体特征。

例如，Java程序设计语言是一门支持单继承的面向对象程序设计语言，在每个方法的内部，它也支持命令式的（面向语句的）编码风格。Java类库提供了对图形显示、网络、分布式计算和安全性的支持。但是，如何把这门语言以最佳的方式运用到实践中呢？

还有一点：程序与口语中的句子以及大多数书籍和杂志都不同，它会随着时间的推移而发生变化。仅仅编写出能够有效地工作并且能够被别人理解的代码往往是不够的，我们还必须把代码组织成易于修改的形式。针对某个任务 T 可能会有 10 种不同的编码方法，而在这 10 种方法中，可能有 7 种方法是笨拙、低效或者难以理解的。而在剩下的 3 种编码方法中，哪一种会是最接近任务 T 的下一年度发行版本的代码呢？

目前有大量的书籍可以供你学习 Java 程序设计语言的语法，包括《The Java Programming Language》（作者是 Arnold、Gosling 和 Holmes），以及《The Java Language Specification》（作者是 Gosling、Joy 和 Bracha）。同样，介绍 Java 程序设计语言相关的类库和 API 的书籍也不少。

本书将解决你的第三种需求：习惯和高效的用法。作者 Joshua Bloch 在 Sun 公司多年来一直从事 Java 编程语言的扩展、实现和使用的工作；他还大量地阅读了其他人的代码，包括我的代码。他在本书中提出了许多很好的建议，系统地把这些建议组织起来，旨在告诉读者如何更好地构建代码，以便它们能够更好地工作，也便于其他人能够理解这些代码，将来对代码进行修改和改善的时候不至于那么头疼。甚至，你的程序也会因此而变得更加令人愉悦、更加优美和雅致。

Guy L. Steele Jr.

马萨诸塞州，伯灵顿

2001 年 4 月

Effective

Java 从 1997 年诞生到日趋完善，经过了 20 多年不断的发展壮大，已经拥有了近千万开发人员。如何编写出更清晰、更正确、更健壮且更易于重用的代码，是大家所追求的目标。本书是经典 Jolt 获奖作品《 Effective Java 》的第 3 版，对上一版内容进行了彻底的更新，涵盖了自 2001 年第 1 版之后所引入的 Java SE 5 和 Java SE 6 的新特性，以及 2008 年第 2 版之后所引入的 Java SE 7 和 Java SE 8 以及 Java SE 9 的新特性。作者探索了新的设计模式和语言习惯用法，介绍了如何充分利用从泛型到枚举、从注解到自动装箱的各种特性，帮助读者更加有效地使用 Java 编程语言及其基本类库：`java.lang`、`java.util` 和 `java.io`，以及子包，如 `java.util.concurrent` 和 `java.util.function` 等。本书的作者 Joshua Bloch 曾经是 Sun 公司的杰出工程师和 Google 公司的首席 Java 架构师，带领团队设计和实现过无数的 Java 平台特性，包括 JDK 5.0 语言增强版和获奖的 Java Collections Framework。在本书中，他为我们带来了 90 条程序员必备的经验法则：针对你每天都会遇到的编程问题提出了最有效、最实用的解决方案。

书中的每一章都包含几个"条目"，以简洁的形式呈现，自成独立的短文，它们提出了具体的建议、对于 Java 平台精妙之处的独到见解，并提供优秀的代码范例。每个条目的综合描述和解释都阐明了应该怎么做、不应该怎么做，以及为什么。通过阅读贯穿全书的透彻的技术剖析与完整的示例代码，认真理解并加以实践，必定会从中受益匪浅。书中介绍的示例代码清晰易懂，也可以作为日常工作的参考指南。

读者对象

本书不是针对初学者的，读者至少需要熟悉 Java 程序设计语言。如果你连 equals()、toString()、hashCode() 都还不了解的话，建议先去看些优秀的 Java 入门书籍，之后再来阅读本书。如果你在 Java 开发方面已经有一定的经验，想更加深入地了解 Java 编程语言，成为一名更优秀、更高效的 Java 开发人员，那么，建议你用心研读本书。

内容形式

本书分为 12 章共 90 个条目，涵盖了 Java 5.0/6.0/7.0/8.0/9.0 的种种技术要点。与第 2 版相比，本书删除了 "C 语言结构的替代" 一章，增加了 Java 7 及之后所引入的新特性：Lambda 表达式、Stream、Optional 类、接口中的默认方法、try-with-resources、@Safe-Varargs 注解、Module 模块化 。数量上从 78 个条目发展到了 90 个，不仅增加了 12 个条目，并对原来的所有资料都进行了全面的修改，删去了一些已经过时的条目。但是，各章之间并没有严格的前后顺序关系，你可以随意选择感兴趣的章节进行阅读。当然，如果你想马上知道第 3 版究竟有哪些变化，可以参阅附录。

本书重点讲述了 Java 5 所引入的全新的泛型、枚举、注解、自动装箱、for-each 循环、可变参数、并发机制，还包括对象、类、类库、方法和序列化这些经典主题的全新技术与最佳实践，以及如何避免 Java 编程语言中常被误解的细微之处：陷阱和缺陷，并重点关注了 Java 语言本身和最基本的类库（java.lang、java.util）和一些扩展（java.util.concurrent 和 java.io 等）。

主要章节简介

第 1 章为引言。

第 2 章阐述何时以及如何创建对象，何时以及如何避免创建对象，如何确保它们能够适时地销毁，以及如何管理对象销毁之前必须进行的各种清除动作。

第 3 章阐述对于所有对象都通用的方法，你会从中获知对 equals、hashCode、toString、clone、finalize 以及 Comparable.compareTo 方法相当深入的分析，从而避免今后在这些问题上再次犯错。

第 4 章阐述作为 Java 程序设计语言的核心以及 Java 语言的基本抽象单元（类和接口）在使用上的一些指导原则，帮助你更好地利用这些元素，设计出更加有用、健壮和灵活的类与接口。

第 5 章和第 6 章中分别阐述在 Java 1.5 发行版本中新增加的泛型（Generic）以及枚举

（Enum）和注解（Annotation）的最佳实践，教你如何最大限度地享有这些优势，并使整个过程尽可能地简单化。

第 7 章专门讨论在 Java 8 中新增的函数接口（Functional Interface）、Lambda 表达式和方法引用（Method Reference），使创建函数对象（Function Object）变得更加容易。接着探讨为处理数据元素的序列提供了类库级别支持的 Stream API，以及如何最佳地利用这些机制。

第 8 章讨论方法设计的几个方面：如何处理参数和返回值，如何设计方法签名，如何为方法编写文档，从而使方法设计在可用性、健壮性和灵活性上有进一步的提升。

第 9 章主要讨论 Java 语言的具体细节，讨论了局部变量的处理、控制结构、类库的使用、各种数据类型的用法，以及两种不是由语言本身提供的机制（Reflection 和 Native Method，反射机制和本地方法）的用法，并讨论了优化和命名惯例。

第 10 章阐述如何充分发挥异常的优点来提高程序的可读性、可靠性和可维护性，以及减少异常使用不当所带来的负面影响，并提供了一些关于有效使用异常的指导原则。

第 11 章阐述如何帮助你编写出清晰、正确、文档组织良好的并发程序，比如如何避免过度同步，优先采用 Executor Framework、并发集合（Concurrent Collection）、同步器（Synchronizer），以及是否需要依赖于线程调度器等。

第 12 章阐述序列化方面的技术，并且有一项值得特别提及的特性，就是序列化代理（Serialization Proxy）模式，它可以帮助你避免对象序列化的许多缺陷。

举个例子，就序列化技术来讲，HTTP 会话状态为什么可以缓存？ RMI 的异常为什么可以从服务器端传递到客户端？ GUI 组件为什么可以被发送、保存和恢复呢？是因为它们实现了 Serializable 接口吗？如果超类没有提供可访问的无参构造器，它的子类可以被序列化吗？当一个实例采用默认的序列化形式，并且给某些域标记为 transient，那么当实例反序列化回来后，这些标记为 transient 域的值各是些什么呢？这些问题如果你现在不能马上回答，或者不能确定，也没有关系，请仔细阅读本书，你将会对它们有更深入与透彻的理解。

技术范围

虽然本书所讨论的是更深层次的 Java 开发技术，讲述的内容深入，涉及面又相当广泛，但是它并没有涉及图形用户界面编程、企业级 API 以及移动设备方面的技术，不过在一些条目中会不时地讨论到其他相关的类库。

这是一本分享经验与指引你少走弯路的经典著作，针对如何编写高效、设计优良的程序提出了最实用、最权威的指导方针，是 Java 开发人员案头上的一本不可或缺的参考书。

本书由我组织进行翻译，并负责本书所有章节的全面审校。参与翻译和审校的还有：杨春花、荣浩、邱庆举、万国辉、陆志平、姜法有、王琳、林仪明、凌家亮、李勇、刘传飞、王建旭、程旭文、罗兴、翟育明、杨征和陈建都。

虽然我们在翻译过程中竭力追求信、达、雅，但限于自身水平，也许仍有不足，还望各位读者不吝指正。关于本书的翻译和翻译时采用的术语以及相关的技术讨论大家可以访问我的博客 http://YuLimin.ItEye.com，也可以发邮件到 YuLimin @ 163.com 与我交流。

在这里，我要感谢在翻译过程中一起讨论并帮助我的朋友们，他们是：满江红开放技术研究组织创始人曹晓钢，Spring 中文站创始人杨戈（Yanger），SpringSide 创始人肖桦（江南白衣）和来自宝岛台湾的李日贵（jini）、林康司（koji）、林信良（caterpillar），在此再次深表感谢。

最后，感谢华章公司的两位编辑陈佳媛与关敏，她们耐心、细致地审校了全书，使本书得到了极大的改善。赞！

快乐分享，实践出真知，最后，祝大家能够像我一样在阅读中享受本书带来的乐趣！

Read a bit and take it out, then come back read some more.

俞黎敏

2018 年 10 月 24 日于港珠澳大桥开通之时

第 3 版前言

1997 年，Java 才面世不久，James Gosling（Java 之父）称之为"超级简单的蓝领语言"[Gosling97]。几乎与此同时，Bjarne Stroustrup（C++ 之父）则将 C++ 称为"多范式语言"（multi-paradigm language），因为"它与那些只支持单一编程方法的程序语言有着天壤之别"[Stroustrup95]。Stroustrup 曾发出过这样的警告：

> 正如大多数刚面世的语言一样，Java 的相对简单性，很可能一部分是出于错觉，一部分是因为其尚不完整而导致的结果。随着时间的推移，Java 在规模和复杂度方面都会显著增长。到那时，其规模可能呈双倍甚至三倍增长，并产生大量依赖于实现的扩展或者类库 [Stroustrup]。

现在，二十年过去了，坦白地说，Gosling 和 Stroustrup 说的都没有错。Java 现在果然是既庞大又复杂，许多东西都带有多个抽象，从并发执行，到迭代，再到日期和时间的表示法。

随着 Java 平台的发展，我的热情有所降温，但我依然钟爱 Java。考虑到 Java 日益增加的规模和复杂度，对于最前沿的最佳实践指导的需求成了重中之重。在本书中，我将不遗余力地为读者提供这样的指导。希望这一版能够在坚持前两个版本的精神的前提下，继续满足读者的最新需求。

简单即美，但要做到大道至简却实属不易。

Joshua Bloch
San Jose, California
2017 年 11 月

附：近年来，我在业界的最佳实践方面花费了大量的精力。自 20 世纪 50 年代诞生这个行业以来，我们已经自由地重新实现了彼此的 API。这个实践对于计算机技术的快速成功至关重要。我始终积极地致力于维护这种自由 [CompSci17]，并且鼓励你们也加入到这个行列中来。我们的专业要想持续健康地发展，确保重新实现各自 API 的权利显得尤为重要。

第 2 版前言

自从我于 2001 年写了本书的第 1 版之后，Java 平台又发生了很多变化，是该出第 2 版的时候了。Java 5 中最为重要的变化是增加了泛型、枚举类型、注解、自动装箱和 `for-each` 循环。其次是增加了新的并发类库：`java.util.concurrent`。我和 Gilad Bracha 一起，有幸带领团队设计了最新的语言特性。我还有幸参加了设计和开发并发类库的团队，这个团队由 Doug Lea 领导。

Java 平台中另一个大的变化在于广泛采用了现代的 IDE（Integrated Development Environment），例如 Eclipse、IntelliJ IDEA 和 NetBeans，以及静态分析工具的 IDE，如 FindBugs。虽然我还未参与这部分工作，但已经从中受益匪浅，并且很清楚它们对 Java 开发体验所带来的影响。

2004 年，我离开 Sun 公司到了 Google 公司工作，但在过去的 4 年中，我仍然继续参与 Java 平台的开发，在 Google 公司和 JCP（Java Community Process）的大力帮助下，继续并发和集合 API 的开发。我还有幸利用 Java 平台去开发供 Google 内部使用的类库。现在我了解了作为一名用户的感受。

我在 2001 年编写第 1 版的时候，主要目的是与读者分享我的经验，便于让大家避免我所走过的弯路，使大家更容易成功。新版仍然大量采用来自 Java 平台类库的真实范例。

第 1 版所带来的反应远远超出了我最大的预期。我在收集所有新的资料以使本书保持最新时，尽可能地保持了资料的真实。毫无疑问，本书的篇幅肯定会增加，从 57 个条目发展到了 78 个。我不仅增加了 23 个条目，并且修改了原来的所有资料，并删去了一些已经过时的条目。在附录中，你可以看到本书中的内容与第 1 版的内容的对照情况。

在第 1 版的前言中我说过：Java 程序设计语言和它的类库非常有益于代码质量与效率的提高，并且使得用 Java 进行编码成为一种乐趣。Java 5 和 Java 6 发行版中的变化是好事，这也使 Java 平台日趋完善。现在这个平台比 2001 年的要大得多，也复杂得多，但是一旦掌握了使用新特性的模式和习惯用法，它们就会使你的程序变得更完美，使你的工作变得更轻松。

我希望第 2 版能够体现出我对 Java 平台持续的热情，并将这种热情传递给你，帮助你更加高效和愉快地使用 Java 平台及其新的特性。

Joshua Bloch

San Jose, California

2008 年 4 月

第 1 版前言

1996 年，我打点行囊，西行来到了当时的 JavaSoft，因为我很清楚那里将会出现奇迹。在这 5 年间，我是 Java 平台库的架构师。我设计、实现和维护过许多类库，同时也担任其他一些库的技术顾问。随着 Java 平台的成熟和壮大，主持这些类库的设计工作是一个人一生中难得的机会。毫不夸张地说，我有幸与一些当代最杰出的软件工程师一起工作。在这个过程中，我学到了许多关于 Java 程序设计语言的知识——它能够做什么，不能够做什么，以及如何最有效地使用这门语言及其类库。

本书是我的一次尝试，希望与你分享我的经验，你可以因此而吸取我的经验，避免重复我的失败。本书中我借用了 Scott Meyers 的《 Effective C++ 》一书的格式，该书中包含 50 个条目，每个条目给出一条用于改进程序和设计的规则。我觉得这种格式非常有效，希望你也有这样的感觉。

在许多例子中，我冒昧地使用了 Java 平台库中的真实例子来说明相应的条目。在介绍那些做得不是很完美的工作时，我尽量使用我自己编写的代码，但是偶尔我也会使用其他同事的代码。尽管我尽力做得更好一点，但是如果我真的冒犯了他人，我先在这里致以最诚挚的歉意。引用反面例子是出于协作的精神，而不是要羞辱例子中的做法，我希望大家都能够从我们过去的错误经历中得到启发。

尽管本书并不只是针对可重用组件开发人员的，但是过去 20 多年来我编写此类组件的经历一定会影响这本书。我很自然地会按照可导出 API（Application Programming Interface）的方式来思考问题，而且我建议你也这样做。即使你并没有开发可重用的组件，这样的思考方法也将有助于你提升软件的质量。进一步来说，毫无意识地编写可重用组件的情形并不少见：你编写了一些很有用的代码，然后在同伴之间共享，不久之后你就有了很多用户。这时候，你就不能随心所欲地改变 API 了，并且如果你刚开始编写软件的时候在设计 API 上付出了较多的努力，那么这时你就会非常庆幸了。

　　我把焦点放在 API 的设计上，这对于那些热衷于新兴的轻量级软件开发方法学（比如 Extreme Programming，即"极限编程"，简称 XP）的读者来说，也许会显得有点不太自然。这些方法学强调编写最简单的、能够工作的程序。如果你正在使用此类的某种程序设计方法，那么你会发现，把焦点放在 API 设计上对于"重构"（refactoring）过程是多么有益。重构的基本目标是改进系统结构，以及避免代码重复。如果系统的组件没有设计良好的 API，要达到这样的目标则是不可能的。

　　没有一门语言是完美的，但是有些语言非常优秀。我认为 Java 程序设计语言及其类库非常有益于提高代码质量和工作效率，并使得编码工作成为一种乐趣。我希望本书能够抓住我的热情并传递给你，帮助你更有效地利用 Java 语言，使工作变得更加愉快。

Joshua Bloch

Cupertino, California

2001 年 4 月

致 谢 · ACKNOWLEDGEMENTS

Effective

第 3 版致谢

我要感谢本书前两版的读者给予本书如此热情的好评，感谢他们将书中的理念铭记在心，感谢他们让我知道该书给他们及其工作带来了怎样积极的影响。感谢许多教授在教学中采用了本书，感谢许多开发团队应用了本书。

我要感谢 Addison-Wesley 和 Pearson 的整个团队，感谢他们的诚恳、专业、耐心，以及极端压力之下所体现出来的从容。编辑 Greg Doench 自始至终保持镇定自若：他是一名优秀的编辑，同时也是一位完美的绅士。我担心在这个项目结束时，他会为此增添不少银丝，为此我深表歉意。产品经理 Julie Nahil 和项目编辑 Dana Wilson 具备了应该具备的一切：勤奋、敏捷、训练有素，且待人和气。文字编辑 Kim Wimpsett 一丝不苟，富有鉴赏能力。

我有幸再一次得到了所能想到的最佳审校团队的支持，真诚地感谢他们中的每一位。核心团队负责审校每一个章节，他们包括：Cindy Bloch、Brian Kernighan、Kevin Bourrillion、Joe Bowbeer、William Chargin、Joe Darcy、Brian Goetz、Tim Halloran、Stuart Marks、Tim Peierls 以 及 Yoshiki Shibata。其他审校人员包括：Marcus Biel、Dan Bloch、Beth Bottos、Martin Buchholz、Michael Diamond、Charlie Garrod、Tom Hawtin、Doug Lea、Aleksey Shipilëv、Lou Wasserman 以及 Peter Weinberger。这些审校人员再次提出了大量的建议，使本书得到了极大的改善，也让我避免了诸多尴尬局面。

我要特别感谢 William Chargin、Doug Lea 和 Tim Peierls，他们成了书中许多理念的倡导者，并为本书毫不吝惜地奉献了他们的时间和学识。

最后，我要感谢妻子 Cindy Bloch，她鼓励我写作，阅读了初稿中的每个条目，为我编写索引，帮我打理在完成全书工作时难免发生的一切事务，在我写作的时候一直对我十分宽容。

第 2 版致谢

我要感谢本书第 1 版的读者给予本书如此热情的好评，感谢他们将书中的理念铭记在心，感谢他们让我知道本书给他们以及他们的工作带来了怎样积极的影响。感谢许多教授在教学中采用了本书，感谢许多开发团队应用了本书。

我要感谢 Addison-Wesley 的整个团队，感谢他们的诚恳、专业、耐心，以及压力之下所体现出来的从容。编辑 Greg Doench 自始至终保持镇定自若：他是一名优秀的编辑，同时也是一位完美的绅士。产品经理 Julie Nahil 具备了产品经理应该具备的一切：勤奋、敏捷、训练有素，且待人和气。文字编辑 Barbara Wood 一丝不苟，富有鉴赏能力。

我有幸再一次得到了所能想到的最佳审校团队的支持，我真诚地感谢他们中的每一位。核心团队负责审校每一个章节，他们包括：Lexi Baugher、Cindy Bloch、Beth Bottos、Joe Bowbeer、Brian Goetz、Tim Halloran、Brian Kernighan、Rob Konigsberg、Tim Peierls、Bill Pugh、Yoshiki Shibata、Peter Stout、Peter Weinberger 以及 Frank Yellin。其他审校人员包括：Pablo Bellver、Dan Bloch、Dan Bornstein、Kevin Bourrillion、Martin Buchholz、Joe Darcy、Neal Gafter、Laurence Gonsalves、Aaron Greenhouse、Barry Hayes、Peter Jones、Angelika Langer、Doug Lea、Bob Lee、Jeremy Manson、Tom May、Mike McCloskey、Andriy Tereshchenko 以及 Paul Tyma。这些审校人员再次提出了大量的建议，使本书得到了极大的改善，也让我避免了诸多尴尬。剩下的任何错误都是我自己的责任。

我要特别感谢 Doug Lea 和 Tim Peierls，他们成了书中许多理念的倡导者。Doug 和 Tim 为本书毫不吝惜地奉献了他们的时间和学识。

我要感谢我在 Google 公司的经理 Prabha Krishna，感谢她持续不断的支持和鼓励。最后，我要感谢我的妻子 Cindy Bloch，她鼓励我写作，阅读了初稿中的每个条目，用 Framemaker 帮我排版，为我编写索引，在我写作的时候一直对我十分宽容。

第 1 版致谢

我要感谢 Patrick Chan 建议我写这本书，并将这样的想法传达给此系列图书的主编 Lisa Friendly 和此系列图书的技术编辑 Tim Lindholm；以及 Addison-Wesley 出版社的执行编辑 Mike Hendrickson。感谢 Lisa、Tim 和 Mike 对我的鼓励，以及认定我终有一天可以完成此书而保持的耐心和坚定的信念。

感谢 James Gosling 及其原始团队给予我这么好的写作题材。也感谢众多追随 James 足迹的 Java 平台工程师。特别要感谢我在 Sun 公司的 Java Platform Tools 和 Libraries Group 的同事们，感谢他们的见解、鼓励和支持。这个团队由 Andrew Bennett、Joe Darcy、Neal Gafter、Iris Garcia、Konstantin Kladko、Ian Little、Mike McCloskey 和 Mark Reinhold 组成。前一个团队的成员还包括 Zhenghua Li、Bill Maddox 和 Naveen Sanjeeva。

我要感谢我的经理 Andrew Bennett 和我的领导 Larry Abrahams 对这个写作计划的热情支持。我还要感谢 Java Software 工程副总裁 Rich Green，他提供的环境让工程师能够以创造性的方式去自由思考并发表成果。

我拥有一个你所能想象的最佳审校团队，我要把我最真诚的感谢献给他们：Andrew Bennett、Cindy Bloch、Dan Bloch、Beth Bottos、Joe Bowbeer、Gilad Bracha、Mary Campione、Joe Darcy、David Eckhardt、Joe Fialli、Lisa Friendly、James Gosling、Peter Haggar、David Holmes、Brian Kernighan、Konstantin Kladko、Doug Lea、Zhenghua Li、Tim Lindholm、Mike McCloskey、Tim Peierls、Mark Reinhold、Ken Russell、Bill Shannon、Peter Stout 和 Phil Wadler，以及两位未署名的审校者。他们提出了很多建议，使本书获得了极大的改善，也让我避免了诸多尴尬局面。剩下的任何错误都是我自己的责任。

许多同事，包括 Sun 公司上上下下的员工，都参与了本书的技术讨论，从而提升了本书的质量。其中 Ben Gomes、Steffen Grarup、Peter Kessler、Richard Roda、John Rose 和 David Stoutamire 贡献了极有用的深刻见解。我还要特别感谢 Doug Lea，他在本书许多构想中与我产生共鸣。他也无私地将其时间和知识都毫无保留地分享给了我。

感谢 Julie Dinicola、Jacqui Doucette、Mike Hendrickson、Heather Olszyk、Tracy Russ，以及 Addison-Wesley 出版社的整个支持团队，感谢他们的支持和专业。即使处于一种几乎不可能的紧张进度中，他们还是始终保持友善和通融。

感谢 Guy Steele 为我写序。我很荣幸能有他参与这个项目。

最后，要感谢我的妻子 Cindy Bloch，感谢她鼓励并偶尔催促我撰写本书，感谢她阅读本书刚出炉的每一个条目，感谢她用 Framemaker 帮助我排版，还编写本书的索引，并在我写作期间始终对我十分宽容。

CONTENTS · 目 录

Effective

CHAPTER1 · 第 1 章

引　言

本书的目标是帮助读者更加有效地使用 Java 编程语言及其基本类库 java.lang、java.util 和 java.io,以及子包 java.util.concurrent 和 java.util.function 等。本书也会时不时地讨论到其他的类库。

本书一共包含 90 个条目,每个条目讨论一条规则。这些规则反映了最有经验的优秀程序员在实践中常用的一些有益的做法。全书以一种比较松散的方式将这些条目组织成 12 章,每一章都涉及软件设计的一个主要方面。因此,并不一定需要按部就班地从头到尾阅读本书,因为每个条目都有一定程度的独立性。这些条目相互之间经常交叉引用,因此可以很容易地在书中找到自己需要的内容。

自从本书上一个版本出版之后,Java 平台中又增加了许多新特性。本书中大多数条目都以一定的方式用到了这些特性。下表列出了主要特性所在的主要章节或条目。

特　性	条　目	发行版本
Lambda 表达式	第 42~44 条	Java 8
Stream 流	第 45~48 条	Java 8
Optional 类	第 55 条	Java 8
接口中的默认方法	第 21 条	Java 8
try-with-resources	第 9 条	Java 7

（续）

特　　性	条　　目	发行版本
@SafeVarargs 注解	第 32 条	Java 7
Module 模块化	第 15 条	Java 9

　　大多数条目都通过程序示例进行了说明。本书一个突出的特点是，包含了许多用来说明设计模式（Design Pattern）和习惯用法（Idiom）的代码示例。当需要参考设计模式领域的标准参考书 [Gamma 95] 时，还为这些设计模式和习惯用法提供了交叉引用。

　　许多条目都包含有一个或多个应该在实践中避免的程序示例。像这样的例子，有时候也叫作"反模式"（Antipattern），在注释中清楚地标注为 " //Never do this！"。对于每一种情况，条目中都解释了为什么此例不好，并提出了另外的解决方法。

　　本书不是针对初学者的，而是假设读者已经熟悉 Java 编程语言。如果你还不熟悉，请考虑先参阅一本好的 Java 入门书籍，比如 Peter Sestoft 的《 Java Precisely 》[Sestoft16]。本书适用于任何具有实际 Java 工作经验的程序员，对于高级程序员，也应该能够提供一些发人深思的东西。

　　本书中大多数规则都源于少数几条基本的原则。清晰性和简洁性最为重要：组件的用户永远也不应该被其行为所迷惑。组件要尽可能小，但又不能太小 [本书中使用的术语"组件"（Component），是指任何可重用的软件元素，从单个方法，到包含多个包的复杂框架，都可以是一个组件]。代码应该被重用，而不是被拷贝。组件之间的依赖性应该尽可能地降到最小。错误应该尽早被检测出来，最好是在编译时就发现并解决。

　　虽然本书中的规则不会百分之百地适用于任何时刻和任何场合，但是，它们确实体现了绝大多数情况下的最佳编程实践。你不应该盲目地遵循这些规则，但偶尔有了充分理由之后，可以去打破这些规则。同大多数学科一样，学习编程艺术首先要学会基本的规则，然后才能知道什么时候可以打破这些规则。

　　本书大部分内容都不是讨论性能的，而是关心如何编写出清晰、正确、可用、健壮、灵活和可维护的程序来。如果你能够做到这一点，那么要想获得所需要的性能往往也就水到渠成了（详见第 67 条）。有些条目确实谈到了性能问题，甚至有的还提供了性能指标。但在提及这些指标的时候，会出现"在我的机器上"这样的话，所以应该把这些指标视同近似值。

　　有必要提及的是，我的机器是一台过时的家用电脑，CPU 是四核 Intel Core i7-4770K，主频 3.5 GHz，内存 DDR3-1866 CL9 16G，在 Microsoft Windows 7 Professional SP1（64 位）操作系统平台上运行 Azul 公司发行的 OpenJDK：Zulu 9.0.0.15 版本。

　　讨论 Java 编程语言及其类库特性的时候，有时候必须要指明具体的发行版本。为了简单起见，本书使用了平时大家惯用的昵称，而不是正式的发行名称。下表列出了发行名称与昵称之间的对应关系：

正式发行名称	昵　　称
JDK 1.0.x	Java 1.0
JDK 1.1.x	Java 1.1
Java 2 Platform，Standard Edition，v1.2	Java 2
Java 2 Platform，Standard Edition，v1.3	Java 3
Java 2 Platform，Standard Edition，v1.4	Java 4
Java 2 Platform，Standard Edition，v5.0	Java 5
Java Platform，Standard Edition 6	Java 6
Java Platform，Standard Edition 7	Java 7
Java Platform，Standard Edition 8	Java 8
Java Platform，Standard Edition 9	Java 9

　　尽管这些示例都很完整，但是它们注重可读性更甚于注重完整性。它们直接使用了 `java.util` 和 `java.io` 包中的类。为了编译这些示例程序，可能需要在程序中加上一行或者多行这样的 import 声明，或者其他类似的样板代码。在本书的 Web 站点 http://joshbloch.com/effectivejava，提供了每个示例的完整版本，你可以直接编译和运行这些示例。

　　本书采用的大部分技术术语都与《The Java Language Specification，Java SE 8 Edition》[JLS] 相同。有一些术语则值得特别提及一下。Java 语言支持四种类型：接口（包括注释）、类（包括 enum）、数组和基本类型。前三种类型通常被称为引用类型（reference type），类实例和数组是对象（object），而基本类型的值则不是对象。类的成员（member）由它的域（field）、方法（method）、成员类（member class）和成员接口（member interface）组成。方法的签名（signature）由它的名称和所有参数类型组成；签名不包括方法的返回类型。

　　本书也使用了一些与《The Java Language Specification》不同的术语。例如，本书用术语"继承"（inheritance）作为"子类化"（subclassing）的同义词。本书不再使用"接口继承"这种说法，而是简单地说，一个类实现（implement）了一个接口，或者一个接口扩展（extend）了另一个接口。为了描述"在没有指定访问级别的情况下所使用的访问级别"，本书使用了传统的描述性术语"包级私有"（package-private），而不是技术性术语"包级访问"（package access）级别 [JLS，6.6.1]。

　　本书也使用了一些在《The Java Language Specification》中没有定义的术语。术语"导出的 API"（exported API），或者简单地说 API，是指类、接口、构造器（constructor）、成员和序列化形式（serialized form），程序员通过它们可以访问类、接口或者包。（术语 API

是 Application Programming Interface 的简写，这里之所以使用 API 而不用接口，是为了不与 Java 语言中的 interface 类型相混淆。）使用 API 编写程序的程序员被称为该 API 的用户（user），在类的实现中使用了 API 的类被称为该 API 的客户端（client）。

类、接口、构造器、成员以及序列化形式被统称为 API 元素（API element）。API 由所有可在定义该 API 的包之外访问的 API 元素组成。任何客户端都可以使用这些 API 元素，而 API 的创建者则负责支持这些 API 元素。Javadoc 工具类在它的默认操作模式下也正是为这些元素生成文档，这绝非偶然。不严格地讲，一个包的导出 API 是由该包中的每个公有（public）类或者接口中所有公有的或者受保护的（protected）成员和构造器组成。

在 Java 9 中新增了模块系统（module system）。如果类库使用了模块系统，其 API 就是类库的模块声明导出的所有包的导出 API 组合。

CHAPTER2 · 第 2 章

创建和销毁对象

本章的主题是创建和销毁对象：何时以及如何创建对象，何时以及如何避免创建对象，如何确保它们能够适时地销毁，以及如何管理对象销毁之前必须进行的各种清理动作。

第 1 条：用静态工厂方法代替构造器

对于类而言，为了让客户端获取它自身的一个实例，最传统的方法就是提供一个公有的构造器。还有一种方法，也应该在每个程序员的工具箱中占有一席之地。类可以提供一个公有的静态工厂方法（static factory method），它只是一个返回类的实例的静态方法。下面是一个来自 Boolean（基本类型boolean 的装箱类）的简单示例。这个方法将 boolean 基本类型值转换成了一个 Boolean 对象引用：

```
public static Boolean valueOf(boolean b) {
    return b ? Boolean.TRUE : Boolean.FALSE;
}
```

注意，静态工厂方法与设计模式 [Gamma95] 中的工厂方法（Factory Method）模式不同。本条目中所指的静态工厂方法并不直接对应于设计模式

（Design Pattern）中的工厂方法。

如果不通过公有的构造器，或者说除了公有的构造器之外，类还可以给它的客户端提供静态工厂方法。提供静态工厂方法而不是公有的构造器，这样做既有优势，也有劣势。

静态工厂方法与构造器不同的第一大优势在于，它们有名称。如果构造器的参数本身没有确切地描述正被返回的对象，那么具有适当名称的静态工厂会更容易使用，产生的客户端代码也更易于阅读。例如，构造器 `BigInteger(int, int, Random)` 返回的 `BigInteger` 可能为素数，如果用名为 `BigInteger.probablePrime` 的静态工厂方法来表示，显然更为清楚。（Java 4 版本中增加了这个方法。）

一个类只能有一个带有指定签名的构造器。编程人员通常知道如何避开这一限制：通过提供两个构造器，它们的参数列表只在参数类型的顺序上有所不同。实际上这并不是个好主意。面对这样的 API，用户永远也记不住该用哪个构造器，结果常常会调用错误的构造器。并且在读到使用了这些构造器的代码时，如果没有参考类的文档，往往不知所云。

由于静态工厂方法有名称，所以它们不受上述限制。当一个类需要多个带有相同签名的构造器时，就用静态工厂方法代替构造器，并且仔细地选择名称以便突出静态工厂方法之间的区别。

静态工厂方法与构造器不同的第二大优势在于，不必在每次调用它们的时候都创建一个新对象。这使得不可变类（详见第 17 条）可以使用预先构建好的实例，或者将构建好的实例缓存起来，进行重复利用，从而避免创建不必要的重复对象。`Boolean.valueOf(boolean)` 方法说明了这项技术：它从来不创建对象。这种方法类似于享元（Flyweight）模式 [Gamma95]。如果程序经常请求创建相同的对象，并且创建对象的代价很高，则这项技术可以极大地提升性能。

静态工厂方法能够为重复的调用返回相同对象，这样有助于类总能严格控制在某个时刻哪些实例应该存在。这种类被称作实例受控的类（instance-controlled）。编写实例受控的类有几个原因。实例受控使得类可以确保它是一个 Singleton（详见第 3 条）或者是不可实例化的（详见第 4 条）。它还使得不可变的值类（详见第 17 条）可以确保不会存在两个相等的实例，即当且仅当 a==b 时，a.equals(b) 才为 true。这是享元模式 [Gamma95] 的基础。枚举（enum）类型（详见第 34 条）保证了这一点。

静态工厂方法与构造器不同的第三大优势在于，它们可以返回原返回类型的任何子类型的对象。这样我们在选择返回对象的类时就有了更大的灵活性。

这种灵活性的一种应用是，API 可以返回对象，同时又不会使对象的类变成公有的。以这种方式隐藏实现类会使 API 变得非常简洁。这项技术适用于基于接口的框架（interface-based framework）（详见第 20 条），因为在这种框架中，接口为静态工厂方法提供了自然返回类型。

在 Java 8 之前，接口不能有静态方法，因此按照惯例，接口 Type 的静态工厂方法被放在一个名为 Types 的不可实例化的伴生类（详见第 4 条）中。例如，Java Collections Framework 的集合接口有 45 个工具实现，分别提供了不可修改的集合、同步集合，等等。几乎所有这些实现都通过静态工厂方法在一个不可实例化的类（`java.util.Collections`）中导出。所有返回对象的类都是非公有的。

现在的 Collections Framework API 比导出 45 个独立公有类的那种实现方式要小得多，每种便利实现都对应一个类。这不仅仅是指 API 数量上的减少，也是概念意义上的减少：为了使用这个 API，用户必须掌握的概念在数量和难度上都减少了。程序员知道，被返回的对象是由相关的接口精确指定的，所以他们不需要阅读有关的类文档。此外，使用这种静态工厂方法时，甚至要求客户端通过接口来引用被返回的对象，而不是通过它的实现类来引用被返回的对象，这是一种良好的习惯（详见第 64 条）。

从 Java 8 版本开始，接口中不能包含静态方法的这一限制成为历史，因此一般没有任何理由给接口提供一个不可实例化的伴生类。已经被放在这种类中的许多公有的静态成员，应该被放到接口中去。但是要注意，仍然有必要将这些静态方法背后的大部分实现代码，单独放进一个包级私有的类中。这是因为在 Java 8 中仍要求接口的所有静态成员都必须是公有的。在 Java 9 中允许接口有私有的静态方法，但是静态域和静态成员类仍然需要是公有的。

静态工厂的第四大优势在于，所返回的对象的类可以随着每次调用而发生变化，这取决于静态工厂方法的参数值。只要是已声明的返回类型的子类型，都是允许的。返回对象的类也可能随着发行版本的不同而不同。

EnumSet（详见第 36 条）没有公有的构造器，只有静态工厂方法。在 OpenJDK 实现中，它们返回两种子类之一的一个实例，具体则取决于底层枚举类型的大小：如果它的元素有 64 个或者更少，就像大多数枚举类型一样，静态工厂方法就会返回一个 `RegularEnumSet` 实例，用单个 `long` 进行支持；如果枚举类型有 65 个或者更多元素，工厂就返回 `JumboEnumSet` 实例，用一个 `long` 数组进行支持。

这两个实现类的存在对于客户端来说是不可见的。如果 `RegularEnumSet` 不能再给小的枚举类型提供性能优势，就可能从未来的发行版本中将它删除，不会造成任何负面的影响。同样地，如果事实证明对性能有好处，也可能在未来的发行版本中添加第三甚至第四个 `EnumSet` 实现。客户端永远不知道也不关心它们从工厂方法中得到的对象的类，它们只关心它是 `EnumSet` 的某个子类。

静态工厂的第五大优势在于，方法返回的对象所属的类，在编写包含该静态工厂方法的类时可以不存在。这种灵活的静态工厂方法构成了服务提供者框架（Service Provider Framework）的基础，例如 JDBC（Java 数据库连接）API。服务提供者框架是指这样一个系统：

多个服务提供者实现一个服务，系统为服务提供者的客户端提供多个实现，并把它们从多个实现中解耦出来。

服务提供者框架中有三个重要的组件：服务接口（Service Interface），这是提供者实现的；提供者注册 API（Provider Registration API），这是提供者用来注册实现的；服务访问 API（Service Access API），这是客户端用来获取服务的实例。服务访问 API 是客户端用来指定某种选择实现的条件。如果没有这样的规定，API 就会返回默认实现的一个实例，或者允许客户端遍历所有可用的实现。服务访问 API 是"灵活的静态工厂"，它构成了服务提供者框架的基础。

服务提供者框架的第四个组件服务提供者接口（Service Provider Interface）是可选的，它表示产生服务接口之实例的工厂对象。如果没有服务提供者接口，实现就通过反射方式进行实例化（详见第 65 条）。对于 JDBC 来说，`Connection` 就是其服务接口的一部分，`DriverManager.registerDriver` 是提供者注册 API，`DriverManager.getConnection` 是服务访问 API，`Driver` 是服务提供者接口。

服务提供者框架模式有着无数种变体。例如，服务访问 API 可以返回比提供者需要的更丰富的服务接口。这就是桥接（Bridge）模式 [Gamma95]。依赖注入框架（详见第 5 条）可以被看作是一个强大的服务提供者。从 Java 6 版本开始，Java 平台就提供了一个通用的服务提供者框架 `java.util.ServiceLoader`，因此你不需要（一般来说也不应该）再自己编写了（详见第 59 条）。JDBC 不用 `ServiceLoader`，因为前者出现得比后者早。

静态工厂方法的主要缺点在于，类如果不含公有的或者受保护的构造器，就不能被子类化。例如，要想将 Collections Framework 中的任何便利的实现类子类化，这是不可能的。但是这样也许会因祸得福，因为它鼓励程序员使用复合（composition），而不是继承（详见第 18 条），这正是不可变类型所需要的（详见第 17 条）。

静态工厂方法的第二个缺点在于，程序员很难发现它们。在 API 文档中，它们没有像构造器那样在 API 文档中明确标识出来，因此，对于提供了静态工厂方法而不是构造器的类来说，要想查明如何实例化一个类是非常困难的。Javadoc 工具总有一天会注意到静态工厂方法。同时，通过在类或者接口注释中关注静态工厂，并遵守标准的命名习惯，也可以弥补这一劣势。下面是静态工厂方法的一些惯用名称。这里只列出了其中的一小部分：

❑ from——类型转换方法，它只有单个参数，返回该类型的一个相对应的实例，例如：

```
Date d = Date.from(instant);
```

❑ of——聚合方法，带有多个参数，返回该类型的一个实例，把它们合并起来，例如：

```
Set<Rank> faceCards = EnumSet.of(JACK, QUEEN, KING);
```

❑ valueOf——比 from 和 of 更烦琐的一种替代方法，例如：

```
BigInteger prime = BigInteger.valueOf(Integer.MAX_VALUE);
```

- ☐ instance 或者 getInstance——返回的实例是通过方法的（如有）参数来描述的，但是不能说与参数具有同样的值，例如：

```
StackWalker luke = StackWalker.getInstance(options);
```

- ☐ create 或者 newInstance——像 instance 或者 getInstance 一样，但 create 或者 newInstance 能够确保每次调用都返回一个新的实例，例如：

```
Object newArray = Array.newInstance(classObject, arrayLen);
```

- ☐ get*Type*——像 getInstance 一样，但是在工厂方法处于不同的类中的时候使用。*Type* 表示工厂方法所返回的对象类型，例如：

```
FileStore fs = Files.getFileStore(path);
```

- ☐ new*Type*——像 newInstance 一样，但是在工厂方法处于不同的类中的时候使用。*Type* 表示工厂方法所返回的对象类型，例如：

```
BufferedReader br = Files.newBufferedReader(path);
```

- ☐ *type*——get*Type* 和 new*Type* 的简版，例如：

```
List<Complaint> litany = Collections.list(legacyLitany);
```

简而言之，静态工厂方法和公有构造器都各有用处，我们需要理解它们各自的长处。静态工厂经常更加合适，因此切忌第一反应就是提供公有的构造器，而不先考虑静态工厂。

第 2 条：遇到多个构造器参数时要考虑使用构建器

静态工厂和构造器有个共同的局限性：它们都不能很好地扩展到大量的可选参数。比如用一个类表示包装食品外面显示的营养成分标签。这些标签中有几个域是必需的：每份的含量、每罐的含量以及每份的卡路里。还有超过 20 个的可选域：总脂肪量、饱和脂肪量、转化脂肪、胆固醇、钠，等等。大多数产品在某几个可选域中都会有非零的值。

对于这样的类，应该用哪种构造器或者静态工厂来编写呢？程序员一向习惯采用重叠构造器（telescoping constructor）模式，在这种模式下，提供的第一个构造器只有必要的参数，第二个构造器有一个可选参数，第三个构造器有两个可选参数，依此类推，最后一个构造器包含所有可选的参数。下面有个示例，为了简单起见，它只显示四个可选域：

```java
// Telescoping constructor pattern - does not scale well!
public class NutritionFacts {
    private final int servingSize;  // (mL)            required
    private final int servings;     // (per container) required
    private final int calories;     // (per serving)   optional
    private final int fat;          // (g/serving)     optional
    private final int sodium;       // (mg/serving)    optional
    private final int carbohydrate; // (g/serving)     optional

    public NutritionFacts(int servingSize, int servings) {
        this(servingSize, servings, 0);
    }

    public NutritionFacts(int servingSize, int servings,
            int calories) {
        this(servingSize, servings, calories, 0);
    }

    public NutritionFacts(int servingSize, int servings,
            int calories, int fat) {
        this(servingSize, servings, calories, fat, 0);
    }

    public NutritionFacts(int servingSize, int servings,
            int calories, int fat, int sodium) {
        this(servingSize, servings, calories, fat, sodium, 0);
    }
    public NutritionFacts(int servingSize, int servings,
            int calories, int fat, int sodium, int carbohydrate) {
        this.servingSize  = servingSize;
        this.servings     = servings;
        this.calories     = calories;
        this.fat          = fat;
        this.sodium       = sodium;
        this.carbohydrate = carbohydrate;
    }
}
```

当你想要创建实例的时候，就利用参数列表最短的构造器，但该列表中包含了要设置的所有参数：

```java
NutritionFacts cocaCola =
    new NutritionFacts(240, 8, 100, 0, 35, 27);
```

这个构造器调用通常需要许多你本不想设置的参数，但还是不得不为它们传递值。在这个例子中，我们给 fat 传递了一个值为 0。如果"仅仅"是这 6 个参数，看起来还不算太糟糕，问题是随着参数数目的增加，它很快就失去了控制。

简而言之，重叠构造器模式可行，但是当有许多参数的时候，客户端代码会很难编写，并且仍然较难以阅读。如果读者想知道那些值是什么意思，必须很仔细地数着这些参数来探个究竟。一长串类型相同的参数会导致一些微妙的错误。如果客户端不小心颠倒了其中两个参数的顺序，编译器也不会出错，但是程序在运行时会出现错误的行为（详见第 51 条）。

遇到许多可选的构造器参数的时候，还有第二种代替办法，即 JavaBeans 模式，在这种模式下，先调用一个无参构造器来创建对象，然后再调用 setter 方法来设置每个必要的参数，以及每个相关的可选参数：

```java
// JavaBeans Pattern - allows inconsistency, mandates mutability
public class NutritionFacts {
    // Parameters initialized to default values (if any)
    private int servingSize  = -1; // Required; no default value
    private int servings     = -1; // Required; no default value
    private int calories     = 0;
    private int fat          = 0;
    private int sodium       = 0;
    private int carbohydrate = 0;

    public NutritionFacts() { }
    // Setters
    public void setServingSize(int val)  { servingSize = val; }
    public void setServings(int val)     { servings = val; }
    public void setCalories(int val)     { calories = val; }
    public void setFat(int val)          { fat = val; }
    public void setSodium(int val)       { sodium = val; }
    public void setCarbohydrate(int val) { carbohydrate = val; }
}
```

这种模式弥补了重叠构造器模式的不足。说得明白一点，就是创建实例很容易，这样产生的代码读起来也很容易：

```java
NutritionFacts cocaCola = new NutritionFacts();
cocaCola.setServingSize(240);
cocaCola.setServings(8);
cocaCola.setCalories(100);
cocaCola.setSodium(35);
cocaCola.setCarbohydrate(27);
```

遗憾的是，JavaBeans 模式自身有着很严重的缺点。因为构造过程被分到了几个调用中，在构造过程中 JavaBean 可能处于不一致的状态。类无法仅仅通过检验构造器参数的有效性来保证一致性。试图使用处于不一致状态的对象将会导致失败，这种失败与包含错误的代码大相径庭，因此调试起来十分困难。与此相关的另一点不足在于，JavaBeans 模式使得把类做成不可变的可能性不复存在（详见第 17 条），这就需要程序员付出额外的努力来确保它的线程安全。

当对象的构造完成，并且不允许在冻结之前使用时，通过手工“冻结”对象可以弥补这些不足，但是这种方式十分笨拙，在实践中很少使用。此外，它甚至会在运行时导致错误，因为编译器无法确保程序员会在使用之前先调用对象上的 freeze 方法进行冻结。

幸运的是，还有第三种替代方法，它既能保证像重叠构造器模式那样的安全性，也能保证像 JavaBeans 模式那么好的可读性。这就是建造者（Builder）模式 [Gamma95] 的一种形式。它不直接生成想要的对象，而是让客户端利用所有必要的参数调用构造器（或者静态工厂），得到一个 builder 对象。然后客户端在 builder 对象上调用类似于 setter 的方法，来设置每个相关的可选参数。最后，客户端调用无参的 build 方法来生成通常是不可变的对象。这个 builder 通常是它构建的类的静态成员类（详见第 24 条）。下面就是它的示例：

```java
// Builder Pattern
public class NutritionFacts {
    private final int servingSize;
    private final int servings;
    private final int calories;
    private final int fat;
    private final int sodium;
    private final int carbohydrate;

    public static class Builder {
        // Required parameters
        private final int servingSize;
        private final int servings;

        // Optional parameters - initialized to default values
        private int calories      = 0;
        private int fat           = 0;
        private int sodium        = 0;
        private int carbohydrate  = 0;

        public Builder(int servingSize, int servings) {
            this.servingSize = servingSize;
            this.servings    = servings;
        }

        public Builder calories(int val)
            { calories = val;        return this; }
        public Builder fat(int val)
            { fat = val;             return this; }
        public Builder sodium(int val)
            { sodium = val;          return this; }
        public Builder carbohydrate(int val)
            { carbohydrate = val;    return this; }

        public NutritionFacts build() {
            return new NutritionFacts(this);
        }
    }

    private NutritionFacts(Builder builder) {
        servingSize  = builder.servingSize;
        servings     = builder.servings;
        calories     = builder.calories;
        fat          = builder.fat;
        sodium       = builder.sodium;
        carbohydrate = builder.carbohydrate;
    }
}
```

注意 NutritionFacts 是不可变的，所有的默认参数值都单独放在一个地方。builder 的设值方法返回 builder 本身，以便把调用链接起来，得到一个流式的 API。下面就是其客户端代码：

```
NutritionFacts cocaCola = new NutritionFacts.Builder(240, 8)
        .calories(100).sodium(35).carbohydrate(27).build();
```

这样的客户端代码很容易编写，更为重要的是易于阅读。Builder 模式模拟了具名的可选参数，就像 Python 和 Scala 编程语言中的一样。

为了简洁起见，示例中省略了有效性检查。要想尽快侦测到无效的参数，可以在 builder 的构造器和方法中检查参数的有效性。查看不可变量，包括 build 方法调用的构造器中的多个参数。为了确保这些不变量免受攻击，从 builder 复制完参数之后，要检查对象域（详见第 50 条）。如果检查失败，就抛出 IllegalArgumentException（详见第 72 条），其中的详细信息会说明哪些参数是无效的（详见第 75 条）。

Builder 模式也适用于类层次结构。使用平行层次结构的 builder 时，各自嵌套在相应的类中。抽象类有抽象的 builder，具体类有具体的 builder。假设用类层次根部的一个抽象类表示各式各样的比萨：

```java
// Builder pattern for class hierarchies
public abstract class Pizza {
    public enum Topping { HAM, MUSHROOM, ONION, PEPPER, SAUSAGE }
    final Set<Topping> toppings;
    abstract static class Builder<T extends Builder<T>> {
        EnumSet<Topping> toppings = EnumSet.noneOf(Topping.class);
        public T addTopping(Topping topping) {
            toppings.add(Objects.requireNonNull(topping));
            return self();
        }

        abstract Pizza build();

        // Subclasses must override this method to return "this"
        protected abstract T self();
    }
    Pizza(Builder<?> builder) {
        toppings = builder.toppings.clone(); // See Item 50
    }
}
```

注意，Pizza.Builder 的类型是泛型（generic type），带有一个递归类型参数（recursive type parameter），详见第 30 条。它和抽象的 self 方法一样，允许在子类中适当地进行方法链接，不需要转换类型。这个针对 Java 缺乏 self 类型的解决方案，被称作模拟的 self 类型（simulated self-type）。

这里有两个具体的 Pizza 子类，其中一个表示经典纽约风味的比萨，另一个表示馅料内置的半月型（calzone）比萨。前者需要一个尺寸参数，后者则要你指定酱汁应该内置还是外置：

```java
public class NyPizza extends Pizza {
    public enum Size { SMALL, MEDIUM, LARGE }
    private final Size size;
```

```
    public static class Builder extends Pizza.Builder<Builder> {
        private final Size size;
        public Builder(Size size) {
            this.size = Objects.requireNonNull(size);
        }
        @Override public NyPizza build() {
            return new NyPizza(this);
        }
        @Override protected Builder self() { return this; }
    }
    private NyPizza(Builder builder) {
        super(builder);
        size = builder.size;
    }
}
public class Calzone extends Pizza {
    private final boolean sauceInside;
    public static class Builder extends Pizza.Builder<Builder> {
        private boolean sauceInside = false; // Default
        public Builder sauceInside() {
            sauceInside = true;
            return this;
        }
        @Override public Calzone build() {
            return new Calzone(this);
        }
        @Override protected Builder self() { return this; }
    }
    private Calzone(Builder builder) {
        super(builder);
        sauceInside = builder.sauceInside;
    }
}
```

注意，每个子类的构建器中的 build 方法，都声明返回正确的子类：NyPizza.Builder 的
build 方法返回 NyPizza，而 Calzone.Builder 中的则返回 Calzone。在该方法中，子类
方法声明返回超级类中声明的返回类型的子类型，这被称作协变返回类型（covariant return
type）。它允许客户端无须转换类型就能使用这些构建器。

这些"层次化构建器"的客户端代码本质上与简单的 NutritionFacts 构建器一样。为了
简洁起见，下列客户端代码示例假设是在枚举常量上静态导入：

```
NyPizza pizza = new NyPizza.Builder(SMALL)
        .addTopping(SAUSAGE).addTopping(ONION).build();
Calzone calzone = new Calzone.Builder()
        .addTopping(HAM).sauceInside().build();
```

与构造器相比，builder 的微略优势在于，它可以有多个可变（varargs）参数。因为

builder 是利用单独的方法来设置每一个参数。此外，构建器还可以将多次调用某一个方法而传入的参数集中到一个域中，如前面的调用了两次 addTopping 方法的代码所示。

　　Builder 模式十分灵活，可以利用单个 builder 构建多个对象。builder 的参数可以在调用 build 方法来创建对象期间进行调整，也可以随着不同的对象而改变。builder 可以自动填充某些域，例如每次创建对象时自动增加序列号。

　　Builder 模式的确也有它自身的不足。为了创建对象，必须先创建它的构建器。虽然创建这个构建器的开销在实践中可能不那么明显，但是在某些十分注重性能的情况下，可能就成问题了。Builder 模式还比重叠构造器模式更加冗长，因此它只在有很多参数的时候才使用，比如 4 个或者更多个参数。但是记住，将来你可能需要添加参数。如果一开始就使用构造器或者静态工厂，等到类需要多个参数时才添加构造器，就会无法控制，那些过时的构造器或者静态工厂显得十分不协调。因此，通常最好一开始就使用构建器。

　　简而言之，如果类的构造器或者静态工厂中具有多个参数，设计这种类时，Builder 模式就是一种不错的选择，特别是当大多数参数都是可选或者类型相同的时候。与使用重叠构造器模式相比，使用 Builder 模式的客户端代码将更易于阅读和编写，构建器也比 JavaBeans 更加安全。

第 3 条：用私有构造器或者枚举类型强化 Singleton 属性

　　Singleton 是指仅仅被实例化一次的类 [Gamma95]。Singleton 通常被用来代表一个无状态的对象，如函数（详见第 24 条），或者那些本质上唯一的系统组件。使类成为 Singleton 会使它的客户端测试变得十分困难，因为不可能给 Singleton 替换模拟实现，除非实现一个充当其类型的接口。

　　实现 Singleton 有两种常见的方法。这两种方法都要保持构造器为私有的，并导出公有的静态成员，以便允许客户端能够访问该类的唯一实例。在第一种方法中，公有静态成员是个 final 域：

```
// Singleton with public final field
public class Elvis {
    public static final Elvis INSTANCE = new Elvis();
    private Elvis() { ... }

    public void leaveTheBuilding() { ... }
}
```

　　私有构造器仅被调用一次，用来实例化公有的静态 final 域 Elvis.INSTANCE。由于缺少公有的或者受保护的构造器，所以保证了 Elvis 的全局唯一性：一旦 Elvis 类被实例化，将只会存在一个 Elvis 实例，不多也不少。客户端的任何行为都不会改变这一点，但要提醒一点：享有特权的客户端可以借助 AccessibleObject.setAccessible 方法，通过反射机制（详见第 65 条）调用私有构造器。如果需要抵御这种攻击，可以修改构造器，让它在被要求创建第二个实例的时候抛出异常。

在实现 Singleton 的第二种方法中，公有的成员是个静态工厂方法：

```java
// Singleton with static factory
public class Elvis {
    private static final Elvis INSTANCE = new Elvis();
    private Elvis() { ... }
    public static Elvis getInstance() { return INSTANCE; }

    public void leaveTheBuilding() { ... }
}
```

对于静态方法 Elvis.getInstance 的所有调用，都会返回同一个对象引用，所以，永远不会创建其他的 Elvis 实例（上述提醒依然适用）。

公有域方法的主要优势在于，API 很清楚地表明了这个类是一个 Singleton：公有的静态域是 final 的，所以该域总是包含相同的对象引用。第二个优势在于它更简单。

静态工厂方法的优势之一在于，它提供了灵活性：在不改变其 API 的前提下，我们可以改变该类是否应该为 Singleton 的想法。工厂方法返回该类的唯一实例，但是，它很容易被修改，比如改成为每个调用该方法的线程返回一个唯一的实例。第二个优势是，如果应用程序需要，可以编写一个泛型 Singleton 工厂（generic singleton factory）（详见第 30 条）。使用静态工厂的最后一个优势是，可以通过方法引用（method reference）作为提供者，比如 Elvis::instance 就是一个 Supplier<Elvis>。除非满足以上任意一种优势，否则还是优先考虑公有域（public-field）的方法。

为了将利用上述方法实现的 Singleton 类变成是可序列化的（Serializable）（详见第 12 章），仅仅在声明中加上 implements Serializable 是不够的。为了维护并保证 Singleton，必须声明所有实例域都是瞬时（transient）的，并提供一个 readResolve 方法（详见第 89 条）。否则，每次反序列化一个序列化的实例时，都会创建一个新的实例，比如，在我们的例子中，会导致“假冒的 Elvis”。为了防止发生这种情况，要在 Elvis 类中加入如下 readResolve 方法：

```java
// readResolve method to preserve singleton property
private Object readResolve() {
    // Return the one true Elvis and let the garbage collector
    // take care of the Elvis impersonator.
    return INSTANCE;
}
```

实现 Singleton 的第三种方法是声明一个包含单个元素的枚举类型：

```
// Enum singleton - the preferred approach
public enum Elvis {
    INSTANCE;

    public void leaveTheBuilding() { ... }
}
```

这种方法在功能上与公有域方法相似，但更加简洁，无偿地提供了序列化机制，绝对防止多次实例化，即使是在面对复杂的序列化或者反射攻击的时候。虽然这种方法还没有广泛采用，但是单元素的枚举类型经常成为实现 Singleton 的最佳方法。注意，如果 Singleton 必须扩展一个超类，而不是扩展 Enum 的时候，则不宜使用这个方法（虽然可以声明枚举去实现接口）。

第 4 条：通过私有构造器强化不可实例化的能力

有时可能需要编写只包含静态方法和静态域的类。这些类的名声很不好，因为有些人在面向对象的语言中滥用这样的类来编写过程化的程序，但它们也确实有特别的用处。我们可以利用这种类，以 java.lang.Math 或者 java.util.Arrays 的方式，把基本类型的值或者数组类型上的相关方法组织起来。我们也可以通过 java.util.Collections 的方式，把实现特定接口的对象上的静态方法，包括工厂方法（详见第 1 条）组织起来。（从 Java 8 开始，也可以把这些方法放进接口中，假定这是你自己编写的接口可以进行修改。）最后，还可以利用这种类把 final 类上的方法组织起来，因为不能把它们放在子类中。

这样的工具类（utility class）不希望被实例化，因为实例化对它没有任何意义。然而，在缺少显式构造器的情况下，编译器会自动提供一个公有的、无参的缺省构造器（default constructor）。对于用户而言，这个构造器与其他的构造器没有任何区别。在已发行的 API 中常常可以看到一些被无意识地实例化的类。

企图通过将类做成抽象类来强制该类不可被实例化是行不通的。该类可以被子类化，并且该子类也可以被实例化。这样做甚至会误导用户，以为这种类是专门为了继承而设计的（详见第 19 条）。然而，有一些简单的习惯用法可以确保类不可被实例化。由于只有当类不包含显式的构造器时，编译器才会生成缺省的构造器，因此只要让这个类包含一个私有构造器，它就不能被实例化：

```
// Noninstantiable utility class
public class UtilityClass {
    // Suppress default constructor for noninstantiability
    private UtilityClass() {
        throw new AssertionError();
    }
    ... // Remainder omitted
}
```

由于显式的构造器是私有的，所以不可以在该类的外部访问它。AssertionError 不是必需的，但是它可以避免不小心在类的内部调用构造器。它保证该类在任何情况下都不会被实例化。这种习惯用法有点违背直觉，好像构造器就是专门设计成不能被调用一样。因此，明智的做法就是在代码中增加一条注释，如上所示。

这种习惯用法也有副作用，它使得一个类不能被子类化。所有的构造器都必须显式或隐式地调用超类（superclass）构造器，在这种情形下，子类就没有可访问的超类构造器可调用了。

第 5 条：优先考虑依赖注入来引用资源

有许多类会依赖一个或多个底层的资源。例如，拼写检查器需要依赖词典。因此，像下面这样把类实现为静态工具类的做法并不少见（详见第 4 条）：

```java
// Inappropriate use of static utility - inflexible & untestable!
public class SpellChecker {
    private static final Lexicon dictionary = ...;

    private SpellChecker() {} // Noninstantiable

    public static boolean isValid(String word) { ... }
    public static List<String> suggestions(String typo) { ... }
}
```

同样地，将这些类实现为 Singleton 的做法也并不少见（详见第 3 条）：

```java
// Inappropriate use of singleton - inflexible & untestable!
public class SpellChecker {
    private final Lexicon dictionary = ...;

    private SpellChecker(...) {}
    public static INSTANCE = new SpellChecker(...);

    public boolean isValid(String word) { ... }
    public List<String> suggestions(String typo) { ... }
}
```

以上两种方法都不理想，因为它们都是假定只有一本词典可用。实际上，每一种语言都有自己的词典，特殊词汇还要使用特殊的词典。此外，可能还需要用特殊的词典进行测试。因此假定用一本词典就能满足所有需求，这简直是痴心妄想。

建议尝试用 SpellChecker 来支持多词典，即在现有的拼写检查器中，设 dictionary 域为 nonfinal，并添加一个方法用它来修改词典，但是这样的设置会显得很笨拙、容易出错，并且无法并行工作。静态工具类和 Singleton 类不适合于需要引用底层资源的类。

这里需要的是能够支持类的多个实例（在本例中是指 SpellChecker），每一个实例都使用客户端指定的资源（在本例中是指词典）。满足该需求的最简单的模式是，当创建一个新的实例时，就将该资源传到构造器中。这是依赖注入（dependency injection）的一种形式：词典（dictionary）是拼写检查器的一个依赖（dependency），在创建拼写检查器时就将词典注入（injected）其中。

```
// Dependency injection provides flexibility and testability
public class SpellChecker {
    private final Lexicon dictionary;

    public SpellChecker(Lexicon dictionary) {
        this.dictionary = Objects.requireNonNull(dictionary);
    }

    public boolean isValid(String word) { ... }
    public List<String> suggestions(String typo) { ... }
}
```

依赖注入模式就是这么简单，因此许多程序员使用多年，却不知道它还有名字呢。虽然这个拼写检查器的范例中只有一个资源（词典），但是依赖注入却适用于任意数量的资源，以及任意的依赖形式。依赖注入的对象资源具有不可变性（详见第 17 条），因此多个客户端可以共享依赖对象（假设客户端们想要的是同一个底层资源）。依赖注入也同样适用于构造器、静态工厂（详见第 1 条）和构建器（详见第 2 条）。

这个程序模式的另一种有用的变体是，将资源工厂（factory）传给构造器。工厂是可以被重复调用来创建类型实例的一个对象。这类工厂具体表现为工厂方法（Factory Method）模式 [Gamma95]。在 Java 8 中增加的接口 Supplier<T>，最适合用于表示工厂。带有 Supplier<T> 的方法，通常应该限制输入工厂的类型参数使用有限制的通配符类型（bounded wildcard type），详见第 31 条，以便客户端能够传入一个工厂，来创建指定类型的任意子类型。例如，下面是一个生产马赛克的方法，它利用客户端提供的工厂来生产每一片马赛克：

```
Mosaic create(Supplier<? extends Tile> tileFactory) { ... }
```

虽然依赖注入极大地提升了灵活性和可测试性，但它会导致大型项目凌乱不堪，因为它通常包含上千个依赖。不过这种凌乱用一个依赖注入框架（dependency injection framework）便可以终结，如 Dagger [Dagger]、Guice [Guice] 或者 Spring [Spring]。这些框架的用法超出了本书的讨论范畴，但是，请注意：设计成手动依赖注入的 API，一般都适用于这些框架。

总而言之，不要用 Singleton 和静态工具类来实现依赖一个或多个底层资源的类，且该资源的行为会影响到该类的行为；也不要直接用这个类来创建这些资源。而应该将这些资源或者工厂传给构造器（或者静态工厂，或者构建器），通过它们来创建类。这个实践就被称作依赖注入，它极大地提升了类的灵活性、可重用性和可测试性。

第 6 条：避免创建不必要的对象

一般来说，最好能重用单个对象，而不是在每次需要的时候就创建一个相同功能的新对象。重用方式既快速，又流行。如果对象是不可变的（immutable）（详见第 17 条），它就始终可以被重用。

作为一个极端的反面例子，看看下面的语句：

```
String s = new String("bikini");  // DON'T DO THIS!
```

该语句每次被执行的时候都创建一个新的 String 实例，但是这些创建对象的动作全都是不必要的。传递给 String 构造器的参数（"bikini"）本身就是一个 String 实例，功能方面等同于构造器创建的所有对象。如果这种用法是在一个循环中，或者是在一个被频繁调用的方法中，就会创建出成千上万不必要的 String 实例。

改进后的版本如下所示：

```
String s = "bikini";
```

这个版本只用了一个 String 实例，而不是每次执行的时候都创建一个新的实例。而且，它可以保证，对于所有在同一台虚拟机中运行的代码，只要它们包含相同的字符串字面常量，该对象就会被重用 [JLS，3.10.5]。

对于同时提供了静态工厂方法（static factory method）（详见第 1 条）和构造器的不可变类，通常优先使用静态工厂方法而不是构造器，以避免创建不必要的对象。例如，静态工厂方法 Boolean.valueOf（String）几乎总是优先于构造器 Boolean(String)，注意构造器 Boolean(String) 在 Java 9 中已经被废弃了。构造器在每次被调用的时候都会创建一个新的对象，而静态工厂方法则从来不要求这样做，实际上也不会这样做。除了重用不可变的对象之外，也可以重用那些已知不会被修改的可变对象。

有些对象创建的成本比其他对象要高得多。如果重复地需要这类"昂贵的对象"，建议将它缓存下来重用。遗憾的是，在创建这种对象的时候，并非总是那么显而易见。假设想要编写一个方法，用它确定一个字符串是否为一个有效的罗马数字。下面介绍一种最容易的方法，使用一个正则表达式：

```
// Performance can be greatly improved!
static boolean isRomanNumeral(String s) {
    return s.matches("^(?=.)M*(C[MD]|D?C{0,3})"
        + "(X[CL]|L?X{0,3})(I[XV]|V?I{0,3})$");
}
```

这个实现的问题在于它依赖 String.matches 方法。虽然 String.matches 方法最易于查看一个字符串是否与正则表达式相匹配，但并不适合在注重性能的情形中重复使用。问题在于，它在内部为正则表达式创建了一个 Pattern 实例，却只用了一次，之后就可以进行垃圾回收了。创建 Pattern 实例的成本很高，因为需要将正则表达式编译成一个有限状态机（finite state machine）。

为了提升性能，应该显式地将正则表达式编译成一个 Pattern 实例（不可变），让它成为类初始化的一部分，并将它缓存起来，每当调用 isRomanNumeral 方法的时候就重用同一个实例：

```java
// Reusing expensive object for improved performance
public class RomanNumerals {
    private static final Pattern ROMAN = Pattern.compile(
            "^(?=.)M*(C[MD]|D?C{0,3})"
            + "(X[CL]|L?X{0,3})(I[XV]|V?I{0,3})$");

    static boolean isRomanNumeral(String s) {
        return ROMAN.matcher(s).matches();
    }
}
```

改进后的 isRomanNumeral 方法如果被频繁地调用，会显示出明显的性能优势。在我的机器上，原来的版本在一个 8 字符的输入字符串上花了 1.1μs，而改进后的版本只花了 0.17μs，速度快了 6.5 倍。除了提高性能之外，可以说代码也更清晰了。将不可见的 Pattern 实例做成 final 静态域时，可以给它起个名字，这样会比正则表达式本身更有可读性。

如果包含改进后的 isRomanNumeral 方法的类被初始化了，但是该方法没有被调用，那就没必要初始化 ROMAN 域。通过在 isRomanNumeral 方法第一次被调用的时候延迟初始化（lazily initializing）（详见第 83 条）这个域，有可能消除这个不必要的初始化工作，但是不建议这样做。正如延迟初始化中常见的情况一样，这样做会使方法的实现更加复杂，从而无法将性能显著提高到超过已经达到的水平（详见第 67 条）。

如果一个对象是不变的，那么它显然能够被安全地重用，但其他有些情形则并不总是这么明显。考虑适配器（adapter）的情形 [Gamma95]，有时也叫作视图（view）。适配器是指这样一个对象：它把功能委托给一个后备对象（backing object），从而为后备对象提供一个可以替代的接口。由于适配器除了后备对象之外，没有其他的状态信息，所以针对某个给定对象的特定适配器而言，它不需要创建多个适配器实例。

例如，Map 接口的 keySet 方法返回该 Map 对象的 Set 视图，其中包含该 Map 中所有的键（key）。乍看之下，好像每次调用 keySet 都应该创建一个新的 Set 实例，但是，对于一个给定的 Map 对象，实际上每次调用 keySet 都返回同样的 Set 实例。虽然被返回的 Set 实例一般是可改变的，但是所有返回的对象在功能上是等同的：当其中一个返回对象发生变化的时候，所有其他的返回对象也要发生变化，因为它们是由同一个 Map 实例支撑的。虽然创建 keySet 视图对象的多个实例并无害处，却是没有必要，也没有好处的。

另一种创建多余对象的方法，称作自动装箱（autoboxing），它允许程序员将基本类型和装箱基本类型（Boxed Primitive Type）混用，按需要自动装箱和拆箱。自动装箱使得基本类型和装箱基本类型之间的差别变得模糊起来，但是并没有完全消除。它们在语义上还有着微妙的差别，在性能上也有着比较明显的差别（详见第 61 条）。请看下面的程序，它计算所有 int 正整数值的总和。为此，程序必须使用 long 算法，因为 int 不够大，无法容纳所有 int 正整数值的总和：

```java
// Hideously slow! Can you spot the object creation?
private static long sum() {
    Long sum = 0L;
    for (long i = 0; i <= Integer.MAX_VALUE; i++)
        sum += i;

    return sum;
}
```

这段程序算出的答案是正确的，但是比实际情况要更慢一些，只因为打错了一个字符。变量 sum 被声明成 Long 而不是 long，意味着程序构造了大约 2^{31} 个多余的 Long 实例（大约每次往 Long sum 中增加 long 时构造一个实例）。将 sum 的声明从 Long 改成 long，在我的机器上使运行时间从 6.3 秒减少到了 0.59 秒。结论很明显：要优先使用基本类型而不是装箱基本类型，要当心无意识的自动装箱。

不要错误地认为本条目所介绍的内容暗示着"创建对象的代价非常昂贵，我们应该要尽可能地避免创建对象"。相反，由于小对象的构造器只做很少量的显式工作，所以小对象的创建和回收动作是非常廉价的，特别是在现代的 JVM 实现上更是如此。通过创建附加的对象，提升程序的清晰性、简洁性和功能性，这通常是件好事。

反之，通过维护自己的对象池（object pool）来避免创建对象并不是一种好的做法，除非池中的对象是非常重量级的。正确使用对象池的典型对象示例就是数据库连接。建立数据库连接的代价是非常昂贵的，因此重用这些对象非常有意义。而且，数据库的许可可能限制你只能使用一定数量的连接。但是，一般而言，维护自己的对象池必定会把代码弄得很乱，同时增加内存占用（footprint），并且还会损害性能。现代的 JVM 实现具有高度优化的垃圾回收器，其性能很容易就会超过轻量级对象池的性能。

与本条目对应的是第 50 条中有关"保护性拷贝"（defensive copying）的内容。本条目提及"当你应该重用现有对象的时候，请不要创建新的对象"，而第 50 条则说"当你应该创建新对象的时候，请不要重用现有的对象"。注意，在提倡使用保护性拷贝的时候，因重用对象而付出的代价要远远大于因创建重复对象而付出的代价。必要时如果没能实施保护性拷贝，将会导致潜在的 Bug 和安全漏洞；而不必要地创建对象则只会影响程序的风格和性能。

第 7 条：消除过期的对象引用

当你从手工管理内存的语言（比如 C 或 C++）转换到具有垃圾回收功能的比如 Java 语言时，程序员的工作会变得更加容易，因为当你用完了对象之后，它们会被自动回收。当你第一次经历对象回收功能的时候，会觉得这简直有点不可思议。它很容易给你留下这样的印象，认为自己不再需要考虑内存管理的事情了，其实不然。

请看下面这个简单的栈实现的例子：

```java
// Can you spot the "memory leak"?
public class Stack {
    private Object[] elements;
    private int size = 0;
    private static final int DEFAULT_INITIAL_CAPACITY = 16;

    public Stack() {
        elements = new Object[DEFAULT_INITIAL_CAPACITY];
    }

    public void push(Object e) {
        ensureCapacity();
        elements[size++] = e;
    }

    public Object pop() {
        if (size == 0)
            throw new EmptyStackException();
        return elements[--size];
    }

    /**
     * Ensure space for at least one more element, roughly
     * doubling the capacity each time the array needs to grow.
     */
    private void ensureCapacity() {
        if (elements.length == size)
            elements = Arrays.copyOf(elements, 2 * size + 1);
    }
}
```

这段程序（它的泛型版本请见第 29 条）中并没有很明显的错误。无论如何测试，它都会成功地通过每一项测试，但是这个程序中隐藏着一个问题。不严格地讲，这段程序有一个"内存泄漏"，随着垃圾回收器活动的增加，或者由于内存占用的不断增加，程序性能的降低会逐渐表现出来。在极端的情况下，这种内存泄漏会导致磁盘交换（Disk Paging），甚至导致程序失败（OutOfMemoryError 错误），但是这种失败情形相对比较少见。

那么，程序中哪里发生了内存泄漏呢？如果一个栈先是增长，然后再收缩，那么，从栈中弹出来的对象将不会被当作垃圾回收，即使使用栈的程序不再引用这些对象，它们也不会被回收。这是因为栈内部维护着对这些对象的过期引用（obsolete reference）。所谓的过期引用，是指永远也不会再被解除的引用。在本例中，凡是在 elements 数组的"活动部分"

（active portion）之外的任何引用都是过期的。活动部分是指 elements 中下标小于 size 的那些元素。

在支持垃圾回收的语言中，内存泄漏是很隐蔽的（称这类内存泄漏为"无意识的对象保持"（unintentional object retention）更为恰当）。如果一个对象引用被无意识地保留起来了，那么垃圾回收机制不仅不会处理这个对象，而且也不会处理被这个对象所引用的所有其他对象。即使只有少量的几个对象引用被无意识地保留下来，也会有许许多多的对象被排除在垃圾回收机制之外，从而对性能造成潜在的重大影响。

这类问题的修复方法很简单：一旦对象引用已经过期，只需清空这些引用即可。对于上述例子中的 Stack 类而言，只要一个单元被弹出栈，指向它的引用就过期了。pop 方法的修订版本如下所示：

```java
public Object pop() {
    if (size == 0)
        throw new EmptyStackException();
    Object result = elements[--size];
    elements[size] = null; // Eliminate obsolete reference
    return result;
}
```

清空过期引用的另一个好处是，如果它们以后又被错误地解除引用，程序就会立即抛出 NullPointerException 异常，而不是悄悄地错误运行下去。尽快地检测出程序中的错误总是有益的。

当程序员第一次被类似这样的问题困扰的时候，他们往往会过分小心：对于每一个对象引用，一旦程序不再用到它，就把它清空。其实这样做既没必要，也不是我们所期望的，因为这样做会把程序代码弄得很乱。清空对象引用应该是一种例外，而不是一种规范行为。消除过期引用最好的方法是让包含该引用的变量结束其生命周期。如果你是在最紧凑的作用域范围内定义每一个变量（详见第 57 条），这种情形就会自然而然地发生。

那么，何时应该清空引用呢？ Stack 类的哪方面特性使它易于遭受内存泄漏的影响呢？简而言之，问题在于，Stack 类自己管理内存。存储池（storage pool）包含了 elements 数组（对象引用单元，而不是对象本身）的元素。数组活动区域（同前面的定义）中的元素是已分配的（allocated），而数组其余部分的元素则是自由的（free）。但是垃圾回收器并不知道这一点；对于垃圾回收器而言，elements 数组中的所有对象引用都同等有效。只有程序员知道数组的非活动部分是不重要的。程序员可以把这个情况告知垃圾回收器，做法很简单：一旦数组元素变成了非活动部分的一部分，程序员就手工清空这些数组元素。

一般来说，只要类是自己管理内存，程序员就应该警惕内存泄漏问题。一旦元素被释放掉，则该元素中包含的任何对象引用都应该被清空。

内存泄漏的另一个常见来源是缓存。一旦你把对象引用放到缓存中，它就很容易被遗忘掉，从而使得它不再有用之后很长一段时间内仍然留在缓存中。对于这个问题，有几种可能的解决方案。如果你正好要实现这样的缓存：只要在缓存之外存在对某个项的键的引用，该项就有意义，那么就可以用 `WeakHashMap` 代表缓存；当缓存中的项过期之后，它们就会自动被删除。记住只有当所要的缓存项的生命周期是由该键的外部引用而不是由值决定时，`WeakHashMap` 才有用处。

更为常见的情形则是，"缓存项的生命周期是否有意义"并不是很容易确定，随着时间的推移，其中的项会变得越来越没有价值。在这种情况下，缓存应该时不时地清除掉没用的项。这项清除工作可以由一个后台线程（可能是 `ScheduledThreadPoolExecutor`）来完成，或者也可以在给缓存添加新条目的时候顺便进行清理。`LinkedHashMap` 类利用它的 `removeEldestEntry` 方法可以很容易地实现后一种方案。对于更加复杂的缓存，必须直接使用 `java.lang.ref`。

内存泄漏的第三个常见来源是监听器和其他回调。如果你实现了一个 API，客户端在这个 API 中注册回调，却没有显式地取消注册，那么除非你采取某些动作，否则它们就会不断地堆积起来。确保回调立即被当作垃圾回收的最佳方法是只保存它们的**弱引用**（weak reference），例如，只将它们保存成 `WeakHashMap` 中的键。

由于内存泄漏通常不会表现成明显的失败，所以它们可以在一个系统中存在很多年。往往只有通过仔细检查代码，或者借助于 Heap 剖析工具（Heap Profiler）才能发现内存泄漏问题。因此，如果能够在内存泄漏发生之前就知道如何预测此类问题，并阻止它们发生，那是最好不过的了。

第 8 条：避免使用终结方法和清除方法

终结方法（finalizer）通常是不可预测的，也是很危险的，一般情况下是不必要的。使用终结方法会导致行为不稳定、性能降低，以及可移植性问题。当然，终结方法也有其可用之处，我们将在本条目的最后再做介绍；但是根据经验，应该避免使用终结方法。在 Java 9 中用清除方法（cleaner）代替了终结方法。清除方法没有终结方法那么危险，但仍然是不可预测、运行缓慢，一般情况下也是不必要的。

C++ 的程序员被告知"不要把终结方法当作是 C++ 中析构器（destructors）的对应物"。在 C++ 中，析构器是回收一个对象所占用资源的常规方法，是构造器所必需的对应物。在 Java 中，当一个对象变得不可到达的时候，垃圾回收器会回收与该对象相关联的存储空间，并不需要程序员做专门的工作。C++ 的析构器也可以被用来回收其他的非内存资源。而在 Java 中，一般用 `try-finally` 块来完成类似的工作（详见第 9 条）。

终结方法和清除方法的缺点在于不能保证会被及时执行 [JLS, 12.6]。从一个对象变得不可到达开始，到它的终结方法被执行，所花费的这段时间是任意长的。这意味着，注重时间（time-critical）的任务不应该由终结方法或者清除方法来完成。例如，用终结方法或者清除方法来关闭已经打开的文件，就是一个严重的错误，因为打开文件的描述符是一种很有限的资源。如果系统无法及时运行终结方法或者清除方法就会导致大量的文件仍然保留在打开状态，于是当一个程序再也不能打开文件的时候，它可能会运行失败。

及时地执行终结方法和清除方法正是垃圾回收算法的一个主要功能，这种算法在不同的 JVM 实现中会大相径庭。如果程序依赖于终结方法或者清除方法被执行的时间点，那么这个程序的行为在不同的 JVM 中运行的表现可能就会截然不同。一个程序在你测试用的 JVM 平台上运行得非常好，而在你最重要顾客的 JVM 平台上却根本无法运行，这是完全有可能的。

延迟终结过程并不只是一个理论问题。在很少见的情况下，为类提供终结方法，可能会随意地延迟其实例的回收过程。一位同事最近在调试一个长期运行的 GUI 应用程序的时候，该应用程序莫名其妙地出现 OutOfMemoryError 错误而死掉。分析表明，该应用程序死掉的时候，其终结方法队列中有数千个图形对象正在等待被终结和回收。遗憾的是，终结方法线程的优先级比该应用程序的其他线程的优先级要低得多，所以，图形对象的终结速度达不到它们进入队列的速度。Java 语言规范并不保证哪个线程将会执行终结方法，所以，除了不使用终结方法之外，并没有很轻便的办法能够避免这样的问题。在这方面，清除方法比终结方法稍好一些，因为类的设计者可以控制自己的清除线程，但清除方法仍然在后台运行，处于垃圾回收器的控制之下，因此不能确保及时清除。

Java 语言规范不仅不保证终结方法或者清除方法会被及时地执行，而且根本就不保证它们会被执行。当一个程序终止的时候，某些已经无法访问的对象上的终结方法却根本没有被执行，这是完全有可能的。结论是：永远不应该依赖终结方法或者清除方法来更新重要的持久状态。例如，依赖终结方法或者清除方法来释放共享资源（比如数据库）上的永久锁，这很容易让整个分布式系统垮掉。

不要被 System.gc 和 System.runFinalization 这两个方法所诱惑，它们确实增加了终结方法或者清除方法被执行的机会，但是它们并不保证终结方法或者清除方法一定会被执行。唯一声称保证它们会被执行的两个方法是 System.runFinalizersOnExit，及其臭名昭著的孪生兄弟 Runtime.runFinalizersOnExit。这两个方法都有致命的缺陷，并且已经被废弃很久了 [ThreadStop]。

使用终结方法的另一个问题是：如果忽略在终结过程中被抛出来的未被捕获的异常，该对象的终结过程也会终止 [JLS, 12.6]。未被捕获的异常会使对象处于破坏的状态（corrupt state），如果另一个线程企图使用这种被破坏的对象，则可能发生任何不确定的行为。正常情况下，未被捕获的异常将会使线程终止，并打印出栈轨迹（Stack Trace），但是，如果异常发生在终结方法之中，则不会如此，甚至连警告都不会打印出来。清除方法没有这个问题，因为使用清除方法的一个类库在控制它的线程。

使用终结方法和清除方法有一个非常严重的性能损失。在我的机器上，创建一个简单的 `AutoCloseable` 对象，用 `try-with-resources` 将它关闭，再让垃圾回收器将它回收，完成这些工作花费的时间大约为 12ns。增加一个终结方法使时间增加到了 550ns。换句话说，用终结方法创建和销毁对象慢了大约 50 倍。这主要是因为终结方法阻止了有效的垃圾回收。如果用清除方法来清除类的所有实例，它的速度比终结方法会稍微快一些（在我的机器上大约是每个实例花 500ns），但如果只是把清除方法作为一道安全网（safety net），下面将会介绍，那么清除方法的速度还会更快一些。在这种情况下，创建、清除和销毁对象，在我的机器上花了大约 66ns，这意味着，如果没有使用它，为了确保安全网多花了 5 倍（而不是 50 倍）的代价。

终结方法有一个严重的安全问题：它们为终结方法攻击（finalizer attack）打开了类的大门。终结方法攻击背后的思想很简单：如果从构造器或者它的序列化对等体（`readObject` 和 `readResolve` 方法，详见第 12 章）抛出异常，恶意子类的终结方法就可以在构造了一部分的应该已经半途夭折的对象上运行。这个终结方法会将对该对象的引用记录在一个静态域中，阻止它被垃圾回收。一旦记录到异常的对象，就可以轻松地在这个对象上调用任何原本永远不允许在这里出现的方法。从构造器抛出的异常，应该足以防止对象继续存在；有了终结方法的存在，这一点就做不到了。这种攻击可能造成致命的后果。final 类不会受到终结方法攻击，因为没有人能够编写出 final 类的恶意子类。为了防止非 final 类受到终结方法攻击，要编写一个空的 final 的 `finalize` 方法。

那么，如果类的对象中封装的资源（例如文件或者线程）确实需要终止，应该怎么做才能不用编写终结方法或者清除方法呢？只需让类实现 AutoCloseable，并要求其客户端在每个实例不再需要的时候调用 `close` 方法，一般是利用 `try-with-resources` 确保终止，即使遇到异常也是如此（详见第 9 条）。值得提及的一个细节是，该实例必须记录下自己是否已经被关闭了：`close` 方法必须在一个私有域中记录下"该对象已经不再有效"。如果这些方法是在对象已经终止之后被调用，其他的方法就必须检查这个域，并抛出 `IllegalStateException` 异常。

那么终结方法和清除方法有什么好处呢？它们有两种合法用途。第一种用途是，当资源的所有者忘记调用它的 close 方法时，终结方法或者清除方法可以充当"安全网"。虽然这样做并不能保证终结方法或者清除方法会被及时地运行，但是在客户端无法正常结束操作的情况下，迟一点释放资源总比永远不释放要好。如果考虑编写这样的安全网终结方法，就要认真考虑清楚，这种保护是否值得付出这样的代价。有些 Java 类（如 `FileInputStream`、`FileOutputStream`、`ThreadPoolExecutor` 和 `java.sql.Connection`）都具有能充当安全网的终结方法。

清除方法的第二种合理用途与对象的本地对等体（native peer）有关。本地对等体是一个本地（非 Java 的）对象（native object），普通对象通过本地方法（native method）委托给一个本地对象。因为本地对等体不是一个普通对象，所以垃圾回收器不会知道它，当它的 Java 对等体被回收的时候，它不会被回收。如果本地对等体没有关键资源，并且性能也可以接受的话，那么清除方法或者终结方法正是执行这项任务最合适的工具。如果本地对等体拥有必须被及时终止的资源，或者性能无法接受，那么该类就应该具有一个 close 方法，如前所述。

清除方法的使用有一定的技巧。下面以一个简单的 Room 类为例。假设房间在收回之前必须进行清除。Room 类实现了 AutoCloseable；它利用清除方法自动清除安全网的过程只不过是一个实现细节。与终结方法不同的是，清除方法不会污染类的公有 API：

```java
// An autocloseable class using a cleaner as a safety net
public class Room implements AutoCloseable {
    private static final Cleaner cleaner = Cleaner.create();

    // Resource that requires cleaning. Must not refer to Room!
    private static class State implements Runnable {
        int numJunkPiles; // Number of junk piles in this room

        State(int numJunkPiles) {
            this.numJunkPiles = numJunkPiles;
        }

        // Invoked by close method or cleaner
        @Override public void run() {
            System.out.println("Cleaning room");
            numJunkPiles = 0;
        }
    }

    // The state of this room, shared with our cleanable
    private final State state;

    // Our cleanable. Cleans the room when it's eligible for gc
    private final Cleaner.Cleanable cleanable;

    public Room(int numJunkPiles) {
        state = new State(numJunkPiles);
        cleanable = cleaner.register(this, state);
    }

    @Override public void close() {
        cleanable.clean();
    }
}
```

内嵌的静态类 State 保存清除方法清除房间所需的资源。在这个例子中，就是 num-JunkPiles 域，表示房间的杂乱度。更现实地说，它可以是 final 的 long，包含一个指向本地对等体的指针。State 实现了 Runnable 接口，它的 run 方法最多被 Cleanable 调用一次，后者是我们在 Room 构造器中用清除器注册 State 实例时获得的。以下两种情况之一会触发 run 方法的调用：通常是通过调用 Room 的 close 方法触发的，后者又调用了 Cleanable 的清除方法。如果到了 Room 实例应该被垃圾回收时，客户端还没有调用 close 方法，清除方法就会（希望如此）调用 State 的 run 方法。

关键是 State 实例没有引用它的 Room 实例。如果它引用了，会造成循环，阻止 Room 实例被垃圾回收（以及防止被自动清除）。因此 State 必须是一个静态的嵌套类，因为非静态的嵌套类包含了对其外围实例的引用（详见第 24 条）。同样地，也不建议使用 lambda，因为它们很容易捕捉到对外围对象的引用。

如前所述，Room 的清除方法只用作安全网。如果客户端将所有的 Room 实例化都包在 try-with-resource 块中，将永远不会请求到自动清除。用下面这个表现良好的客户端代码示范一下：

```java
public class Adult {
    public static void main(String[] args) {
        try (Room myRoom = new Room(7)) {
            System.out.println("Goodbye");
        }
    }
}
```

正如所期待的一样，运行 Adult 程序会打印出 Goodbye，接着是 Cleaning room。但是下面这个表现糟糕的程序又如何呢？哪一个将永远不会清除它的房间？

```java
public class Teenager {
    public static void main(String[] args) {
        new Room(99);
        System.out.println("Peace out");
    }
}
```

你可能期望打印出 Peace out，然后是 Cleaning room，但是在我的机器上，它没有打印出 Cleaning room，就退出程序了。这就是我们之前提到过的不可预见性。Cleaner 规范指出："清除方法在 System.exit 期间的行为是与实现相关的。不确保清除动作是否会被调用。"虽然规范没有指明，其实对于正常的程序退出也是如此。在我的机器上，只要在 Teenager 的 main 方法上添加代码行 System.gc()，就足以让它在退出之前打印出 Cleaning room，但是不能保证在你的机器上也能看到相同的行为。

总而言之，除非是作为安全网，或者是为了终止非关键的本地资源，否则请不要使用清除方法，对于在 Java 9 之前的发行版本，则尽量不要使用终结方法。若使用了终结方法或者清除方法，则要注意它的不确定性和性能后果。

第 9 条：try-with-resources 优先于 try-finally

Java 类库中包括许多必须通过调用 `close` 方法来手工关闭的资源。例如 `InputStream`、`OutputStream` 和 `java.sql.Connection`。客户端经常会忽略资源的关闭，造成严重的性能后果也就可想而知了。虽然其中的许多资源都是用终结方法作为安全网，但是效果并不理想（详见第 8 条）。

根据经验，`try-finally` 语句是确保资源会被适时关闭的最佳方法，就算发生异常或者返回也一样：

```java
// try-finally - No longer the best way to close resources!
static String firstLineOfFile(String path) throws IOException {
    BufferedReader br = new BufferedReader(new FileReader(path));
    try {
        return br.readLine();
    } finally {
        br.close();
    }
}
```

这看起来好像也不算太坏，但是如果再添加第二个资源，就会一团糟了：

```java
// try-finally is ugly when used with more than one resource!
static void copy(String src, String dst) throws IOException {
    InputStream in = new FileInputStream(src);
    try {
        OutputStream out = new FileOutputStream(dst);
        try {
            byte[] buf = new byte[BUFFER_SIZE];
            int n;
            while ((n = in.read(buf)) >= 0)
                out.write(buf, 0, n);
        } finally {
            out.close();
        }
    } finally {
        in.close();
    }
}
```

这可能令人有点难以置信，不过就算优秀的程序员也会经常犯这样的错误。起先，我曾经在《Java Puzzlers》[Bloch05] 第 88 页犯过这个错误，时隔多年竟然没有人发现。事实上，在 2007 年，`close` 方法在 Java 类库中有 2/3 都用错了。

即便用 `try-finally` 语句正确地关闭了资源，如前两段代码范例所示，它也存在着些许不足。因为在 `try` 块和 `finally` 块中的代码，都会抛出异常。例如，在 `firstLineOfFile` 方法中，如果底层的物理设备异常，那么调用 `readLine` 就会抛出异常，基于同样的原因，调用 `close` 也会出现异常。在这种情况下，第二个异常完全抹除了第一个异常。在异常堆栈轨迹中，完全没有关于第一个异常的记录，这在现实的系统中会导致调试变得非常复杂，因为通常需要看到第一个异常才能诊断出问题何在。虽然可以通过编写代码来禁止第二个异常，保留第一个异常，但事实上没有人会这么做，因为实现起来太烦琐了。

当 Java 7 引入 try-with-resources 语句时 [JLS, 14.20.3]，所有这些问题一下子就全部解决了。要使用这个构造的资源，必须先实现 `AutoCloseable` 接口，其中包含了单个返回 `void` 的 `close` 方法。Java 类库与第三方类库中的许多类和接口，现在都实现或扩展了 `AutoCloseable` 接口。如果编写了一个类，它代表的是必须被关闭的资源，那么这个类也应该实现 `AutoCloseable`。

以下就是使用 try-with-resources 的第一个范例：

```
// try-with-resources - the the best way to close resources!
static String firstLineOfFile(String path) throws IOException {
    try (BufferedReader br = new BufferedReader(
            new FileReader(path))) {
        return br.readLine();
    }
}
```

以下是使用 try-with-resources 的第二个范例：

```
// try-with-resources on multiple resources - short and sweet
static void copy(String src, String dst) throws IOException {
    try (InputStream   in = new FileInputStream(src);
         OutputStream out = new FileOutputStream(dst)) {
        byte[] buf = new byte[BUFFER_SIZE];
        int n;
        while ((n = in.read(buf)) >= 0)
            out.write(buf, 0, n);
    }
}
```

使用 try-with-resources 不仅使代码变得更简洁易懂，也更容易进行诊断。以 firstLineOfFile 方法为例，如果调用 readLine 和（不可见的）close 方法都抛出异常，后一个异常就会被禁止，以保留第一个异常。事实上，为了保留你想要看到的那个异常，即便多个异常都可以被禁止。这些被禁止的异常并不是简单地被抛弃了，而是会被打印在堆栈轨迹中，并注明它们是被禁止的异常。通过编程调用 getSuppressed 方法还可以访问到它们，getSuppressed 方法也已经添加在 Java 7 的 Throwable 中了。

在 try-with-resources 语句中还可以使用 catch 子句，就像在平时的 try-finally 语句中一样。这样既可以处理异常，又不需要再套用一层代码。下面举一个稍费了点心思的范例，这个 firstLineOfFile 方法没有抛出异常，但是如果它无法打开文件，或者无法从中读取，就会返回一个默认值：

```
// try-with-resources with a catch clause
static String firstLineOfFile(String path, String defaultVal) {
    try (BufferedReader br = new BufferedReader(
            new FileReader(path))) {
        return br.readLine();
    } catch (IOException e) {
        return defaultVal;
    }
}
```

结论很明显：在处理必须关闭的资源时，始终要优先考虑用 try-with-resources，而不是用 try-finally。这样得到的代码将更加简洁、清晰，产生的异常也更有价值。有了 try-with-resources 语句，在使用必须关闭的资源时，就能更轻松地正确编写代码了。实践证明，这个用 try-finally 是不可能做到的。

Effective

对于所有对象都通用的方法

尽管 Object 是一个具体类，但设计它主要是为了扩展。它所有的非 final 方法（equals、hashCode、toString、clone 和 finalize）都有明确的通用约定（general contract），因为它们设计成是要被覆盖（override）的。任何一个类，它在覆盖这些方法的时候，都有责任遵守这些通用约定；如果不能做到这一点，其他依赖于这些约定的类（例如 HashMap 和 HashSet）就无法结合该类一起正常运作。

本章将讲述何时以及如何覆盖这些非 final 的 Object 方法。本章不再讨论 finalize 方法，因为第 8 条已经讨论过这个方法了。而 Comparable.compareTo 虽然不是 Object 方法，但是本章也将对它进行讨论，因为它具有类似的特征。

第 10 条：覆盖 equals 时请遵守通用约定

覆盖 equals 方法看起来似乎很简单，但是有许多覆盖方式会导致错误，并且后果非常严重。最容易避免这类问题的办法就是不覆盖 equals 方法，在这种情况下，类的每个实例都只与它自身相等。如果满足了以下任何一个条件，这就正是所期望的结果：

❑ **类的每个实例本质上都是唯一的。**对于代表活动实体而不是值

（value）的类来说确实如此，例如 Thread。Object 提供的 equals 实现对于这些类来说正是正确的行为。

❑ 类没有必要提供"逻辑相等"（logical equality）的测试功能。例如，java.util.regex.Pattern 可以覆盖 equals，以检查两个 Pattern 实例是否代表同一个正则表达式，但是设计者并不认为客户需要或者期望这样的功能。在这类情况之下，从 Object 继承得到的 equals 实现已经足够了。

❑ 超类已经覆盖了 equals，超类的行为对于这个类也是合适的。例如，大多数的 Set 实现都从 AbstractSet 继承 equals 实现，List 实现从 AbstractList 继承 equals 实现，Map 实现从 AbstractMap 继承 equals 实现。

❑ 类是私有的，或者是包级私有的，可以确定它的 equals 方法永远不会被调用。如果你非常想要规避风险，可以覆盖 equals 方法，以确保它不会被意外调用：

```
@Override public boolean equals(Object o) {
    throw new AssertionError(); // Method is never called
}
```

那么，什么时候应该覆盖 equals 方法呢？如果类具有自己特有的"逻辑相等"（logical equality）概念（不同于对象等同的概念），而且超类还没有覆盖 equals。这通常属于"值类"（value class）的情形。值类仅仅是一个表示值的类，例如 Integer 或者 String。程序员在利用 equals 方法来比较值对象的引用时，希望知道它们在逻辑上是否相等，而不是想了解它们是否指向同一个对象。为了满足程序员的要求，不仅必须覆盖 equals 方法，而且这样做也使得这个类的实例可以被用作映射表（map）的键（key），或者集合（set）的元素，使映射或者集合表现出预期的行为。

有一种"值类"不需要覆盖 equals 方法，即用实例受控（详见第 1 条）确保"每个值至多只存在一个对象"的类。枚举类型（详见第 34 条）就属于这种类。对于这样的类而言，逻辑相同与对象等同是一回事，因此 Object 的 equals 方法等同于逻辑意义上的 equals 方法。

在覆盖 equals 方法的时候，必须要遵守它的通用约定。下面是约定的内容，来自 Object 的规范。

equals 方法实现了等价关系（equivalence relation），其属性如下：

❑ 自反性（reflexive）：对于任何非 null 的引用值 x，x.equals(x) 必须返回 true。

❑ 对称性（symmetric）：对于任何非 null 的引用值 x 和 y，当且仅当 y.equals(x) 返回 true 时，x.equals(y) 必须返回 true。

❑ 传递性（transitive）：对于任何非 null 的引用值 x、y 和 z，如果 x.equals(y) 返回 true，并且 y.equals(z) 也返回 true，那么 x.equals(z) 也必须返回 true。

❑ 一致性（consistent）：对于任何非 null 的引用值 x 和 y，只要 equals 的比较操作在对象中所用的信息没有被修改，多次调用 x.equals(y) 就会一致地返回 true，或者一致地返回 false。

☐ 对于任何非 null 的引用值 x，x.equals(null) 必须返回 false。

除非你对数学特别感兴趣，否则这些规定看起来可能有点让人感到恐惧，但是绝对不要忽视这些规定！如果违反了，就会发现程序将会表现得不正常，甚至崩溃，而且很难找到失败的根源。用 John Donne 的话说，没有哪个类是孤立的。一个类的实例通常会被频繁地传递给另一个类的实例。有许多类，包括所有的集合类（collection class）在内，都依赖于传递给它们的对象是否遵守了 equals 约定。

现在你已经知道了违反 equals 约定有多么可怕，下面将更细致地讨论这些约定。值得欣慰的是，这些约定虽然看起来很吓人，实际上并不十分复杂。一旦理解了这些约定，要遵守它们并不困难。

那么什么是等价关系呢？不严格地说，它是一个操作符，将一组元素划分到其元素与另一个元素等价的分组中。这些分组被称作等价类（equivalence class）。从用户的角度来看，对于有用的 equals 方法，每个等价类中的所有元素都必须是可交换的。现在我们按照顺序逐一查看以下 5 个要求。

自反性（Reflexivity）——第一个要求仅仅说明对象必须等于其自身。很难想象会无意识地违反这一条。假如违背了这一条，然后把该类的实例添加到集合中，该集合的 contains 方法将果断地告诉你，该集合不包含你刚刚添加的实例。

对称性（Symmetry）——第二个要求是说，任何两个对象对于"它们是否相等"的问题都必须保持一致。与第一个要求不同，若无意中违反这一条，这种情形倒是不难想象。例如下面的类，它实现了一个不区分大小写的字符串。字符串由 toString 保存，但在 equals 操作中被忽略。

```java
// Broken - violates symmetry!
public final class CaseInsensitiveString {
    private final String s;

    public CaseInsensitiveString(String s) {
        this.s = Objects.requireNonNull(s);
    }

    // Broken - violates symmetry!
    @Override public boolean equals(Object o) {
        if (o instanceof CaseInsensitiveString)
            return s.equalsIgnoreCase(
                ((CaseInsensitiveString) o).s);
        if (o instanceof String)  // One-way interoperability!
            return s.equalsIgnoreCase((String) o);
        return false;
    }
    ...  // Remainder omitted
}
```

在这个类中，equals 方法的意图非常好，它企图与普通的字符串对象进行互操作。假设我们有一个不区分大小写的字符串和一个普通的字符串：

```
CaseInsensitiveString cis = new CaseInsensitiveString("Polish");
String s = "polish";
```

不出所料，cis.equals(s) 返回 true。问题在于，虽然 CaseInsensitiveString 类中的 equals 方法知道普通的字符串对象，但是，String 类中的 equals 方法却并不知道不区分大小写的字符串。因此，s.equals(cis) 返回 false，显然违反了对称性。假设你把不区分大小写的字符串对象放到一个集合中：

```
List<CaseInsensitiveString> list = new ArrayList<>();
list.add(cis);
```

此时 list.contains(s) 会返回什么结果呢？没人知道。在当前的 OpenJDK 实现中，它碰巧返回 false，但这只是这个特定实现得出的结果而已。在其他的实现中，它有可能返回 true，或者抛出一个运行时异常。一旦违反了 equals 约定，当其他对象面对你的对象时，你完全不知道这些对象的行为会怎么样。

为了解决这个问题，只需把企图与 String 互操作的这段代码从 equals 方法中去掉就可以了。这样做之后，就可以重构该方法，使它变成一条单独的返回语句：

```
@Override public boolean equals(Object o) {
    return o instanceof CaseInsensitiveString &&
        ((CaseInsensitiveString) o).s.equalsIgnoreCase(s);
}
```

传递性（Transitivity）——equals 约定的第三个要求是，如果一个对象等于第二个对象，而第二个对象又等于第三个对象，则第一个对象一定等于第三个对象。同样地，无意识地违反这条规则的情形也不难想象。用子类举个例子。假设它将一个新的值组件（value component）添加到了超类中。换句话说，子类增加的信息会影响 equals 的比较结果。我们首先以一个简单的不可变的二维整数型 Point 类作为开始：

```
public class Point {
    private final int x;
    private final int y;

    public Point(int x, int y) {
        this.x = x;
        this.y = y;
    }

    @Override public boolean equals(Object o) {
        if (!(o instanceof Point))
            return false;
```

```
        Point p = (Point)o;
        return p.x == x && p.y == y;
    }

    ... // Remainder omitted
}
```

假设你想要扩展这个类，为一个点添加颜色信息：

```
public class ColorPoint extends Point {
    private final Color color;

    public ColorPoint(int x, int y, Color color) {
        super(x, y);
        this.color = color;
    }

    ... // Remainder omitted
}
```

equals 方法会是什么样的呢？如果完全不提供 equals 方法，而是直接从 Point 继承过来，在 equals 做比较的时候颜色信息就被忽略掉了。虽然这样做不会违反 equals 约定，但很明显这是无法接受的。假设编写了一个 equals 方法，只有当它的参数是另一个有色点，并且具有同样的位置和颜色时，它才会返回 true：

```
// Broken - violates symmetry!
@Override public boolean equals(Object o) {
    if (!(o instanceof ColorPoint))
        return false;
    return super.equals(o) && ((ColorPoint) o).color == color;
}
```

这个方法的问题在于，在比较普通点和有色点，以及相反的情形时，可能会得到不同的结果。前一种比较忽略了颜色信息，而后一种比较则总是返回 false，因为参数的类型不正确。为了直观地说明问题所在，我们创建一个普通点和一个有色点：

```
Point p = new Point(1, 2);
ColorPoint cp = new ColorPoint(1, 2, Color.RED);
```

然后，p.equals(cp) 返回 true，cp.equals(p) 则返回 false。你可以做这样的尝试来修正这个问题，让 ColorPoint.equals 在进行"混合比较"时忽略颜色信息：

```
// Broken - violates transitivity!
@Override public boolean equals(Object o) {
    if (!(o instanceof Point))
        return false;

    // If o is a normal Point, do a color-blind comparison
    if (!(o instanceof ColorPoint))
        return o.equals(this);
```

```
        // o is a ColorPoint; do a full comparison
        return super.equals(o) && ((ColorPoint) o).color == color;
    }
```

这种方法确实提供了对称性，但是却牺牲了传递性：

```
ColorPoint p1 = new ColorPoint(1, 2, Color.RED);
Point p2 = new Point(1, 2);
ColorPoint p3 = new ColorPoint(1, 2, Color.BLUE);
```

此时，`p1.equals(p2)` 和 `p2.equals(p3)` 都返回 `true`，但是 `p1.equals(p3)` 则返回 `false`，很显然这违反了传递性。前两种比较不考虑颜色信息（"色盲"），而第三种比较则考虑了颜色信息。

此外，这种方法还可能导致无限递归问题：假设 Point 有两个子类，如 `ColorPoint` 和 `SmellPoint`，它们各自都带有这种 `equals` 方法。那么对 `myColorPoint.equals(my-SmellPoint)` 的调用将会抛出 `StackOverflowError` 异常。

那该怎么解决呢？事实上，这是面向对象语言中关于等价关系的一个基本问题。我们无法在扩展可实例化的类的同时，既增加新的值组件，同时又保留 `equals` 约定，除非愿意放弃面向对象的抽象所带来的优势。

你可能听说过，在 `equals` 方法中用 `getClass` 测试代替 `instanceof` 测试，可以扩展可实例化的类和增加新的值组件，同时保留 `equals` 约定：

```
// Broken - violates Liskov substitution principle (page 43)
@Override public boolean equals(Object o) {
    if (o == null || o.getClass() != getClass())
        return false;
    Point p = (Point) o;
    return p.x == x && p.y == y;
}
```

这段程序只有当对象具有相同的实现类时，才能使对象等同。虽然这样也不算太糟糕，但结果却是无法接受的：Point 子类的实例仍然是一个 Point，它仍然需要发挥作用，但是如果采用了这种方法，它就无法完成任务！假设我们要编写一个方法，以检验某个点是否处在单位圆中。下面是可以采用的其中一种方法：

```
// Initialize unitCircle to contain all Points on the unit circle
private static final Set<Point> unitCircle = Set.of(
        new Point( 1,  0), new Point( 0,  1),
        new Point(-1,  0), new Point( 0, -1));

public static boolean onUnitCircle(Point p) {
    return unitCircle.contains(p);
}
```

虽然这可能不是实现这种功能的最快方式，不过它的效果很好。但是假设你通过某种不添加值组件的方式扩展了 Point，例如让它的构造器记录创建了多少个实例：

```
public class CounterPoint extends Point {
    private static final AtomicInteger counter =
            new AtomicInteger();

    public CounterPoint(int x, int y) {
        super(x, y);
        counter.incrementAndGet();
    }
    public static int numberCreated() { return counter.get(); }
}
```

里氏替换原则（Liskov substitution principle）认为，一个类型的任何重要属性也将适用于它的子类型，因此为该类型编写的任何方法，在它的子类型上也应该同样运行得很好[Liskov87]。针对上述 Point 的子类（如 CounterPoint）仍然是 Point，并且必须发挥作用的例子，这个就是它的正式语句。但是假设我们将 CounterPoint 实例传给了 onUnitCircle 方法。如果 Point 类使用了基于 getClass 的 equals 方法，无论 CounterPoint 实例的 x 和 y 值是什么，onUnitCircle 方法都会返回 false。这是因为像 onUnitCircle 方法所用的 HashSet 这样的集合，利用 equals 方法检验包含条件，没有任何 CounterPoint 实例与任何 Point 对应。但是，如果在 Point 上使用适当的基于 instanceof 的 equals 方法，当遇到 CounterPoint 时，相同的 onUnitCircle 方法就会工作得很好。

虽然没有一种令人满意的办法可以既扩展不可实例化的类，又增加值组件，但还是有一种不错的权宜之计：遵从第 18 条"复合优先于继承"的建议。我们不再让 ColorPoint 扩展 Point，而是在 ColorPoint 中加入一个私有的 Point 域，以及一个公有的视图（view）方法（详见第 6 条），此方法返回一个与该有色点处在相同位置的普通 Point 对象：

```
// Adds a value component without violating the equals contract
public class ColorPoint {
    private final Point point;
    private final Color color;

    public ColorPoint(int x, int y, Color color) {
        point = new Point(x, y);
        this.color = Objects.requireNonNull(color);
    }

    /**
     * Returns the point-view of this color point.
     */
    public Point asPoint() {
        return point;
    }

    @Override public boolean equals(Object o) {
        if (!(o instanceof ColorPoint))
```

```
        return false;
    ColorPoint cp = (ColorPoint) o;
    return cp.point.equals(point) && cp.color.equals(color);
}

...  // Remainder omitted
}
```

在 Java 平台类库中，有一些类扩展了可实例化的类，并添加了新的值组件。例如，java.sql.Timestamp 对 java.util.Date 进行了扩展，并增加了 nanoseconds 域。Timestamp 的 equals 实现确实违反了对称性，如果 Timestamp 和 Date 对象用于同一个集合中，或者以其他方式被混合在一起，则会引起不正确的行为。Timestamp 类有一个免责声明，告诫程序员不要混合使用 Date 和 Timestamp 对象。只要你不把它们混合在一起，就不会有麻烦，除此之外没有其他的措施可以防止你这么做，而且结果导致的错误将很难调试。Timestamp 类的这种行为是个错误，不值得仿效。

注意，你可以在一个抽象（abstract）类的子类中增加新的值组件且不违反 equals 约定。对于根据第 23 条的建议而得到的那种类层次结构来说，这一点非常重要。例如，你可能有一个抽象的 Shape 类，它没有任何值组件，Circle 子类添加了一个 radius 域，Rectangle 子类添加了 length 和 width 域。只要不可能直接创建超类的实例，前面所述的种种问题就都不会发生。

一致性（Consistency）——equals 约定的第四个要求是，如果两个对象相等，它们就必须始终保持相等，除非它们中有一个对象（或者两个都）被修改了。换句话说，可变对象在不同的时候可以与不同的对象相等，而不可变对象则不会这样。当你在写一个类的时候，应该仔细考虑它是否应该是不可变的（详见第 17 条）。如果认为它应该是不可变的，就必须保证 equals 方法满足这样的限制条件：相等的对象永远相等，不相等的对象永远不相等。

无论类是否是不可变的，都不要使 equals 方法依赖于不可靠的资源。如果违反了这条禁令，要想满足一致性的要求就十分困难了。例如，java.net.URL 的 equals 方法依赖于对 URL 中主机 IP 地址的比较。将一个主机名转变成 IP 地址可能需要访问网络，随着时间的推移，就不能确保会产生相同的结果，即有可能 IP 地址发生了改变。这样会导致 URL equals 方法违反 equals 约定，在实践中有可能引发一些问题。URL equals 方法的行为是一个大错误并且不应被模仿。遗憾的是，因为兼容性的要求，这一行为无法被改变。为了避免发生这种问题，equals 方法应该对驻留在内存中的对象执行确定性的计算。

非空性（Non-nullity）——最后一个要求没有正式名称，我姑且称它为"非空性"，意思是指所有的对象都不能等于 null。尽管很难想象在什么情况下 o.equals（null）调用会意外地返回 true，但是意外抛出 NullPointerException 异常的情形却不难想象。通用约定不允许抛出 NullPointerException 异常。许多类的 equals 方法都通过一个显式的 null 测试来防止这种情况：

```
@Override public boolean equals(Object o) {
    if (o == null)
        return false;
    ...
}
```

这项测试是不必要的。为了测试其参数的等同性，equals 方法必须先把参数转换成适当的类型，以便可以调用它的访问方法，或者访问它的域。在进行转换之前，equals 方法必须使用 instanceof 操作符，检查其参数的类型是否正确：

```
@Override public boolean equals(Object o) {
    if (!(o instanceof MyType))
        return false;
    MyType mt = (MyType) o;
    ...
}
```

如果漏掉了这一步的类型检查，并且传递给 equals 方法的参数又是错误的类型，那么 equals 方法将会抛出 ClassCastException 异常，这就违反了 equals 约定。但是，如果 instanceof 的第一个操作数为 null，那么，不管第二个操作数是哪种类型，instanceof 操作符都指定应该返回 false[JLS, 15.20.2]。因此，如果把 null 传给 equals 方法，类型检查就会返回 false，所以不需要显式的 null 检查。

结合所有这些要求，得出了以下实现高质量 equals 方法的诀窍：

1. 使用 == 操作符检查"参数是否为这个对象的引用"。如果是，则返回 true。这只不过是一种性能优化，如果比较操作有可能很昂贵，就值得这么做。

2. 使用 instanceof 操作符检查"参数是否为正确的类型"。如果不是，则返回 false。一般说来，所谓"正确的类型"是指 equals 方法所在的那个类。某些情况下，是指该类所实现的某个接口。如果类实现的接口改进了 equals 约定，允许在实现了该接口的类之间进行比较，那么就使用接口。集合接口如 Set、List、Map 和 Map.Entry 具有这样的特性。

3. 把参数转换成正确的类型。因为转换之前进行过 instanceof 测试，所以确保会成功。

4. 对于该类中的每个"关键"（significant）域，检查参数中的域是否与该对象中对应的域相匹配。如果这些测试全部成功，则返回 true；否则返回 false。如果第 2 步中的类型是个接口，就必须通过接口方法访问参数中的域；如果该类型是个类，也许就能够直接访问参数中的域，这要取决于它们的可访问性。

对于既不是 float 也不是 double 类型的基本类型域，可以使用 == 操作符进行比较；对于对象引用域，可以递归地调用 equals 方法；对于 float 域，可以使用静态 Float.

compare（float,float）方法；对于 double 域，则使用 Double.compare（double,double）。对 float 和 double 域进行特殊的处理是有必要的，因为存在着 Float.NaN、-0.0f 以及类似的 double 常量；详细信息请参考 JLS 15.21.1 或者 Float.equals 的文档。虽然可以用静态方法 Float.equals 和 Double.equals 对 float 和 double 域进行比较，但是每次比较都要进行自动装箱，这会导致性能下降。对于数组域，则要把以上这些指导原则应用到每一个元素上。如果数组域中的每个元素都很重要，就可以使用其中一个 Arrays.equals 方法。

有些对象引用域包含 null 可能是合法的，所以，为了避免可能导致 NullPointer-Exception 异常，则使用静态方法 Objects.equals(Object,Object) 来检查这类域的等同性。

对于有些类，比如前面提到的 CaseInsensitiveString 类，域的比较要比简单的等同性测试复杂得多。如果是这种情况，可能希望保存该域的一个 "范式"（canonical form），这样 equals 方法就可以根据这些范式进行低开销的精确比较，而不是高开销的非精确比较。这种方法对于不可变类（详见第 17 条）是最为合适的；如果对象可能发生变化，就必须使其范式保持最新。

域的比较顺序可能会影响 equals 方法的性能。为了获得最佳的性能，应该最先比较最有可能不一致的域，或者是开销最低的域，最理想的情况是两个条件同时满足的域。不应该比较那些不属于对象逻辑状态的域，例如用于同步操作的 Lock 域。也不需要比较衍生域（derived field），因为这些域可以由 "关键域"（significant field）计算获得，但是这样做有可能提高 equals 方法的性能。如果衍生域代表了整个对象的综合描述，比较这个域可以节省在比较失败时去比较实际数据所需要的开销。例如，假设有一个 Polygon 类，并缓存了该面积。如果两个多边形有着不同的面积，就没有必要去比较它们的边和顶点。

在编写完 equals 方法之后，应该问自己三个问题：它是否是对称的、传递的、一致的？并且不要只是自问，还要编写单元测试来检验这些特性，除非用 AutoValue（后面会讲到）生成 equals 方法，在这种情况下就可以放心地省略测试。如果答案是否定的，就要找出原因，再相应地修改 equals 方法的代码。当然，equals 方法也必须满足其他两个特性（自反性和非空性），但是这两种特性通常会自动满足。

根据上面的诀窍构建 equals 方法的具体例子，请看下面这个简单的 PhoneNumber 类：

```java
// Class with a typical equals method
public final class PhoneNumber {
    private final short areaCode, prefix, lineNum;

    public PhoneNumber(int areaCode, int prefix, int lineNum) {
        this.areaCode = rangeCheck(areaCode,  999, "area code");
        this.prefix   = rangeCheck(prefix,    999, "prefix");
        this.lineNum  = rangeCheck(lineNum,  9999, "line num");
    }
```

```
    private static short rangeCheck(int val, int max, String arg) {
        if (val < 0 || val > max)
            throw new IllegalArgumentException(arg + ": " + val);
        return (short) val;
    }

    @Override public boolean equals(Object o) {
        if (o == this)
            return true;
        if (!(o instanceof PhoneNumber))
            return false;
        PhoneNumber pn = (PhoneNumber)o;
        return pn.lineNum == lineNum && pn.prefix == prefix
                && pn.areaCode == areaCode;
    }
    ... // Remainder omitted
}
```

下面是最后的一些告诫：

❑ 覆盖 equals 时总要覆盖 hashCode（详见第 11 条）。

❑ 不要企图让 equals 方法过于智能。如果只是简单地测试域中的值是否相等，则不难做到遵守 equals 约定。如果想过度地去寻求各种等价关系，则很容易陷入麻烦之中。把任何一种别名形式考虑到等价的范围内，往往不会是个好主意。例如，File 类不应该试图把指向同一个文件的符号链接（symbolic link）当作相等的对象来看待。所幸 File 类没有这样做。

❑ 不要将 equals 声明中的 Object 对象替换为其他的类型。程序员编写出下面这样的 equals 方法并不鲜见，这会使程序员花上数个小时都搞不清为什么它不能正常工作：

```
// Broken - parameter type must be Object!
public boolean equals(MyClass o) {
    ...
}
```

问题在于，这个方法并没有覆盖（override）Object.equals，因为它的参数应该是 Object 类型，相反，它重载（overload）了 Object.equals（详见第 52 条）。在正常 equals 方法的基础上，再提供一个"强类型"（strongly typed）的 equals 方法，这是无法接受的，因为会导致子类中的 Override 注解产生错误的正值，带来错误的安全感。

@Override 注解的用法一致，就如本条目中所示，可以防止犯这种错误（详见第 40 条）。这个 equals 方法不能编译，错误消息会告诉你到底哪里出了问题：

```
// Still broken, but won't compile
@Override public boolean equals(MyClass o) {
    ...
}
```

编写和测试 equals（及 hashCode）方法都是十分烦琐的，得到的代码也很琐碎。代替手工编写和测试这些方法的最佳途径，是使用 Google 开源的 AutoValue 框架，它会自动替你生成这些方法，通过类中的单个注解就能触发。在大多数情况下，AutoValue 生成的方法本质上与你亲自编写的方法是一样的。

IDE 也有工具可以生成 equals 和 hashCode 方法，但得到的源代码比使用 Auto-Value 的更加冗长，可读性也更差，它无法自动追踪类中的变化，因此需要进行测试。也就是说，让 IDE 生成 equals（及 hashCode）方法，通常优于手工实现它们，因为 IDE 不会犯粗心的错误，但是程序员会犯错。

总而言之，不要轻易覆盖 equals 方法，除非迫不得已。因为在许多情况下，从 Object 处继承的实现正是你想要的。如果覆盖 equals，一定要比较这个类的所有关键域，并且查看它们是否遵守 equals 合约的所有五个条款。

第 11 条：覆盖 equals 时总要覆盖 hashCode

在每个覆盖了 equals 方法的类中，都必须覆盖 hashCode 方法。如果不这样做的话，就会违反 hashCode 的通用约定，从而导致该类无法结合所有基于散列的集合一起正常运作，这类集合包括 HashMap 和 HashSet。下面是约定的内容，摘自 Object 规范：

☐ 在应用程序的执行期间，只要对象的 equals 方法的比较操作所用到的信息没有被修改，那么对同一个对象的多次调用，hashCode 方法都必须始终返回同一个值。在一个应用程序与另一个程序的执行过程中，执行 hashCode 方法所返回的值可以不一致。

☐ 如果两个对象根据 equals(Object) 方法比较是相等的，那么调用这两个对象中的 hashCode 方法都必须产生同样的整数结果。

☐ 如果两个对象根据 equals(Object) 方法比较是不相等的，那么调用这两个对象中的 hashCode 方法，则不一定要求 hashCode 方法必须产生不同的结果。但是程序员应该知道，给不相等的对象产生截然不同的整数结果，有可能提高散列表（hash table）的性能。

因没有覆盖 hashCode 而违反的关键约定是第二条：相等的对象必须具有相等的散列码（hash code）。根据类的 equals 方法，两个截然不同的实例在逻辑上有可能是相等的，但是根据 Object 类的 hashCode 方法，它们仅仅是两个没有任何共同之处的对象。因此，对象的 hashCode 方法返回两个看起来是随机的整数，而不是根据第二个约定所要求的那样，返回两个相等的整数。

假设在 HashMap 中用第 10 条中出现过的 PhoneNumber 类的实例作为键：

```
Map<PhoneNumber, String> m = new HashMap<>();
m.put(new PhoneNumber(707, 867, 5309), "Jenny");
```

此时，你可能期望 m.get(new PhoneNumber(707, 867, 5309)) 会返回 "Jenny"，但它实际上返回的是 null。注意，这里涉及两个 PhoneNumber 实例：第一个被插入 HashMap 中，第二个实例与第一个相等，用于从 Map 中根据 PhoneNumber 去获取用户名字。由于 PhoneNumber 类没有覆盖 hashCode 方法，从而导致两个相等的实例具有不相等的散列码，违反了 hashCode 的约定。因此，put 方法把电话号码对象存放在一个散列桶（hash bucket）中，get 方法却在另一个散列桶中查找这个电话号码。即使这两个实例正好被放到同一个散列桶中，get 方法也必定会返回 null，因为 HashMap 有一项优化，可以将与每个项相关联的散列码缓存起来，如果散列码不匹配，也就不再去检验对象的等同性。

修正这个问题非常简单，只需为 PhoneNumber 类提供一个适当的 hashCode 方法即可。那么，hashCode 方法应该是什么样的呢？编写一个合法但并不好用的 hashCode 方法没有任何价值。例如，下面这个方法总是合法的，但是它永远都不应该被正式使用：

```
// The worst possible legal hashCode implementation - never use!
@Override public int hashCode() { return 42; }
```

上面这个 hashCode 方法是合法的，因为它确保了相等的对象总是具有同样的散列码。但它也极为恶劣，因为它使得每个对象都具有同样的散列码。因此，每个对象都被映射到同一个散列桶中，使散列表退化为链表（linked list）。它使得本该线性时间运行的程序变成了以平方级时间在运行。对于规模很大的散列表而言，这会关系到散列表能否正常工作。

一个好的散列函数通常倾向于 "为不相等的对象产生不相等的散列码"。这正是 hashCode 约定中第三条的含义。理想情况下，散列函数应该把集合中不相等的实例均匀地分布到所有可能的 int 值上。要想完全达到这种理想的情形是非常困难的。幸运的是，相对接近这种理想情形则并不太困难。下面给出一种简单的解决办法：

1. 声明一个 int 变量并命名为 result，将它初始化为对象中第一个关键域的散列码 c，如步骤 2.a 中计算所示（如第 10 条所述，关键域是指影响 equals 比较的域）。

2. 对象中剩下的每一个关键域 f 都完成以下步骤：

   a. 为该域计算 int 类型的散列码 c：

   Ⅰ. 如果该域是基本类型，则计算 *Type*.hashCode(f)，这里的 *Type* 是装箱基本类型的类，与 f 的类型相对应。

   Ⅱ. 如果该域是一个对象引用，并且该类的 equals 方法通过递归地调用 equals 的方式来比较这个域，则同样为这个域递归地调用 hashCode。如果需要更复杂的比较，则为这个域计算一个 "范式"（canonical representation），然后针对这个范式调用 hashCode。如果这个域的值为 null，则返回 0（或者其他某个常数，但通常是 0）。

Ⅲ. 如果该域是一个数组，则要把每一个元素当作单独的域来处理。也就是说，递归地应用上述规则，对每个重要的元素计算一个散列码，然后根据步骤 2.b 中的做法把这些散列值组合起来。如果数组域中没有重要的元素，可以使用一个常量，但最好不要用 0。如果数组域中的所有元素都很重要，可以使用 Arrays. hashCode 方法。

b. 按照下面的公式，把步骤 2.a 中计算得到的散列码 c 合并到 result 中：

```
result = 31 * result + c;
```

3. 返回 result。

写完了 hashCode 方法之后，问问自己"相等的实例是否都具有相等的散列码"。要编写单元测试来验证你的推断（除非利用 AutoValue 生成 equals 和 hashCode 方法，这样你就可以放心地省略这些测试）。如果相等的实例有着不相等的散列码，则要找出原因，并修正错误。

在散列码的计算过程中，可以把衍生域（derived field）排除在外。换句话说，如果一个域的值可以根据参与计算的其他域值计算出来，则可以把这样的域排除在外。必须排除 equals 比较计算中没有用到的任何域，否则很有可能违反 hashCode 约定的第二条。

步骤 2.b 中的乘法部分使得散列值依赖于域的顺序，如果一个类包含多个相似的域，这样的乘法运算就会产生一个更好的散列函数。例如，如果 String 散列函数省略了这个乘法部分，那么只是字母顺序不同的所有字符串将都会有相同的散列码。之所以选择 31，是因为它是一个奇素数。如果乘数是偶数，并且乘法溢出的话，信息就会丢失，因为与 2 相乘等价于移位运算。使用素数的好处并不很明显，但是习惯上都使用素数来计算散列结果。31 有个很好的特性，即用移位和减法来代替乘法，可以得到更好的性能：$31 * i == (i << 5) - i$。现代的虚拟机可以自动完成这种优化。

现在我们要把上述解决办法用到 PhoneNumber 类中：

```java
// Typical hashCode method
@Override public int hashCode() {
    int result = Short.hashCode(areaCode);
    result = 31 * result + Short.hashCode(prefix);
    result = 31 * result + Short.hashCode(lineNum);
    return result;
}
```

因为这个方法返回的结果是一个简单、确定的计算结果，它的输入只是 PhoneNumber 实例中的三个关键域，因此相等的 PhoneNumber 实例显然都会有相等的散列码。实际上，对于 PhoneNumber 的 hashCode 实现而言，上面这个方法是非常合理的，相当于 Java 平台类库中的实现。它的做法非常简单，也相当快捷，恰当地把不相等的电话号码分散到不同的散列桶中。

虽然本条目中前面给出的 hashCode 实现方法能够获得相当好的散列函数，但它们并不是最先进的。它们的质量堪比 Java 平台类库的值类型中提供的散列函数，这些方法对于绝大多数应用程序而言已经足够了。如果执意想让散列函数尽可能地不会造成冲突，请参阅 Guava's com.google.common.hash.Hashing [Guava]。

Objects 类有一个静态方法，它带有任意数量的对象，并为它们返回一个散列码。这个方法名为 hash，是让你只需要编写一行代码的 hashCode 方法，与根据本条目前面介绍过的解决方案编写出来的相比，它的质量是与之相当的。遗憾的是，运行速度更慢一些，因为它们会引发数组的创建，以便传入数目可变的参数，如果参数中有基本类型，还需要装箱和拆箱。建议只将这类散列函数用于不太注重性能的情况。下面就是用这种方法为 PhoneNumber 编写的散列函数：

```
// One-line hashCode method - mediocre performance
@Override public int hashCode() {
    return Objects.hash(lineNum, prefix, areaCode);
}
```

如果一个类是不可变的，并且计算散列码的开销也比较大，就应该考虑把散列码缓存在对象内部，而不是每次请求的时候都重新计算散列码。如果你觉得这种类型的大多数对象会被用作散列键（hash keys），就应该在创建实例的时候计算散列码。否则，可以选择"延迟初始化"（lazily initialize）散列码，即一直到 hashCode 被第一次调用的时候才初始化（见第 83 条）。虽然我们的 PhoneNumber 类不值得这样处理，但是可以通过它来说明这种方法该如何实现。注意 hashCode 域的初始值（在本例中是 0）一般不能成为创建的实例的散列码：

```
// hashCode method with lazily initialized cached hash code
private int hashCode; // Automatically initialized to 0

@Override public int hashCode() {
    int result = hashCode;
    if (result == 0) {
        result = Short.hashCode(areaCode);
        result = 31 * result + Short.hashCode(prefix);
        result = 31 * result + Short.hashCode(lineNum);
        hashCode = result;
    }
    return result;
}
```

不要试图从散列码计算中排除掉一个对象的关键域来提高性能。虽然这样得到的散列函数运行起来可能更快，但是它的效果不见得会好，可能会导致散列表慢到根本无法使用。特别是在实践中，散列函数可能面临大量的实例，在你选择忽略的区域之中，这些实例仍然区别非常大。如果是这样，散列函数就会把所有这些实例映射到极少数的散列码上，原本应该以线性级时间运行的程序，将会以平方级的时间运行。

　　这不只是一个理论问题。在 Java 2 发行版本之前，一个 String 散列函数最多只能使用 16 个字符，若长度少于 16 个字符就计算所有的字符，否则就从第一个字符开始，在整个字符串中间隔均匀地选取样本进行计算。对于像 URL 这种层次状名称的大型集合，该散列函数正好表现出了这里所提到的病态行为。

　　不要对 hashCode 方法的返回值做出具体的规定，因此客户端无法理所当然地依赖它；这样可以为修改提供灵活性。Java 类库中的许多类，比如 String 和 Integer，都可以把它们的 hashCode 方法返回的确切值规定为该实例值的一个函数。一般来说，这并不是个好主意，因为这样做严格地限制了在未来的版本中改进散列函数的能力。如果没有规定散列函数的细节，那么当你发现了它的内部缺陷时，或者发现了更好的散列函数时，就可以在后面的发行版本中修正它。

　　总而言之，每当覆盖 equals 方法时都必须覆盖 hashCode，否则程序将无法正确运行。hashCode 方法必须遵守 Object 规定的通用约定，并且必须完成一定的工作，将不相等的散列码分配给不相等的实例。这个很容易实现，但是如果不想那么费力，也可以使用前文建议的解决方法。如第 10 条所述，AutoValue 框架提供了很好的替代方法，可以不必手工编写 equals 和 hashCode 方法，并且现在的集成开发环境 IDE 也提供了类似的部分功能。

第 12 条：始终要覆盖 toString

　　虽然 Object 提供了 toString 方法的一个实现，但它返回的字符串通常并不是类的用户所期望看到的。它包含类的名称，以及一个"@"符号，接着是散列码的无符号十六进制表示法，例如 PhoneNumber@163b91。toString 的通用约定指出，被返回的字符串应该是一个"简洁的但信息丰富，并且易于阅读的表达形式"。尽管有人认为 PhoneNumber@163b91 算得上是简洁和易于阅读了，但是与 707-867-5309 比较起来，它还算不上是信息丰富的。toString 约定进一步指出，"建议所有的子类都覆盖这个方法。"这是一个很好的建议，真的！

　　遵守 toString 约定并不像遵守 equals 和 hashCode 的约定（见第 10 条和第 11 条）那么重要，但是，提供好的 toString 实现可以使类用起来更加舒适，使用了这个类的系统也更易于调试。当对象被传递给 println、printf、字符串联操作符（+）以及 assert，或者被调试器打印出来时，toString 方法会被自动调用。即使你永远不调用对象的 toString 方法，但是其他人也许可能需要。例如，带有对象引用的一个组件，在它记录的错误消息中，可能包含该对象的字符串表示法。如果你没有覆盖 toString，这条消息可能就毫无用处。

如果为 PhoneNumber 提供了好的 toString 方法，那么要产生有用的诊断消息会非常容易：

```
System.out.println("Failed to connect to " + phoneNumber);
```

不管是否覆盖了 toString 方法，程序员都将以这种方式来产生诊断消息，但是如果没有覆盖 toString 方法，产生的消息将难以理解。提供好的 toString 方法，不仅有益于这个类的实例，同样也有益于那些包含这些实例的引用的对象，特别是集合对象。打印 Map 时会看到消息 {Jenny = PhoneNumber@163b91} 或 {Jenny = 707-867-5309}，你更愿意看到哪一个？

在实际应用中，toString 方法应该返回对象中包含的所有值得关注的信息，例如上述电话号码例子那样。如果对象太大，或者对象中包含的状态信息难以用字符串来表达，这样做就有点不切实际。在这种情况下，toString 应该返回一个摘要信息，例如 “Manhattan residential phone directory (1487536 listings)” 或者 “Thread[main, 5, main]”。理想情况下，字符串应该是自描述的（self-explanatory）。（Thread 例子不满足这样的要求。）如果对象的字符串表示法中没有包含对象的所有必要信息，测试失败时得到的报告将会像下面这样：

```
Assertion failure: expected {abc, 123}, but was {abc, 123}.
```

在实现 toString 的时候，必须要做出一个很重要的决定：是否在文档中指定返回值的格式。对于值类（value class），比如电话号码类、矩阵类，建议这么做。指定格式的好处是，它可以被用作一种标准的、明确的、适合人阅读的对象表示法。这种表示法可以用于输入和输出，以及用在永久适合人类阅读的数据对象中，例如 CSV 文档。如果你指定了格式，通常最好再提供一个相匹配的静态工厂或者构造器，以便程序员可以很容易地在对象及其字符串表示法之间来回转换。Java 平台类库中的许多值类都采用了这种做法，包括 BigInteger、BigDecimal 和绝大多数的基本类型包装类（boxed primitive class）。

指定 toString 返回值的格式也有不足之处：如果这个类已经被广泛使用，一旦指定格式，就必须始终如一地坚持这种格式。程序员将会编写出相应的代码来解析这种字符串表示法、产生字符串表示法，以及把字符串表示法嵌入持久的数据中。如果将来的发行版本中改变了这种表示法，就会破坏他们的代码和数据，他们当然会抱怨。如果不指定格式，就可以保留灵活性，便于在将来的发行版本中增加信息，或者改进格式。

无论是否决定指定格式，都应该在文档中明确地表明你的意图。如果要指定格式，则应该严格地这样去做。例如，下面是第 11 条中 PhoneNumber 类的 toString 方法：

```
/**
 * Returns the string representation of this phone number.
 * The string consists of twelve characters whose format is
 * "XXX-YYY-ZZZZ", where XXX is the area code, YYY is the
 * prefix, and ZZZZ is the line number. Each of the capital
 * letters represents a single decimal digit.
 *
 * If any of the three parts of this phone number is too small
 * to fill up its field, the field is padded with leading zeros.
 * For example, if the value of the line number is 123, the last
 * four characters of the string representation will be "0123".
 */
@Override public String toString() {
    return String.format("%03d-%03d-%04d",
            areaCode, prefix, lineNum);
}
```

如果你决定不指定格式，那么文档注释部分也应该有如下所示的指示信息：

```
/**
 * Returns a brief description of this potion. The exact details
 * of the representation are unspecified and subject to change,
 * but the following may be regarded as typical:
 *
 * "[Potion #9: type=love, smell=turpentine, look=india ink]"
 */
@Override public String toString() { ... }
```

对于那些依赖于格式的细节进行编程或者产生永久数据的程序员，在读到这段注释之后，一旦格式被改变，则只能自己承担后果。

无论是否指定格式，都为 toString 返回值中包含的所有信息提供一种可以通过编程访问之的途径。例如，PhoneNumber 类应该包含针对 area code、prefix 和 line number 的访问方法。如果不这么做，就会迫使需要这些信息的程序员不得不自己去解析这些字符串。除了降低了程序的性能，使得程序员们去做这些不必要的工作之外，这个解析过程也很容易出错，会导致系统不稳定，如果格式发生变化，还会导致系统崩溃。如果没有提供这些访问方法，即使你已经指明了字符串的格式是会变化的，这个字符串格式也成了事实上的 API。

在静态工具类（详见第 4 条）中编写 toString 方法是没有意义的。也不要在大多数枚举类型（详见第 34 条）中编写 toString 方法，因为 Java 已经为你提供了非常完美的方法。但是，在所有其子类共享通用字符串表示法的抽象类中，一定要编写一个 toString 方法。例如，大多数集合实现中的 toString 方法都是继承自抽象的集合类。

在第 10 条中讨论过的 Google 公司开源的 AutoValue 工具，会替你生成 toString 方法，大多数集成开发环境 IDE 也有这样的功能。这些方法都能很好地告诉你每个域的内容，但是并不特定于该类的意义（meaning）。因此，比如对于上述 PhoneNumber 类就不适合用自动生成的 toString 方法（因为电话号码有标准的字符串表示法），但是我们的 Potion 类就非常适合。也就是说，自动生成的 toString 方法要远远优先于继承自 Object 的方法，因为它无法告诉你任何关于对象值的信息。

总而言之，要在你编写的每一个可实例化的类中覆盖 Object 的 toString 实现，除非已经在超类中这么做了。这样会使类使用起来更加舒适，也更易于调试。toString 方法应该以美观的格式返回一个关于对象的简洁、有用的描述。

第 13 条：谨慎地覆盖 clone

Cloneable 接口的目的是作为对象的一个 mixin 接口（mixin interface）（详见第 20 条），表明这样的对象允许克隆（clone）。遗憾的是，它并没有成功地达到这个目的。它的主要缺陷在于缺少一个 clone 方法，而 Object 的 clone 方法是受保护的。如果不借助于反射（reflection）（详见第 65 条），就不能仅仅因为一个对象实现了 Cloneable，就调用 clone 方法。即使是反射调用也可能会失败，因为不能保证该对象一定具有可访问的 clone 方法。尽管存在这样或那样的缺陷，这项设施仍然被广泛使用，因此值得我们进一步了解。本条目将告诉你如何实现一个行为良好的 clone 方法，并讨论何时适合这样做，同时也简单地讨论了其他的可替代做法。

既然 Cloneable 接口并没有包含任何方法，那么它到底有什么作用呢？它决定了 Object 中受保护的 clone 方法实现的行为：如果一个类实现了 Cloneable，Object 的 clone 方法就返回该对象的逐域拷贝，否则就会抛出 CloneNotSupportedException 异常。这是接口的一种极端非典型的用法，也不值得仿效。通常情况下，实现接口是为了表明类可以为它的客户做些什么。然而，对于 Cloneable 接口，它改变了超类中受保护的方法的行为。

虽然规范中没有明确指出，事实上，实现 Cloneable 接口的类是为了提供一个功能适当的公有的 clone 方法。为了达到这个目的，类及其所有超类都必须遵守一个相当复杂的、不可实施的，并且基本上没有文档说明的协议。由此得到一种语言之外的（extralinguistic）机制：它无须调用构造器就可以创建对象。

clone 方法的通用约定是非常弱的，下面是来自 Object 规范中的约定内容：

创建和返回该对象的一个拷贝。这个"拷贝"的精确含义取决于该对象的类。一般的含义是，对于任何对象 x，表达式

```
x.clone() != x
```

将会返回结果 true，并且表达式

```
x.clone().getClass() == x.getClass()
```

将会返回结果 true，但这些都不是绝对的要求。虽然通常情况下，表达式

```
x.clone().equals(x)
```

将会返回结果 true，但是，这也不是一个绝对的要求。

按照约定，这个方法返回的对象应该通过调用 super.clone 获得。如果类及其超类（Object 除外）遵守这一约定，那么：

```
x.clone().getClass() == x.getClass().
```

按照约定，返回的对象应该不依赖于被克隆的对象。为了成功地实现这种独立性，可能需要在 super.clone 返回对象之前，修改对象的一个或更多个域。

这种机制大体上类似于自动的构造器调用链，只不过它不是强制要求的：如果类的 clone 方法返回的实例不是通过调用 super.clone 方法获得，而是通过调用构造器获得，编译器就不会发出警告，但是该类的子类调用了 super.clone 方法，得到的对象就会拥有错误的类，并阻止了 clone 方法的子类正常工作。如果 final 类覆盖了 clone 方法，那么这个约定可以被安全地忽略，因为没有子类需要担心它。如果 final 类的 clone 方法没有调用 super.clone 方法，这个类就没有理由去实现 Cloneable 接口了，因为它不依赖于 Object 克隆实现的行为。

假设你希望在一个类中实现 Cloneable 接口，并且它的超类都提供了行为良好的 clone 方法。首先，调用 super.clone 方法。由此得到的对象将是原始对象功能完整的克隆（clone）。在这个类中声明的域将等同于被克隆对象中相应的域。如果每个域包含一个基本类型的值，或者包含一个指向不可变对象的引用，那么被返回的对象则可能正是你所需要的对象，在这种情况下不需要再做进一步处理。例如，第 11 条中的 PhoneNumber 类正是如此，但要注意，不可变的类永远都不应该提供 clone 方法，因为它只会激发不必要的克隆。因此，PhoneNumber 的 clone 方法应该是这样的：

```
// Clone method for class with no references to mutable state
@Override public PhoneNumber clone() {
    try {
        return (PhoneNumber) super.clone();
    } catch (CloneNotSupportedException e) {
        throw new AssertionError();  // Can't happen
    }
}
```

为了让这个方法生效，应该修改 PhoneNumber 的类声明为实现 Cloneable 接口。虽然 Object 的 clone 方法返回的是 Object，但这个 clone 方法返回的却是 PhoneNumber。这么做是合法的，也是我们所期望的，因为 Java 支持协变返回类型（covariant return type）。换句话

说，目前覆盖方法的返回类型可以是被覆盖方法的返回类型的子类了。这样在客户端中就不必进行转换了。我们必须在返回结果之前，先将 super.clone 从 Object 转换成 PhoneNumber，当然这种转换是一定会成功的。

对 super.clone 方法的调用应当包含在一个 try-catch 块中。这是因为 Object 声明其 clone 方法抛出 CloneNotSupportedException，这是一个受检异常（checked exception）。由于 PhoneNumber 实现了 Cloneable 接口，我们知道调用 super.clone 方法一定会成功。对于这个样板代码的需求表明，CloneNotSupportedException 应该还没有被检查到（详见第 71 条）。

如果对象中包含的域引用了可变的对象，使用上述这种简单的 clone 实现可能会导致灾难性的后果。例如第 7 条中的 Stack 类：

```java
public class Stack {
    private Object[] elements;
    private int size = 0;
    private static final int DEFAULT_INITIAL_CAPACITY = 16;

    public Stack() {
        this.elements = new Object[DEFAULT_INITIAL_CAPACITY];
    }

    public void push(Object e) {
        ensureCapacity();
        elements[size++] = e;
    }

    public Object pop() {
        if (size == 0)
            throw new EmptyStackException();
        Object result = elements[--size];
        elements[size] = null; // Eliminate obsolete reference
        return result;
    }

    // Ensure space for at least one more element.
    private void ensureCapacity() {
        if (elements.length == size)
            elements = Arrays.copyOf(elements, 2 * size + 1);
    }
}
```

假设你希望把这个类做成可克隆的（cloneable）。如果它的 clone 方法仅仅返回 super.clone()，这样得到的 Stack 实例，在其 size 域中具有正确的值，但是它的 elements 域将引用与原始 Stack 实例相同的数组。修改原始的实例会破坏被克隆对象中的约束条件，反之亦然。很快你就会发现，这个程序将产生毫无意义的结果，或者抛出 NullPointerException 异常。

如果调用 Stack 类中唯一的构造器，这种情况就永远不会发生。实际上，clone 方法就是另一个构造器；必须确保它不会伤害到原始的对象，并确保正确地创建被克隆对象中的约束条件（invariant）。为了使 Stack 类中的 clone 方法正常工作，它必须要拷贝栈的内部信息。最容易的做法是，在 elements 数组中递归地调用 clone：

```
// Clone method for class with references to mutable state
@Override public Stack clone() {
    try {
        Stack result = (Stack) super.clone();
        result.elements = elements.clone();
        return result;
    } catch (CloneNotSupportedException e) {
        throw new AssertionError();
    }
}
```

注意，我们不一定要将 elements.clone() 的结果转换成 Object[]。在数组上调用 clone 返回的数组，其编译时的类型与被克隆数组的类型相同。这是复制数组的最佳习惯做法。事实上，数组是 clone 方法唯一吸引人的用法。

还要注意如果 elements 域是 final 的，上述方案就不能正常工作，因为 clone 方法是被禁止给 final 域赋新值的。这是个根本的问题：就像序列化一样，Cloneable 架构与引用可变对象的 final 域的正常用法是不相兼容的，除非在原始对象和克隆对象之间可以安全地共享此可变对象。为了使类成为可克隆的，可能有必要从某些域中去掉 final 修饰符。

递归地调用 clone 有时还不够。例如，假设你正在为一个散列表编写 clone 方法，它的内部数据包含一个散列桶数组，每个散列桶都指向"键－值"对链表的第一项。出于性能方面的考虑，该类实现了它自己的轻量级单向链表，而没有使用 Java 内部的 java.util.LinkedList：

```
public class HashTable implements Cloneable {
    private Entry[] buckets = ...;
    private static class Entry {
        final Object key;
        Object value;
        Entry  next;

        Entry(Object key, Object value, Entry next) {
            this.key   = key;
            this.value = value;
            this.next  = next;
        }
    }
    ... // Remainder omitted
}
```

假设你仅仅递归地克隆这个散列桶数组，就像我们对 Stack 类所做的那样：

```
// Broken clone method - results in shared mutable state!
@Override public HashTable clone() {
```

```
        try {
            HashTable result = (HashTable) super.clone();
            result.buckets = buckets.clone();
            return result;
        } catch (CloneNotSupportedException e) {
            throw new AssertionError();
        }
    }
}
```

虽然被克隆对象有它自己的散列桶数组，但是，这个数组引用的链表与原始对象是一样的，从而很容易引起克隆对象和原始对象中不确定的行为。为了修正这个问题，必须单独地拷贝并组成每个桶的链表。下面是一种常见的做法：

```
// Recursive clone method for class with complex mutable state
public class HashTable implements Cloneable {
    private Entry[] buckets = ...;

    private static class Entry {
        final Object key;
        Object value;
        Entry  next;

        Entry(Object key, Object value, Entry next) {
            this.key   = key;
            this.value = value;
            this.next  = next;
        }
        // Recursively copy the linked list headed by this Entry
        Entry deepCopy() {
            return new Entry(key, value,
                next == null ? null : next.deepCopy());
        }
    }

    @Override public HashTable clone() {
        try {
            HashTable result = (HashTable) super.clone();
            result.buckets = new Entry[buckets.length];
            for (int i = 0; i < buckets.length; i++)
                if (buckets[i] != null)
                    result.buckets[i] = buckets[i].deepCopy();
            return result;
        } catch (CloneNotSupportedException e) {
            throw new AssertionError();
        }
    }
    ... // Remainder omitted
}
```

私有类 HashTable.Entry 被加强了，它支持一个"深度拷贝"（deep copy）方法。Hash-Table 上的 clone 方法分配了一个大小适中的、新的 buckets 数组，并且遍历原始的 buckets 数组，对每一个非空散列桶进行深度拷贝。Entry 类中的深度拷贝方法递归地调用它自身，以便拷贝整个链表（它是链表的头节点）。虽然这种方法很灵活，如果散列桶不是很长，也会工作得很好，但是，这样克隆一个链表并不是一种好办法，因为针对列表中的每个元素，它都要消耗一段栈空间。如果链表比较长，这很容易导致栈溢出。为了避免发生这种情况，你可以在 deepCopy 方法中用迭代（iteration）代替递归（recursion）：

```
// Iteratively copy the linked list headed by this Entry
Entry deepCopy() {
    Entry result = new Entry(key, value, next);
    for (Entry p = result; p.next != null; p = p.next)
        p.next = new Entry(p.next.key, p.next.value, p.next.next);
    return result;
}
```

克隆复杂对象的最后一种办法是，先调用 super.clone 方法，然后把结果对象中的所有域都设置成它们的初始状态（initial state），然后调用高层（higher-level）的方法来重新产生对象的状态。在我们的 HashTable 例子中，buckets 域将被初始化为一个新的散列桶数组，然后，对于正在被克隆的散列表中的每一个键 – 值映射，都调用 put(key, value) 方法（上面没有给出其代码）。这种做法往往会产生一个简单、合理且相当优美的 clone 方法，但是它运行起来通常没有"直接操作对象及其克隆对象的内部状态的 clone 方法"快。虽然这种方法干脆利落，但它与整个 Cloneable 架构是对立的，因为它完全抛弃了 Cloneable 架构基础的逐域对象复制的机制。

像构造器一样，clone 方法也不应该在构造的过程中，调用可以覆盖的方法（详见第 19 条）。如果 clone 调用了一个在子类中被覆盖的方法，那么在该方法所在的子类有机会修正它在克隆对象中的状态之前，该方法就会先被执行，这样很有可能会导致克隆对象和原始对象之间的不一致。因此，上一段中讨论到的 put(key, value) 方法要么应是 final 的，要么应是私有的。（如果是私有的，它应该算是非 final 公有方法的"辅助方法"。）

Object 的 clone 方法被声明为可抛出 CloneNotSupportedException 异常，但是，覆盖版本的 clone 方法可以忽略这个声明。公有的 clone 方法应该省略 throws 声明，因为不会抛出受检异常的方法使用起来更加轻松（详见第 71 条）。

为继承（详见第 19 条）设计类有两种选择，但是无论选择其中的哪一种方法，这个类都不应该实现 Cloneable 接口。你可以选择模拟 Object 的行为：实现一个功能适当的受保护的 clone 方法，它应该被声明抛出 CloneNotSupportedException 异常。这样可以使子类具有实现或不实现 Cloneable 接口的自由，就仿佛它们直接扩展了 Object 一样。或者，也可以选择不去实现一个有效的 clone 方法，并防止子类去实现它，只需要提供下列退化了的clone 实现即可：

```
// clone method for extendable class not supporting Cloneable
@Override
protected final Object clone() throws CloneNotSupportedException {
    throw new CloneNotSupportedException();
}
```

还有一点值得注意。如果你编写线程安全的类准备实现 Cloneable 接口，要记住它的
clone 方法必须得到严格的同步，就像任何其他方法一样（详见第 78 条）。Object 的 clone
方法没有同步，即使很满意可能也必须编写同步的 clone 方法来调用 super.clone()，即实
现 synchronized clone() 方法。

简而言之，所有实现了 Cloneable 接口的类都应该覆盖 clone 方法，并且是公有的方
法，它的返回类型为类本身。该方法应该先调用 super.clone 方法，然后修正任何需要修正
的域。一般情况下，这意味着要拷贝任何包含内部"深层结构"的可变对象，并用指向新对
象的引用代替原来指向这些对象的引用。虽然，这些内部拷贝操作往往可以通过递归地调用
clone 来完成，但这通常并不是最佳方法。如果该类只包含基本类型的域，或者指向不可变
对象的引用，那么多半的情况是没有域需要修正。这条规则也有例外。例如，代表序列号或
其他唯一 ID 值的域，不管这些域是基本类型还是不可变的，它们也都需要被修正。

真的有必要这么复杂吗？很少有这种必要。如果你扩展一个实现了 Cloneable 接口的
类，那么你除了实现一个行为良好的 clone 方法外，没有别的选择。否则，最好提供某些其
他的途径来代替对象拷贝。对象拷贝的更好的办法是提供一个拷贝构造器（copy constructor）
或拷贝工厂（copy factory）。拷贝构造器只是一个构造器，它唯一的参数类型是包含该构造器
的类，例如：

```
// Copy constructor
public Yum(Yum yum) { ... };
```

拷贝工厂是类似于拷贝构造器的静态工厂（详见第 1 条）：

```
// Copy factory
public static Yum newInstance(Yum yum) { ... };
```

拷贝构造器的做法，及其静态工厂方法的变形，都比 Cloneable/clone 方法具有更多
的优势：它们不依赖于某一种很有风险的、语言之外的对象创建机制；它们不要求遵守尚未
制定好文档的规范；它们不会与 final 域的正常使用发生冲突；它们不会抛出不必要的受检异
常；它们不需要进行类型转换。

甚至，拷贝构造器或者拷贝工厂可以带一个参数，参数类型是该类所实现的接口。例
如，按照惯例所有通用集合实现都提供了一个拷贝构造器，其参数类型为 Collection 或者
Map 接口。基于接口的拷贝构造器和拷贝工厂（更准确的叫法应该是转换构造器（conversion
constructor）和转换工厂（conversion factory）），允许客户选择拷贝的实现类型，而不是
强迫客户接受原始的实现类型。例如，假设你有一个 HashSet:s，并且希望把它拷贝成
一个 TreeSet。clone 方法无法提供这样的功能，但是用转换构造器很容易实现：new
TreeSet<>(s)。

既然所有的问题都与 Cloneable 接口有关，新的接口就不应该扩展这个接口，新的可扩展的类也不应该实现这个接口。虽然 final 类实现 Cloneable 接口没有太大的危害，这个应该被视同性能优化，留到少数必要的情况下才使用（详见第 67 条）。总之，复制功能最好由构造器或者工厂提供。这条规则最绝对的例外是数组，最好利用 clone 方法复制数组。

第 14 条：考虑实现 Comparable 接口

与本章中讨论的其他方法不同，compareTo 方法并没有在 Object 类中声明。相反，它是 Comparable 接口中唯一的方法。compareTo 方法不但允许进行简单的等同性比较，而且允许执行顺序比较，除此之外，它与 Object 的 equals 方法具有相似的特征，它还是个泛型（generic）。类实现了 Comparable 接口，就表明它的实例具有内在的排序关系（natural ordering）。为实现 Comparable 接口的对象数组进行排序就这么简单：

```
Arrays.sort(a);
```

对存储在集合中的 Comparable 对象进行搜索、计算极限值以及自动维护也同样简单。例如，下面的程序依赖于实现了 Comparable 接口的 String 类，它去掉了命令行参数列表中的重复参数，并按字母顺序打印出来：

```
public class WordList {
    public static void main(String[] args) {
        Set<String> s = new TreeSet<>();
        Collections.addAll(s, args);
        System.out.println(s);
    }
}
```

一旦类实现了 Comparable 接口，它就可以跟许多泛型算法（generic algorithm）以及依赖于该接口的集合实现（collection implementation）进行协作。你付出很小的努力就可以获得非常强大的功能。事实上，Java 平台类库中的所有值类（value classes），以及所有的枚举类型（详见第 34 条）都实现了 Comparable 接口。如果你正在编写一个值类，它具有非常明显的内在排序关系，比如按字母顺序、按数值顺序或者按年代顺序，那你就应该坚决考虑实现 Comparable 接口：

```
public interface Comparable<T> {
    int compareTo(T t);
}
```

compareTo 方法的通用约定与 equals 方法的约定相似：

将这个对象与指定的对象进行比较。当该对象小于、等于或大于指定对象的时候，分别返回一个负整数、零或者正整数。如果由于指定对象的类型而无法与该对象进行比较，则抛出 ClassCastException 异常。

在下面的说明中，符号 sgn(expression) 表示数学中的 signum 函数，它根据表达式（expression）的值为负值、零和正值，分别返回 –1、0 或 1。

- 实现者必须确保所有的 x 和 y 都满足 sgn(x.compareTo(y)) == -sgn (y.compareTo(x))。（这也暗示着，当且仅当 y.compareTo(x) 抛出异常时，x.compareTo(y) 才必须抛出异常。）
- 实现者还必须确保这个比较关系是可传递的：(x.compareTo(y) > 0 && y.compareTo(z) > 0) 暗示着 x.compareTo(z) > 0。
- 最后，实现者必须确保 x.compareTo(y) == 0 暗示着所有的 z 都满足 sgn(x.compareTo(z)) == sgn(y.compareTo(z))。
- 强烈建议 (x.compareTo(y) == 0) == (x.equals(y))，但这并非绝对必要。一般说来，任何实现了 Comparable 接口的类，若违反了这个条件，都应该明确予以说明。推荐使用这样的说法："注意：该类具有内在的排序功能，但是与 equals 不一致。"

千万不要被上述约定中的数学关系所迷惑。如同 equals 约定（详见第 10 条）一样，compareTo 约定并没有看起来那么复杂。与 equals 方法不同的是，它对所有的对象强行施加了一种通用的等同关系，compareTo 不能跨越不同类型的对象进行比较：在比较不同类型的对象时，compareTo 可以抛出 ClassCastException 异常。通常，这正是 compareTo 在这种情况下应该做的事情。合约确实允许进行跨类型之间的比较，这一般是在被比较对象实现的接口中进行定义。

就好像违反了 hashCode 约定的类会破坏其他依赖于散列的类一样，违反 compareTo 约定的类也会破坏其他依赖于比较关系的类。依赖于比较关系的类包括有序集合类 TreeSet 和 TreeMap，以及工具类 Collections 和 Arrays，它们内部包含有搜索和排序算法。

现在我们来回顾一下 compareTo 约定中的条款。第一条指出，如果颠倒了两个对象引用之间的比较方向，就会发生下面的情况：如果第一个对象小于第二个对象，则第二个对象一定大于第一个对象；如果第一个对象等于第二个对象，则第二个对象一定等于第一个对象；如果第一个对象大于第二个对象，则第二个对象一定小于第一个对象。第二条指出，如果一个对象大于第二个对象，并且第二个对象又大于第三个对象，那么第一个对象一定大于第三个对象。最后一条指出，在比较时被认为相等的所有对象，它们跟别的对象做比较时一定会产生同样的结果。

　　这三个条款的一个直接结果是，由 compareTo 方法施加的等同性测试，也必须遵守相同于 equals 约定所施加的限制条件：自反性、对称性和传递性。因此，下面的告诫也同样适用：无法在用新的值组件扩展可实例化的类时，同时保持 compareTo 约定，除非愿意放弃面向对象的抽象优势（详见第 10 条）。针对 equals 的权宜之计也同样适用于 compareTo 方法。如果你想为一个实现了 Comparable 接口的类增加值组件，请不要扩展这个类；而是要编写一个不相关的类，其中包含第一个类的一个实例。然后提供一个"视图"（view）方法返回这个实例。这样既可以让你自由地在第二个类上实现 compareTo 方法，同时也允许它的客户端在必要的时候，把第二个类的实例视同第一个类的实例。

　　compareTo 约定的最后一段是一条强烈的建议，而不是真正的规则，它只是说明了 compareTo 方法施加的等同性测试，在通常情况下应该返回与 equals 方法同样的结果。如果遵守了这一条，那么由 compareTo 方法所施加的顺序关系就被认为与 equals 一致。如果违反了这条规则，顺序关系就被认为与 equals 不一致。如果一个类的 compareTo 方法施加了一个与 equals 方法不一致的顺序关系，它仍然能够正常工作，但是如果一个有序集合（sorted collection）包含了该类的元素，这个集合就可能无法遵守相应集合接口（Collection、Set 或 Map）的通用约定。因为对于这些接口的通用约定是按照 equals 方法来定义的，但是有序集合使用了由 compareTo 方法而不是 equals 方法所施加的等同性测试。尽管出现这种情况不会造成灾难性的后果，但是应该有所了解。

　　例如，以 BigDecimal 类为例，它的 compareTo 方法与 equals 不一致。如果你创建了一个空的 HashSet 实例，并且添加 new BigDecimal("1.0") 和 new BigDecimal("1.00")，这个集合就将包含两个元素，因为新增到集合中的两个 BigDecimal 实例，通过 equals 方法来比较时是不相等的。然而，如果你使用 TreeSet 而不是 HashSet 来执行同样的过程，集合中将只包含一个元素，因为这两个 BigDecimal 实例在通过 compareTo 方法进行比较时是相等的。（详情请参阅 BigDecimal 的文档。）

　　编写 compareTo 方法与编写 equals 方法非常相似，但也存在几处重大的差别。因为 Comparable 接口是参数化的，而且 comparable 方法是静态的类型，因此不必进行类型检查，也不必对它的参数进行类型转换。如果参数的类型不合适，这个调用甚至无法编译。如果参数为 null，这个调用应该抛出 NullPointerException 异常，并且一旦该方法试图访问它的成员时就应该抛出异常。

　　CompareTo 方法中域的比较是顺序的比较，而不是等同性的比较。比较对象引用域可以通过递归地调用 compareTo 方法来实现。如果一个域并没有实现 Comparable 接口，或者你需要使用一个非标准的排序关系，就可以使用一个显式的 Comparator 来代替。或者编写自己的比较器，或者使用已有的比较器，例如针对第 10 条中的 CaseInsensitiveString 类的这个 compareTo 方法使用一个已有的比较器：

```
// Single-field Comparable with object reference field
public final class CaseInsensitiveString
        implements Comparable<CaseInsensitiveString> {
    public int compareTo(CaseInsensitiveString cis) {
        return String.CASE_INSENSITIVE_ORDER.compare(s, cis.s);
    }
    ... // Remainder omitted
}
```

注意 CaseInsensitiveString 类实现了 Comparable<CaseInsensitiveString> 接口。这意味着 CaseInsensitiveString 引用只能与另一个 CaseInsensitiveString 引用进行比较。在声明类去实现 Comparable 接口时，这是常用的模式。

本书的前两个版本建议 compareTo 方法可以利用关系操作符 < 和 > 去比较整数型基本类型的域，用静态方法 Double.compare 和 Float.compare 去比较浮点基本类型域。在 Java 7 版本中，已经在 Java 的所有装箱基本类型的类中增加了静态的 compare 方法。在 compareTo 方法中使用关系操作符 < 和 > 是非常烦琐的，并且容易出错，因此不再建议使用。

如果一个类有多个关键域，那么，按什么样的顺序来比较这些域是非常关键的。你必须从最关键的域开始，逐步进行到所有的重要域。如果某个域的比较产生了非零的结果（零代表相等），则整个比较操作结束，并返回该结果。如果最关键的域是相等的，则进一步比较次关键的域，以此类推。如果所有的域都是相等的，则对象就是相等的，并返回零。下面通过第 11 条中的 PhoneNumber 类的 compareTo 方法来说明这种方法：

```
// Multiple-field Comparable with primitive fields
public int compareTo(PhoneNumber pn) {
    int result = Short.compare(areaCode, pn.areaCode);
    if (result == 0)  {
        result = Short.compare(prefix, pn.prefix);
        if (result == 0)
            result = Short.compare(lineNum, pn.lineNum);
    }
    return result;
}
```

在 Java 8 中，Comparator 接口配置了一组比较器构造方法（comparator construction methods），使得比较器的构造工作变得非常流畅。之后，按照 Comparable 接口的要求，这些比较器可以用来实现一个 compareTo 方法。许多程序员都喜欢这种方法的简洁性，虽然它要付出一定的性能成本：在我的机器上，PhoneNumber 实例的数组排序的速度慢了大约 10%。在使用这个方法时，为了简洁起见，可以考虑使用 Java 的静态导入（static import）设施，通过静态比较器构造方法的简单的名称就可以对它们进行引用。下面是使用这个方法之后 PhoneNumber 的 compareTo 方法：

```
// Comparable with comparator construction methods
private static final Comparator<PhoneNumber> COMPARATOR =
        comparingInt((PhoneNumber pn) -> pn.areaCode)
          .thenComparingInt(pn -> pn.prefix)
          .thenComparingInt(pn -> pn.lineNum);

public int compareTo(PhoneNumber pn) {
    return COMPARATOR.compare(this, pn);
}
```

这个实现利用两个比较构造方法，在初始化类的时候构建了一个比较器。第一个是 comparingInt。这是一个静态方法，带有一个键提取器函数（key extractor function），它将一个对象引用映射到一个类型为 int 的键上，并根据这个键返回一个对实例进行排序的比较器。在上一个例子中，comparingInt 带有一个 *lambda()*，它从 PhoneNumber 提取区号，并返回一个按区号对电话号码进行排序的 Comparator<PhoneNumber>。注意，lambda 显式定义了其输入参数（PhoneNumber pn）的类型。事实证明，在这种情况下，Java 的类型推导还没有强大到足以为自己找出类型，因此我们不得不帮助它直接进行指定，以使程序能够成功地进行编译。

如果两个电话号码的区号相同，就需要进一步细化比较，这正是第二个比较器构造方法 thenComparingInt 要完成的任务。这是 Comparator 上的一个实例方法，带有一个类型为 int 的键提取器函数，它会返回一个最先运用原始比较器的比较器，然后利用提取到的键继续比较。还可以随意地叠加多个 thenComparingInt 调用，并按词典顺序进行排序。在上述例子中，叠加了两个 thenComparingInt 调用，按照第二个键为前缀且第三个键为行数的顺序进行排序。注意，并不一定要指定传入 thenComparingInt 调用的键提取器函数的参数类型：Java 的类型推导十分智能，它足以为自己找出正确的类型。

Comparator 类具备全套的构造方法。对于基本类型 long 和 double 都有对应的 comparingInt 和 thenComparingInt。int 版本也可以用于更狭义的整数型类型，如 PhoneNumber 例子中的 short。double 版本也可以用于 float。这样便涵盖了所有的 Java 数字型基本类型。

对象引用类型也有比较器构造方法。静态方法 comparing 有两个重载。一个带有键提取器，使用键的内在排序关系。第二个既带有键提取器，还带有要用在被提取的键上的比较器。这个名为 thenComparing 的实例方法有三个重载。一个重载只带一个比较器，并用它提供次级顺序。第二个重载只带一个键提取器，并利用键的内在排序关系作为次级顺序。最后一个重载既带有键提取器，又带有要在被提取的键上使用的比较器。

compareTo 或者 compare 方法偶尔也会依赖于两个值之间的区别，即如果第一个值小于第二个值，则为负；如果两个值相等，则为零；如果第一个值大于第二个值，则为正。下面举个例子：

```
// BROKEN difference-based comparator - violates transitivity!
static Comparator<Object> hashCodeOrder = new Comparator<>() {
    public int compare(Object o1, Object o2) {
        return o1.hashCode() - o2.hashCode();
    }
};
```

千万不要使用这个方法。它很容易造成整数溢出，同时违反 IEEE 754 浮点算术标准 [JLS 15.20.1，15.21.1]。甚至，与利用本条目讲到的方法编写的那些方法相比，最终得到的方法并没有明显变快。因此，要么使用一个静态方法 compare：

```
// Comparator based on static compare method
static Comparator<Object> hashCodeOrder = new Comparator<>() {
    public int compare(Object o1, Object o2) {
        return Integer.compare(o1.hashCode(), o2.hashCode());
    }
};
```

要么使用一个比较器构造方法：

```
// Comparator based on Comparator construction method
static Comparator<Object> hashCodeOrder =
        Comparator.comparingInt(o -> o.hashCode());
```

总而言之，每当实现一个对排序敏感的类时，都应该让这个类实现 Comparable 接口，以便其实例可以轻松地被分类、搜索，以及用在基于比较的集合中。每当在 compareTo 方法的实现中比较域值时，都要避免使用 < 和 > 操作符，而应该在装箱基本类型的类中使用静态的 compare 方法，或者在 Comparator 接口中使用比较器构造方法。

Effective

CHAPTER4·第 4 章

类 和 接 口

类和接口是 Java 编程语言的核心，它们也是 Java 语言的基本抽象单元。Java 语言提供了许多强大的基本元素，供程序员用来设计类和接口。本章阐述的一些指导原则，可以帮助你更好地利用这些元素，设计出更加有用、健壮和灵活的类和接口。

第 15 条：使类和成员的可访问性最小化

区分一个组件设计得好不好，唯一重要的因素在于，它对于外部的其他组件而言，是否隐藏了其内部数据和其他实现细节。设计良好的组件会隐藏所有的实现细节，把 API 与实现清晰地隔离开来。然后，组件之间只通过 API 进行通信，一个模块不需要知道其他模块的内部工作情况。这个概念被称为信息隐藏（information hiding）或封装（encapsulation），是软件设计的基本原则之一 [Parnas72]。

信息隐藏之所以非常重要有许多原因，其中大多是因为：它可以有效地解除组成系统的各组件之间的耦合关系，即解耦（decouple），使得这些组件可以独立地开发、测试、优化、使用、理解和修改。因为这些组件可以并行开发，所以加快了系统开发的速度。同时减轻了维护的负担，程序员可以更快地理解这些组件，并且在调试它们的时候不影响其他的组件。虽然信息隐

藏本身无论是对内还是对外都不会带来更好的性能，但是可以有效地调节性能：一旦完成一
个系统，并通过剖析确定了哪些组件影响了系统的性能（详见第 67 条），那些组件就可以被
进一步优化，而不会影响到其他组件的正确性。信息隐藏提高了软件的可重用性，因为组件
之间并不紧密相连，除了开发这些模块所使用的环境之外，它们在其他的环境中往往也很有
用。最后，信息隐藏也降低了构建大型系统的风险，因为即使整个系统不可用，这些独立的
组件仍有可能是可用的。

　　Java 提供了许多机制（facility）来协助信息隐藏。访问控制（access control）机制 [JLS，
6.6] 决定了类、接口和成员的可访问性（accessibility）。实体的可访问性是由该实体声明所在
的位置，以及该实体声明中所出现的访问修饰符（private、protected 和 public）共同决
定的。正确地使用这些修饰符对于实现信息隐藏是非常关键的。

　　规则很简单：尽可能地使每个类或者成员不被外界访问。换句话说，应该使用与你正在
编写的软件的对应功能相一致的、尽可能最小的访问级别。

　　对于顶层的（非嵌套的）类和接口，只有两种可能的访问级别：包级私有的（package-
private）和公有的（public）。如果你用 public 修饰符声明了顶层类或者接口，那它就是公有的；
否则，它将是包级私有的。如果类或者接口能够被做成包级私有的，它就应该被做成包级私
有。通过把类或者接口做成包级私有，它实际上成了这个包的实现的一部分，而不是该包导
出的 API 的一部分，在以后的发行版本中，可以对它进行修改、替换或者删除，而无须担心
会影响到现有的客户端程序。如果把它做成公有的，你就有责任永远支持它，以保持它们的
兼容性。

　　如果一个包级私有的顶层类（或者接口）只是在某一个类的内部被用到，就应该考虑使
它成为唯一使用它的那个类的私有嵌套类（详见第 24 条）。这样可以将它的可访问范围从包
中的所有类缩小到使用它的那个类。然而，降低不必要公有类的可访问性，比降低包级私有
的顶层类的可访问性重要得多：因为公有类是包的 API 的一部分，而包级私有的顶层类则已
经是这个包的实现的一部分。

　　对于成员（域、方法、嵌套类和嵌套接口）有四种可能的访问级别，下面按照可访问性
的递增顺序罗列出来：

　　❑ 私有的（private）——只有在声明该成员的顶层类内部才可以访问这个成员。

　　❑ 包级私有的（package-private）——声明该成员的包内部的任何类都可以访问这个成员。
　　　从技术上讲，它被称为"缺省"（default）访问级别，如果没有为成员指定访问修饰符，
　　　就采用这个访问级别（当然，接口成员除外，它们默认的访问级别是公有的）。

　　❑ 受保护的（protected）——声明该成员的类的子类可以访问这个成员（但有一些限制
　　　[JLS，6.6.2]），并且声明该成员的包内部的任何类也可以访问这个成员。

　　❑ 公有的（public）——在任何地方都可以访问该成员。

当你仔细地设计了类的公有 API 之后，可能觉得应该把所有其他的成员都变成私有的。其实，只有当同一个包内的另一个类真正需要访问一个成员的时候，你才应该删除 private 修饰符，使该成员变成包级私有的。如果你发现自己经常要做这样的事情，就应该重新检查系统设计，看看是否另一种分解方案所得到的类，与其他类之间的耦合度会更小。也就是说，私有成员和包级私有成员都是一个类的实现中的一部分，一般不会影响导出的 API。然而，如果这个类实现了 Serializable 接口（详见第 86 条和第 87 条），这些域就有可能会被"泄漏"（leak）到导出的 API 中。

对于公有类的成员，当访问级别从包级私有变成保护级别时，会大大增强可访问性。受保护的成员是类的导出的 API 的一部分，必须永远得到支持。导出的类的受保护成员也代表了该类对于某个实现细节的公开承诺（详见第 19 条）。应该尽量少用受保护的成员。

有一条规则限制了降低方法的可访问性的能力。如果方法覆盖了超类中的一个方法，子类中的访问级别就不允许低于超类中的访问级别 [JLS, 8.4.8.3]。这样可以确保任何可使用超类的实例的地方也都可以使用子类的实例（里氏替换原则，详见第 10 条）。如果违反了这条规则，那么当你试图编译该子类的时候，编译器就会产生一条错误消息。这条规则有一个特例：如果一个类实现了一个接口，那么接口中所有的方法在这个类中也都必须被声明为公有的。

为了便于测试代码，你可以试着使类、接口或者成员变得更容易访问。这么做在一定程度上来说是好的。为了测试而将一个公有类的私有成员变成包级私有的，这还可以接受，但是要将访问级别提高到超过它，这就无法接受了。换句话说，不能为了测试，而将类、接口或者成员变成包的导出的 API 的一部分。幸运的是，也没有必要这么做，因为可以让测试作为被测试的包的一部分来运行，从而能够访问它的包级私有的元素。

公有类的实例域决不能是公有的（详见第 16 条）。如果实例域是非 final 的，或者是一个指向可变对象的 final 引用，那么一旦使这个域成为公有的，就等于放弃了对存储在这个域中的值进行限制的能力；这意味着，你也放弃了强制这个域不可变的能力。同时，当这个域被修改的时候，你也失去了对它采取任何行动的能力。因此，包含公有可变域的类通常并不是线程安全的。即使域是 final 的，并且引用不可变的对象，但当把这个域变成公有的时候，也就放弃了"切换到一种新的内部数据表示法"的灵活性。

这条建议也同样适用于静态域，只是有一种情况例外。假设常量构成了类提供的整个抽象中的一部分，可以通过公有的静态 final 域来暴露这些常量。按惯例，这种域的名称由大写字母组成，单词之间用下划线隔开（详见第 68 条）。很重要的一点是，这些域要么包含基本类型的值，要么包含指向不可变对象的引用（详见第 17 条）。如果 final 域包含可变对象的引用，它便具有非 final 域的所有缺点。虽然引用本身不能被修改，但是它所引用的对象却可以被修改，这会导致灾难性的后果。

注意，长度非零的数组总是可变的，所以让类具有公有的静态 final 数组域，或者返回这种域的访问方法，这是错误的。如果类具有这样的域或者访问方法，客户端将能够修改数组中的内容。这是安全漏洞的一个常见根源：

```
// Potential security hole!
public static final Thing[] VALUES = { ... };
```

要注意，许多 IDE 产生的访问方法会返回指向私有数组域的引用，正好导致了这个问题。修正这个问题有两种方法。可以使公有数组变成私有的，并增加一个公有的不可变列表：

```
private static final Thing[] PRIVATE_VALUES = { ... };
public static final List<Thing> VALUES =
    Collections.unmodifiableList(Arrays.asList(PRIVATE_VALUES));
```

另一种方法是，也可以使数组变成私有的，并添加一个公有方法，它返回私有数组的一个拷贝：

```
private static final Thing[] PRIVATE_VALUES = { ... };
public static final Thing[] values() {
    return PRIVATE_VALUES.clone();
}
```

要在这两种方法之间做出选择，得考虑客户端可能怎么处理这个结果。哪种返回类型会更加方便？哪种会得到更好的性能？

从 Java 9 开始，又新增了两种隐式访问级别，作为模块系统（module system）的一部分。一个模块就是一组包，就像一个包就是一组类一样。模块可以通过其模块声明（module declaration）中的导出声明（export declaration）显式地导出它的一部分包（按照惯例，这包含在名为 module-info.java 的源文件中）。模块中未被导出的包在模块之外是不可访问的；在模块内部，可访问性不受导出声明的影响。使用模块系统可以在模块内部的包之间共享类，不用让它们对全世界都可见。未导出的包中公有类的公有成员和受保护的成员都提高了两个隐式访问级别，这是正常的公有和受保护级别在模块内部的对等体（intramodular analogues）。对于这种共享的需求相对罕见，经常通过在包内部重新安排类来解决。

与四个主访问级别不同的是，这两个基于模块的级别主要提供咨询。如果把模块的 JAR 文件放在应用程序的类路径下，而不是放在模块路径下，模块中的包就会恢复其非模块的行为：无论包是否通过模块导出，这些包中公有类的所有公有的和受保护的成员将都有正常的可访问性 [Reinhold, 1.2]。严格执行新引入的访问级别的一个示例是 JDK 本身：Java 类库中未导出的包在其模块之外确实是不可访问的。

对于传统的 Java 程序员来说，不仅由受限工具的模块提供了访问保护，而且在本质上主要也是提供咨询。为了利用模块的这一特性，必须将包集中到模块中，并在模块声明中显式地表明其所有的依赖关系，重新安排代码结构树，从模块内部采取特殊的动作调解对于非模块化的包的任何访问 [Reinhold, 3]。现在说模块将在 JDK 本身之外获得广泛的使用，还为时过早。同时，似乎最好不用它们，除非你的需求非常迫切。

总而言之，应该始终尽可能（合理）地降低程序元素的可访问性。在仔细地设计了一个最小的公有 API 之后，应该防止把任何散乱的类、接口或者成员变成 API 的一部分。除了公有静态 final 域的特殊情形之外（此时它们充当常量），公有类都不应该包含公有域，并且要确保公有静态 final 域所引用的对象都是不可变的。

第 16 条：要在公有类中使用访问方法而非公有域

有时候，可能需要编写一些退化类，它们没有什么作用，只是用来集中实例域：

```
// Degenerate classes like this should not be public!
class Point {
    public double x;
    public double y;
}
```

由于这种类的数据域是可以被直接访问的，这些类没有提供封装（encapsulation）的功能（详见第 15 条）。如果不改变 API，就无法改变它的数据表示法，也无法强加任何约束条件；当域被访问的时候，无法采取任何辅助的行动。坚持面向对象编程的程序员对这种类深恶痛绝，认为应该用包含私有域和公有访问方法（getter）的类代替。对于可变的类来说，应该用公有设值方法（setter）的类代替：

```
// Encapsulation of data by accessor methods and mutators
class Point {
    private double x;
    private double y;

    public Point(double x, double y) {
        this.x = x;
        this.y = y;
    }

    public double getX() { return x; }
    public double getY() { return y; }

    public void setX(double x) { this.x = x; }
    public void setY(double y) { this.y = y; }
}
```

毫无疑问，说到公有类的时候，坚持面向对象编程思想的看法是正确的：如果类可以在它所在的包之外进行访问，就提供访问方法，以保留将来改变该类的内部表示法的灵活性。如果公有类暴露了它的数据域，要想在将来改变其内部表示法是不可能的，因为公有类的客户端代码已经遍布各处了。

然而，如果类是包级私有的，或者是私有的嵌套类，直接暴露它的数据域并没有本质的错误——假设这些数据域确实描述了该类所提供的抽象。无论是在类定义中，还是在使用该类的客户端代码中，这种方法比访问方法的做法更不容易产生视觉混乱。虽然客户端代码与该类的内部表示法紧密相连，但是这些代码被限定在包含该类的包中。如有必要，也可以不改变包之外的任何代码，而只改变内部数据表示法。在私有嵌套类的情况下，改变的作用范围被进一步限制在外围类中。

Java 平台类库中有几个类违反了"公有类不应该直接暴露数据域"的告诫。显著的例子包括 `java.awt` 包中的 `Point` 类和 `Dimension` 类。它们是不值得仿效的例子，相反，这些类应该被当作反面的警告示例。正如第 67 条所述，决定暴露 `Dimension` 类的内部数据造成了严重的性能问题，而且这个问题至今依然存在。

让公有类直接暴露域虽然从来都不是种好办法，但是如果域是不可变的，这种做法的危害就比较小一些。如果不改变类的 API，就无法改变这种类的表示法，当域被读取的时候，你也无法采取辅助的行动，但是可以强加约束条件。例如，这个类确保了每个实例都表示一个有效的时间：

```java
// Public class with exposed immutable fields - questionable
public final class Time {
    private static final int HOURS_PER_DAY    = 24;
    private static final int MINUTES_PER_HOUR = 60;

    public final int hour;
    public final int minute;

    public Time(int hour, int minute) {
        if (hour < 0 || hour >= HOURS_PER_DAY)
            throw new IllegalArgumentException("Hour: " + hour);
        if (minute < 0 || minute >= MINUTES_PER_HOUR)
            throw new IllegalArgumentException("Min: " + minute);
        this.hour = hour;
        this.minute = minute;
    }
    ... // Remainder omitted
}
```

简而言之，公有类永远都不应该暴露可变的域。虽然还是有问题，但是让公有类暴露不可变的域，其危害相对来说比较小。但有时候会需要用包级私有的或者私有的嵌套类来暴露域，无论这个类是可变的还是不可变的。

第 17 条：使可变性最小化

不可变类是指其实例不能被修改的类。每个实例中包含的所有信息都必须在创建该实例的时候就提供，并在对象的整个生命周期（lifetime）内固定不变。Java 平台类库中包含许多不可变的类，其中有 String、基本类型的包装类、BigInteger 和 BigDecimal。存在不可变的类有许多理由：不可变的类比可变类更加易于设计、实现和使用。它们不容易出错，且更加安全。

为了使类成为不可变，要遵循下面五条规则：

1. 不要提供任何会修改对象状态的方法（也称为设值方法）。

2. 保证类不会被扩展。这样可以防止粗心或者恶意的子类假装对象的状态已经改变，从而破坏该类的不可变行为。为了防止子类化，一般做法是声明这个类成为 final 的，但是后面我们还会讨论到其他的做法。

3. 声明所有的域都是 final 的。通过系统的强制方式可以清楚地表明你的意图。而且，如果一个指向新创建实例的引用在缺乏同步机制的情况下，从一个线程被传递到另一个线程，就必须确保正确的行为，正如内存模型（memory model）中所述 [JLS, 17.5; Goetz06 16]。

4. 声明所有的域都为私有的。这样可以防止客户端获得访问被域引用的可变对象的权限，并防止客户端直接修改这些对象。虽然从技术上讲，允许不可变的类具有公有的 final 域，只要这些域包含基本类型的值或者指向不可变对象的引用，但是不建议这样做，因为这样会使得在以后的版本中无法再改变内部的表示法（详见第 15 条和第 16 条）。

5. 确保对于任何可变组件的互斥访问。如果类具有指向可变对象的域，则必须确保该类的客户端无法获得指向这些对象的引用。并且，永远不要用客户端提供的对象引用来初始化这样的域，也不要从任何访问方法（accessor）中返回该对象引用。在构造器、访问方法和 readObject 方法（详见第 88 条）中请使用保护性拷贝（defensive copy）技术（详见第 50 条）。

前面条目中的许多例子都是不可变的，其中一个例子是第 11 条中的 PhoneNumber，它针对每个属性都有访问方法（accessor），但是没有对应的设值方法（mutator）。下面是个稍微复杂一点的例子：

```java
// Immutable complex number class
public final class Complex {
    private final double re;
    private final double im;

    public Complex(double re, double im) {
        this.re = re;
        this.im = im;
    }

    public double realPart()      { return re; }
    public double imaginaryPart() { return im; }

    public Complex plus(Complex c) {
        return new Complex(re + c.re, im + c.im);
    }
```

```java
public Complex minus(Complex c) {
    return new Complex(re - c.re, im - c.im);
}

public Complex times(Complex c) {
    return new Complex(re * c.re - im * c.im,
                       re * c.im + im * c.re);
}

public Complex dividedBy(Complex c) {
    double tmp = c.re * c.re + c.im * c.im;
    return new Complex((re * c.re + im * c.im) / tmp,
                       (im * c.re - re * c.im) / tmp);
}

@Override public boolean equals(Object o) {
    if (o == this)
        return true;
    if (!(o instanceof Complex))
        return false;
    Complex c = (Complex) o;

    // See page 47 to find out why we use compare instead of ==
    return Double.compare(c.re, re) == 0
        && Double.compare(c.im, im) == 0;
}
@Override public int hashCode() {
    return 31 * Double.hashCode(re) + Double.hashCode(im);
}

@Override public String toString() {
    return "(" + re + " + " + im + "i)";
}
}
```

这个类表示一个复数（complex number，具有实部和虚部）。除了标准的 `Object` 方法之外，它还提供了针对实部和虚部的访问方法，以及 4 种基本的算术运算：加法、减法、乘法和除法。注意这些算术运算如何创建并返回新的 `Complex` 实例，而不是修改这个实例。大多数重要的不可变类都使用了这种模式。它被称为函数的（functional）方法，因为这些方法返回了一个函数的结果，这些函数对操作数进行运算但并不修改它。与之相对应的更常见的是过程的（procedural）或者命令式的（imperative）方法，使用这些方法时，将一个过程作用在它们的操作数上，会导致它的状态发生改变。注意，这些方法名称都是介词（如 plus），而不是动词（如 add）。这是为了强调该方法不会改变对象的值。`BigInteger` 类和 `BigDecimal` 类由于没有遵守这一命名习惯，就导致了许多用法错误。

如果你对函数方式的做法还不太熟悉，可能会觉得它显得不太自然，但是它带来了不可变性，具有许多优点。不可变对象比较简单。不可变对象可以只有一种状态，即被创建时的状态。如果你能够确保所有的构造器都建立了这个类的约束关系，就可以确保这些约束关系在整个生命周期内永远不再发生变化，你和使用这个类的程序员都无须再做额外的工作来维护这些约束关系。另一方面，可变的对象可以有任意复杂的状态空间。如果文档中没有为设值方法所执行的状态转换提供精确的描述，要可靠地使用可变类是非常困难的，甚至是不可能的。

不可变对象本质上是线程安全的，它们不要求同步。当多个线程并发访问这样的对象时，它们不会遭到破坏。这无疑是获得线程安全最容易的办法。实际上，没有任何线程会注意到其他线程对于不可变对象的影响。所以，不可变对象可以被自由地共享。不可变类应该充分利用这种优势，鼓励客户端尽可能地重用现有的实例。要做到这一点，一个很简便的办法就是：对于频繁用到的值，为它们提供公有的静态 final 常量。例如，Complex 类有可能会提供下面的常量：

```
public static final Complex ZERO = new Complex(0, 0);
public static final Complex ONE  = new Complex(1, 0);
public static final Complex I    = new Complex(0, 1);
```

这种方法可以被进一步扩展。不可变的类可以提供一些静态工厂（详见第 1 条），它们把频繁被请求的实例缓存起来，从而当现有实例可以符合请求的时候，就不必创建新的实例。所有基本类型的包装类和 BigInteger 都有这样的静态工厂。使用这样的静态工厂也使得客户端之间可以共享现有的实例，而不用创建新的实例，从而降低内存占用和垃圾回收的成本。在设计新的类时，选择用静态工厂代替公有的构造器可以让你以后有添加缓存的灵活性，而不必影响客户端。

"不可变对象可以被自由地共享"导致的结果是，永远也不需要进行保护性拷贝（defensive copy）（详见第 50 条）。实际上，你根本无须做任何拷贝，因为这些拷贝始终等于原始的对象。因此，你不需要，也不应该为不可变的类提供 clone 方法或者拷贝构造器（详见第 13 条）。这一点在 Java 平台的早期并不好理解，所以 String 类仍然具有拷贝构造器，但是应该尽量少用它（详见第 6 条）。

不仅可以共享不可变对象，甚至也可以共享它们的内部信息。例如，BigInteger 类内部使用了符号数值表示法。符号用一个 int 类型的值来表示，数值则用一个 int 数组表示。negate 方法产生一个新的 BigInteger，其中数值是一样的，符号则是相反的。它并不需要拷贝数组，新建的 BigInteger 也指向原始实例中的同一个内部数组。

不可变对象为其他对象提供了大量的构件，无论是可变的还是不可变的对象。如果知道一个复杂对象内部的组件对象不会改变，要维护它的不变性约束是比较容易的。这条原则的一种特例在于，不可变对象构成了大量的映射键（map key）和集合元素（set element）；一旦不可变对象进入到映射（map）或者集合（set）中，尽管这破坏了映射或者集合的不变性约束，但是也不用担心它们的值会发生变化。

不可变对象无偿地提供了失败的原子性（详见第 76 条）。它们的状态永远不变，因此不存在临时不一致的可能性。

不可变类真正唯一的缺点是，对于每个不同的值都需要一个单独的对象。创建这些对象的代价可能很高，特别是大型的对象。例如，假设你有一个上百万位的 BigInteger，想要改变它的低位：

```
BigInteger moby = ...;
moby = moby.flipBit(0);
```

flipBit 方法创建了一个新的 BigInteger 实例，也有上百万位长，它与原来的对象只差一位不同。这项操作所消耗的时间和空间与 BigInteger 的成正比。我们拿它与 java.util.BitSet 进行比较。与 BigInteger 类似，BitSet 代表一个任意长度的位序列，但是与 BigInteger 不同的是，BitSet 是可变的。BitSet 类提供了一个方法，允许在固定时间（constant time）内改变此"百万位"实例中单个位的状态：

```
BitSet moby = ...;
moby.flip(0);
```

如果你执行一个多步骤的操作，并且每个步骤都会产生一个新的对象，除了最后的结果之外，其他的对象最终都会被丢弃，此时性能问题就会显露出来。处理这种问题有两种办法。第一种办法，先猜测一下经常会用到哪些多步骤的操作，然后将它们作为基本类型提供。如果某个多步骤操作已经作为基本类型提供，不可变的类就无须在每个步骤单独创建一个对象。不可变的类在内部可以更加灵活。例如，BigInteger 有一个包级私有的可变"配套类"（companing class），它的用途是加速诸如"模指数"（modular exponentiation）这样的多步骤操作。由于前面提到的诸多原因，使用可变的配套类比使用 BigInteger 要困难得多，但幸运的是，你并不需要这样做。因为 BigInteger 的实现者已经替你完成了所有的困难工作。

如果能够精确地预测出客户端将要在不可变的类上执行哪些复杂的多阶段操作，这种包级私有的可变配套类的方法就可以工作得很好。如果无法预测，最好的办法是提供一个公有的可变配套类。在 Java 平台类库中，这种方法的主要例子是 String 类，它的可变配套类是 StringBuilder（及其已经被废弃的祖先 StringBuffer）。

现在你已经知道了如何构建不可变的类，并且了解了不可变性的优点和缺点，现在我们来讨论其他的一些设计方案。前面提到过，为了确保不可变性，类绝对不允许自身被子类化。除了"使类成为 final 的"这种方法之外，还有另外一种更加灵活的办法可以做到这一点。不可变的类变成 final 的另一种办法就是，让类的所有构造器都变成私有的或者包级私有的，并添加公有的静态工厂（static factory）来代替公有的构造器（详见第 1 条）。为了具体说明这种方法，下面以 Complex 为例，看看如何使用这种方法：

```
// Immutable class with static factories instead of constructors
public class Complex {
    private final double re;
    private final double im;
```

```
    private Complex(double re, double im) {
        this.re = re;
        this.im = im;
    }

    public static Complex valueOf(double re, double im) {
        return new Complex(re, im);
    }

    ... // Remainder unchanged
}
```

这种方法虽然并不常用，但它通常是最好的替代方法。它最灵活，因为它允许使用多个包级私有的实现类。对于处在包外部的客户端而言，不可变的类实际上是 final 的，因为不可能对来自另一个包的类、缺少公有的或受保护的构造器的类进行扩展。除了允许多个实现类的灵活性之外，这种方法还使得有可能通过改善静态工厂的对象缓存能力，在后续的发行版本中改进该类的性能。

当 BigInteger 和 BigDecimal 刚被编写出来的时候，对于"不可变的类必须为 final"的说法还没有得到广泛的理解，所以它们的所有方法都有可能被覆盖。遗憾的是，为了保持向后兼容，这个问题一直无法得以修正。如果你在编写一个类，它的安全性依赖于来自不可信客户端的 BigInteger 或者 BigDecimal 参数的不可变性，就必须进行检查，以确定这个参数是否为"真正的"BigInteger 或者 BigDecimal，而不是不可信任子类的实例。如果是后者，就必须在假设它可能是可变的前提下对它进行保护性拷贝（详见第 50 条）：

```
public static BigInteger safeInstance(BigInteger val) {
    return val.getClass() == BigInteger.class ?
            val : new BigInteger(val.toByteArray());
}
```

本条开头关于不可变类的诸多规则指出，没有方法会修改对象，并且它的所有域都必须是 final 的。实际上，这些规则比真正的要求更强硬了一点，为了提高性能可以有所放松。事实上应该是这样：没有一个方法能够对对象的状态产生外部可见（externally visible）的改变。然而，许多不可变的类拥有一个或者多个非 final 的域，它们在第一次被请求执行这些计算的时候，把一些开销昂贵的计算结果缓存在这些域中。如果将来再次请求同样的计算，就直接返回这些缓存的值，从而节约了重新计算所需的开销。这种技巧可以很好地工作，因为对象是不可变的，它的不可变性保证了这些计算如果被再次执行，就会产生同样的结果。

例如，PhoneNumber 类的 hashCode 方法（详见第 11 条）在第一次被调用的时候，计算出散列码，然后把它缓存起来，以备将来被再次调用时使用。这种方法是延迟初始化（lazy initialization）（详见第 83 条）的一个例子，String 类也用到了。

有关序列化功能的一条告诫有必要在这里提出来。如果你选择让自己的不可变类实现 Serializable 接口，并且它包含一个或者多个指向可变对象的域，就必须提供一个显式的 read-

Object 或者 readResolve 方法，或者使用 ObjectOutputStream.writeUnshared 和 Object-InputStream.readUnshared 方法，即便默认的序列化形式是可以接受的，也是如此。否则，攻击者可能从不可变的类创建可变的实例。关于这个话题的详情请参见第 88 条。

总之，坚决不要为每个 get 方法编写一个相应的 set 方法。除非有很好的理由要让类成为可变的类，否则它就应该是不可变的。不可变的类有许多优点，唯一的缺点是在特定的情况下存在潜在的性能问题。你应该总是使一些小的值对象，比如 PhoneNumber 和 Complex，成为不可变的。（在 Java 平台类库中，有几个类如 java.util.Date 和 java.awt.Point，它们本应该是不可变的，但实际上却不是。）你也应该认真考虑把一些较大的值对象做成不可变的，例如 String 和 BigInteger。只有当你确认有必要实现令人满意的性能时（详见第 67 条），才应该为不可变的类提供公有的可变配套类。

对于某些类而言，其不可变性是不切实际的。如果类不能被做成不可变的，仍然应该尽可能地限制它的可变性。降低对象可以存在的状态数，可以更容易地分析该对象的行为，同时降低出错的可能性。因此，除非有令人信服的理由使域变成非 final 的，否则让每个域都是 final 的。结合这条的建议和第 15 条的建议，你自然倾向于：除非有令人信服的理由要使域变成是非 final 的，否则要使每个域都是 private final 的。

构造器应该创建完全初始化的对象，并建立起所有的约束关系。不要在构造器或者静态工厂之外再提供公有的初始化方法，除非有令人信服的理由必须这么做。同样地，也不应该提供"重新初始化"方法（它使得对象可以被重用，就好像这个对象是由另一不同的初始状态构造出来的一样）。与所增加的复杂性相比，"重新初始化"方法通常并没有带来太多的性能优势。

通过 CountDownLatch 类的例子可以说明这些原则。它是可变的，但是它的状态空间被有意地设计得非常小。比如创建一个实例，只使用一次，它的任务就完成了：一旦定时器的计数达到零，就不能重用了。

最后值得注意的一点与本条目中的 Complex 类有关。这个例子只是被用来演示不可变性的，它不是一个工业强度的复数实现。它对复数乘法和除法使用标准的计算公式，会进行不正确的四舍五入，并且对复数 NaN 和无穷大也没有提供很好的语义 [Kahan91，Smith62，Thomas94]。

第 18 条：复合优先于继承

继承（inheritance）是实现代码重用的有力手段，但它并非永远是完成这项工作的最佳工具。使用不当会导致软件变得很脆弱。在包的内部使用继承是非常安全的，在那里子类和超类的实现都处在同一个程序员的控制之下。对于专门为了继承而设计并且具有很好的文档说明的类来说（详见第 19 条），使用继承也是非常安全的。然而，对普通的具体类（concrete class）进行跨越包边界的继承，则是非常危险的。提示一下，本书使用"继承"一词，含义是实现继承（当一个类扩展另一个类的时候）。本条目中讨论的问题并不适用于接口继承（当一个类实现一个接口的时候，或者当一个接口扩展另一个接口的时候）。

与方法调用不同的是，继承打破了封装性 [Snyder86]。换句话说，子类依赖于其超类中特定功能的实现细节。超类的实现有可能会随着发行版本的不同而有所变化，如果真的发生了变化，子类可能会遭到破坏，即使它的代码完全没有改变。因而，子类必须要跟着其超类的更新而演变，除非超类是专门为了扩展而设计的，并且具有很好的文档说明。

为了说明得更加具体一点，我们假设有一个程序使用了 HashSet。为了调优该程序的性能，需要查询 HashSet，看一看自从它被创建以来添加了多少个元素（不要与它当前的元素数目混淆起来，它会随着元素的删除而递减）。为了提供这种功能，我们得编写一个 HashSet 变体，定义记录试图插入的元素的数量 addCount，并针对该计数值导出一个访问方法。HashSet 类包含两个可以增加元素的方法：add 和 addAll，因此这两个方法都要被覆盖：

```java
// Broken - Inappropriate use of inheritance!
public class InstrumentedHashSet<E> extends HashSet<E> {
    // The number of attempted element insertions
    private int addCount = 0;

    public InstrumentedHashSet() {
    }

    public InstrumentedHashSet(int initCap, float loadFactor) {
        super(initCap, loadFactor);
    }
    @Override public boolean add(E e) {
        addCount++;
        return super.add(e);
    }
    @Override public boolean addAll(Collection<? extends E> c) {
        addCount += c.size();
        return super.addAll(c);
    }
    public int getAddCount() {
        return addCount;
    }
}
```

这个类看起来非常合理，但是它并不能正常工作。假设我们创建了一个实例，并利用 addAll 方法添加了三个元素。顺便提一句，注意我们利用静态工厂方法 List.of 创建了一个列表，该方法是在 Java 9 中增加的。如果使用较早的版本，则用 Arrays.asList 代替：

```java
InstrumentedHashSet<String> s = new InstrumentedHashSet<>();
s.addAll(List.of("Snap", "Crackle", "Pop"));
```

此时我们期望 getAddCount 方法能返回 3，但是实际上它返回的是 6。哪里出错了呢？

在 HashSet 的内部，addAll 方法是基于它的 add 方法来实现的，即使 HashSet 的文档中并没有说明这样的实现细节，这也是合理的。InstrumentedHashSet 中的 addAll 方法首先给 addCount 增加 3，然后利用 supper.addAll 来调用 HashSet 的 addAll 实现。然后又依次调用到被 InstrumentedHashSet 覆盖了的 add 方法，每个元素调用一次。这三次调用又分别给 addCount 加了 1，所以总共增加了 6：通过 addAll 方法增加的每个元素都被计算了两次。

我们只要去掉被覆盖的 addAll 方法，就可以"修正"这个子类。虽然这样得到的类可以正常工作，但是它的功能正确性则需要依赖于这样的事实：HashSet 的 addAll 方法是在它的 add 方法上实现的。这种"自用性"（self-use）是实现细节，不是承诺，不能保证在 Java 平台的所有实现中都保持不变，不能保证随着发行版本的不同而不发生变化。因此，这样得到的 InstrumentedHashSet 类将是非常脆弱的。

稍微好一点的做法是，覆盖 addAll 方法来遍历指定的集合，为每个元素调用一次 add 方法。这样做可以保证得到正确的结果，不管 HashSet 的 addAll 方法是否在 add 方法的基础上实现，因为 HashSet 的 addAll 实现将不会再被调用到。然而，这项技术并没有解决所有的问题，它相当于重新实现了超类的方法，这些超类的方法可能是自用的，也可能不是，这种方法很困难，也非常耗时，容易出错，并且可能降低性能。此外，这样做并不总是可行的，因为无法访问对于子类来说是私有的域，所以有些方法就无法实现。

导致子类脆弱的一个相关的原因是，它们的超类在后续的发行版本中可以获得新的方法。假设一个程序的安全性依赖于这样的事实：所有被插入某个集合中的元素都满足某个先决条件。下面的做法就可以确保这一点：对集合进行子类化，并覆盖所有能够添加元素的方法，以便确保在加入每个元素之前它是满足这个先决条件的。如果在后续的发行版本中，超类中没有增加能插入元素的新方法，这种做法就可以正常工作。然而，一旦超类增加了这样的新方法，则很可能仅仅由于调用了这个未被子类覆盖的新方法，而将"非法的"元素添加到子类的实例中。这不是一个纯粹的理论问题。在把 Hashtable 和 Vector 加入到 Collections Framework 中的时候，就修正了几个这类性质的安全漏洞。

上面这两个问题都来源于覆盖（overriding）方法。你可能会认为在扩展一个类的时候，仅仅增加新的方法，而不覆盖现有的方法是安全的。虽然这种扩展方式比较安全一些，但是也并非完全没有风险。如果超类在后续的发行版本中获得了一个新的方法，并且不幸的是，你给子类提供了一个签名相同但返回类型不同的方法，那么这样的子类将无法通过编译 [JLS, 8.4.8.3]。如果给子类提供的方法带有与新的超类方法完全相同的签名和返回类型，实际上就覆盖了超类中的方法，因此又回到了上述两个问题。此外，你的方法是否能够遵守新的超类方法的约定，这也是很值得怀疑的，因为当你在编写子类方法的时候，这个约定压根还没有面世。

幸运的是，有一种办法可以避免前面提到的所有问题。即不扩展现有的类，而是在新的类中增加一个私有域，它引用现有类的一个实例。这种设计被称为"复合"（composition），因为现有的类变成了新类的一个组件。新类中的每个实例方法都可以调用被包含的现有类实例中对应的方法，并返回它的结果。这被称为转发（forwarding），新类中的方法被称为转发方法（forwarding method）。这样得到的类将会非常稳固，它不依赖于现有类的实现细节。即使现有的类添加了新的方法，也不会影响新的类。为了进行更具体的说明，请看下面的例子，它用复合 / 转发的方法来代替 InstrumentedHashSet 类。注意这个实现分为两部分：类本身和可重用的转发类（forwarding class），其中包含了所有的转发方法，没有任何其他的方法：

```java
// Wrapper class - uses composition in place of inheritance
public class InstrumentedSet<E> extends ForwardingSet<E> {
    private int addCount = 0;

    public InstrumentedSet(Set<E> s) {
        super(s);
    }

    @Override public boolean add(E e) {
        addCount++;
        return super.add(e);
    }
    @Override public boolean addAll(Collection<? extends E> c) {
        addCount += c.size();
        return super.addAll(c);
    }
    public int getAddCount() {
        return addCount;
    }
}

// Reusable forwarding class
public class ForwardingSet<E> implements Set<E> {
    private final Set<E> s;
    public ForwardingSet(Set<E> s) { this.s = s; }

    public void clear()               { s.clear();            }
    public boolean contains(Object o) { return s.contains(o); }
    public boolean isEmpty()          { return s.isEmpty();   }
    public int size()                 { return s.size();      }
    public Iterator<E> iterator()     { return s.iterator();  }
    public boolean add(E e)           { return s.add(e);      }
    public boolean remove(Object o)   { return s.remove(o);   }
    public boolean containsAll(Collection<?> c)
                                      { return s.containsAll(c); }
    public boolean addAll(Collection<? extends E> c)
                                      { return s.addAll(c);   }
    public boolean removeAll(Collection<?> c)
                                      { return s.removeAll(c);  }
    public boolean retainAll(Collection<?> c)
                                      { return s.retainAll(c); }
    public Object[] toArray()         { return s.toArray();   }
    public <T> T[] toArray(T[] a)     { return s.toArray(a);  }
    @Override public boolean equals(Object o)
                                      { return s.equals(o);   }
    @Override public int hashCode()   { return s.hashCode();  }
    @Override public String toString() { return s.toString(); }
}
```

Set 接口的存在使得 InstrumentedSet 类的设计成为可能,因为 Set 接口保存了 HashSet 类的功能特性。除了获得健壮性之外,这种设计也带来了更多的灵活性。InstrumentedSet 类实现了 Set 接口,并且拥有单个构造器,它的参数也是 Set 类型。从本质上讲,这个类把一个 Set 转变成了另一个 Set,同时增加了计数的功能。前面提到的基于继承的方法只适用于单个具体的类,并且对于超类中所支持的每个构造器都要求有一个单独的构造器,与此不同的是,这里的包装类(wrapper class)可以被用来包装任何 Set 实现,并且可以结合任何先前存在的构造器一起工作:

```
Set<Instant> times = new InstrumentedSet<>(new TreeSet<>(cmp));
Set<E> s = new InstrumentedSet<>(new HashSet<>(INIT_CAPACITY));
```

InstrumentedSet 类甚至也可以用来临时替换一个原本没有计数特性的 Set 实例

```
static void walk(Set<Dog> dogs) {
    InstrumentedSet<Dog> iDogs = new InstrumentedSet<>(dogs);
    ... // Within this method use iDogs instead of dogs
}
```

因为每一个 InstrumentedSet 实例都把另一个 Set 实例包装起来了,所以 InstrumentedSet 类被称为包装类(wrapper class)。这也正是 Decorator(修饰者)模式 [Gamma95],因为 InstrumentedSet 类对一个集合进行了修饰,为它增加了计数特性。有时复合和转发的结合也被宽松地称为“委托”(delegation)。从技术的角度而言,这不是委托,除非包装对象把自身传递给被包装的对象 [Lieberman86;Gamma95]。

包装类几乎没有什么缺点。需要注意的一点是,包装类不适合用于回调框架(callback framework);在回调框架中,对象把自身的引用传递给其他的对象,用于后续的调用(“回调”)。因为被包装起来的对象并不知道它外面的包装对象,所以它传递一个指向自身的引用(this),回调时避开了外面的包装对象。这被称为 SELF 问题 [Lieberman86]。有些人担心转发方法调用所带来的性能影响,或者包装对象导致的内存占用。在实践中,这两者都不会造成很大的影响。编写转发方法倒是有点琐碎,但是只需要给每个接口编写一次构造器,转发类则可以通过包含接口的包提供。例如,Guava 就为所有的集合接口提供了转发类 [Guava]。

只有当子类真正是超类的子类型(subtype)时,才适合用继承。换句话说,对于两个类 A 和 B,只有当两者之间确实存在“is-a”关系的时候,类 B 才应该扩展类 A。如果你打算让类 B 扩展类 A,就应该问问自己:每个 B 确实也是 A 吗?如果你不能够确定这个问题的答案是肯定的,那么 B 就不应该扩展 A。如果答案是否定的,通常情况下,B 应该包含 A 的一个私有实例,并且暴露一个较小的、较简单的 API:A 本质上不是 B 的一部分,只是它的实现细节而已。

在 Java 平台类库中,有许多明显违反这条原则的地方。例如,栈(stack)并不是向量（vector），所以 Stack 不应该扩展 Vector。同样地，属性列表也不是散列表，所以 Properties 不应该扩展 Hashtable。在这两种情况下，复合模式才是恰当的。

如果在适合使用复合的地方使用了继承，则会不必要地暴露实现细节。这样得到的 API 会把你限制在原始的实现上，永远限定了类的性能。更为严重的是，由于暴露了内部的细节，客户端就有可能直接访问这些内部细节。这样至少会导致语义上的混淆。例如，如果 p 指向 Properties 实例，那么 p.getProperty(key) 就有可能产生与 p.get(key) 不同的结果：前一个方法考虑了默认的属性表，而后一个方法则继承自 Hashtable，没有考虑默认的属性列表。最严重的是，客户有可能直接修改超类，从而破坏子类的约束条件。在 Properties 的情形中，设计者的目标是只允许字符串作为键（key）和值（value），但是直接访问底层的 Hashtable 就允许违反这种约束条件。一旦违反了约束条件，就不可能再使用 Properties API 的其他部分（load 和 store）了。等到发现这个问题时，要改正它已经太晚了，因为客户端依赖于使用非字符串的键和值了。

在决定使用继承而不是复合之前，还应该问自己最后一组问题。对于你正试图扩展的类，它的 API 中有没有缺陷呢？如果有，你是否愿意把那些缺陷传播到类的 API 中？继承机制会把超类 API 中的所有缺陷传播到子类中，而复合则允许设计新的 API 来隐藏这些缺陷。

简而言之，继承的功能非常强大，但是也存在诸多问题，因为它违背了封装原则。只有当子类和超类之间确实存在子类型关系时，使用继承才是恰当的。即便如此，如果子类和超类处在不同的包中，并且超类并不是为了继承而设计的，那么继承将会导致脆弱性（fragility）。为了避免这种脆弱性，可以用复合和转发机制来代替继承，尤其是当存在适当的接口可以实现包装类的时候。包装类不仅比子类更加健壮，而且功能也更加强大。

第 19 条：要么设计继承并提供文档说明，要么禁止继承

第 18 条提醒过我们：对于不是为了继承而设计并且没有文档说明的"外来"类进行子类化是多么危险。那么对于专门为了继承而设计并且具有良好文档说明的类而言，这又意味着什么呢？

首先，该类的文档必须精确地描述覆盖每个方法所带来的影响。换句话说，该类必须有文档说明它可覆盖（overridable）的方法的自用性（self-use）。对于每个公有的或受保护的方法或者构造器，它的文档必须指明该方法或者构造器调用了哪些可覆盖的方法，是以什么顺序调用的，每个调用的结果又是如何影响后续处理过程的（所谓可覆盖（overridable）的方法，是指非 final 的、公有的或受保护的）。更广义地说，即类必须在文档中说明，在哪些情况下它会调用可覆盖的方法。例如，后台的线程或者静态的初始化器（initializer）可能会调用这样的方法。

如果方法调用到了可覆盖的方法，在它的文档注释的末尾应该包含关于这些调用的描述信息。这段描述信息是规范的一个特殊部分，写着："Implementation Requirements"（实现要求……），它由 Javadoc 标签 @implSpec 生成。这段话描述了该方法的内部工作情况。下面举个例子，摘自 java.util.AbstractCollection 的规范：

public boolean remove(Object o)

　　（如果这个集合中存在指定的元素，就从中删除该指定元素中的单个实例（这是项可选的操作）。更广义地说，即如果集合中包含一个或者多个这样的元素 e，就从中删除掉一个，如 Objects.equals(o,e)。如果集合中包含指定的元素，就返回 true（如果调用的结果改变了集合，也是一样）。

　　实现要求：该实现遍历整个集合来查找指定的元素。如果它找到该元素，将会利用迭代器的 remove 方法将之从集合中删除。注意，如果由该集合的 iterator 方法返回的迭代器没有实现 remove 方法，该实现就会抛出 UnsupportedOperationException。）

这份文档清楚地说明了，覆盖 iterator 方法将会影响 remove 方法的行为。而且，它确切地描述了 iterator 方法返回的 Iterator 的行为将会怎样影响 remove 方法的行为。与此相反的是，在第 18 条的情形中，程序员在子类化 HashSet 的时候，无法说明覆盖 add 方法是否会影响 addAll 方法的行为。

关于程序文档有句格言：好的 API 文档应该描述一个给定的方法做了什么工作，而不是描述它是如何做到的。那么，上面这种做法是否违背了这句格言呢？是的，它确实违背了！这正是继承破坏了封装性所带来的不幸后果。所以，为了设计一个类的文档，以便它能够被安全地子类化，你必须描述清楚那些有可能未定义的实现细节。

@implSpec 标签是在 Java 8 中增加的，在 Java 9 中得到了广泛应用。这个标签应该是默认可用的，但是到 Java 9，Javadoc 工具仍然把它忽略，除非传入命令行参数：-tag "apiNote:a:API Note:"。

为了继承而进行的设计不仅仅涉及自用模式的文档设计。为了使程序员能够编写出更加有效的子类，而无须承受不必要的痛苦，类必须以精心挑选的受保护的（protected）方法的形式，提供适当的钩子（hook），以便进入其内部工作中。这种形式也可以是罕见的实例，或者受保护的域。例如，以 java.util.AbstractList 中的 removeRange 方法为例：

protected void removeRange(int fromIndex, int toIndex)

　　（从列表中删除所有索引处于 fromIndex（含）和 toIndex（不含）之间的元素。将所有符合条件的元素移到左边（减小它们索引）。这一调用将从 ArrayList 中删除从

toIndex 到 fromIndex 之间的元素。（如果 toIndex == fromIndex，这项操作就无效。）

这个方法是通过 clear 操作在这个列表及其子列表中调用的。覆盖这个方法来利用列表实现的内部信息，可以充分地改善这个列表及其子列表中的 clear 操作的性能。

实现要求：这项实现获得了一个处在 fromIndex 之前的列表迭代器，并依次地重复调用 ListIterator.next 和 ListIterator.remove，直到整个范围都被移除为止。注意：如果 ListIterator.remove 需要线性的时间，该实现就需要平方级的时间。

参数：

fromIndex 要移除的第一个元素的索引。

toIndex 要移除的最后一个元素之后的索引。）

这个方法对于 List 实现的最终用户并没有意义。提供该方法的唯一目的在于，使子类更易于提供针对子列表（sublist）的快速 clear 方法。如果没有 removeRange 方法，当在子列表（sublist）上调用 clear 方法时，子类将不得不用平方级的时间来完成它的工作。否则，就得重新编写整个 subList 机制——这可不是一件容易的事情！

因此，当你为了继承而设计类的时候，如何决定应该暴露哪些受保护的方法或者域呢？遗憾的是，并没有什么神奇的法则可供你使用。你所能做到的最佳途径就是努力思考，发挥最好的想象，然后编写一些子类进行测试。你应该尽可能地少暴露受保护的成员，因为每个方法或者域都代表了一项关于实现细节的承诺。另一方面，你又不能暴露得太少，因为漏掉的受保护方法可能会导致这个类无法被真正用于继承。

对于为了继承而设计的类，唯一的测试方法就是编写子类。如果遗漏了关键的受保护成员，尝试编写子类就会使遗漏所带来的痛苦变得更加明显。相反，如果编写了多个子类，并且无一使用受保护的成员，或许就应该把它做成私有的。经验表明，3 个子类通常就足以测试一个可扩展的类。除了超类的程序设计者之外，都需要编写一个或者多个这种子类。

在为了继承而设计有可能被广泛使用的类时，必须要意识到，对于文档中所说明的自用模式（self-use pattern），以及对于其受保护方法和域中所隐含的实现策略，你实际上已经做出了永久的承诺。这些承诺使得你在后续的版本中提高这个类的性能或者增加新功能都变得非常困难，甚至不可能。因此，必须在发布类之前先编写子类对类进行测试。

还要注意，因继承而需要的特殊文档会打乱正常的文档信息，正常的文档信息是被设计用来让程序员可以创建该类的实例，并调用类中的方法。在编写本书之时，几乎还没有适当的工具或者注释规范，能够把"普通的 API 文档"与"专门针对实现子类的程序员的信息"区分开。

为了允许继承，类还必须遵守其他一些约束。构造器决不能调用可被覆盖的方法，无论是直接调用还是间接调用。如果违反了这条规则，很有可能导致程序失败。超类的构造器在子类的构造器之前运行，所以，子类中覆盖版本的方法将会在子类的构造器运行之前先被调用。如果该覆盖版本的方法依赖于子类构造器所执行的任何初始化工作，该方法将不会如预期般执行。为了更加直观地说明这一点，下面举个例子，其中有个类违反了这条规则：

```java
public class Super {
    // Broken - constructor invokes an overridable method
    public Super() {
        overrideMe();
    }
    public void overrideMe() {
    }
}
```

下面的子类覆盖了方法 overrideMe，Super 唯一的构造器就错误地调用了这个方法：

```java
public final class Sub extends Super {
    // Blank final, set by constructor
    private final Instant instant;

    Sub() {
        instant = Instant.now();
    }

    // Overriding method invoked by superclass constructor
    @Override public void overrideMe() {
        System.out.println(instant);
    }

    public static void main(String[] args) {
        Sub sub = new Sub();
        sub.overrideMe();
    }
}
```

你可能会期待这个程序会打印两次日期，但是它第一次打印出的是 null，因为 overrideMe 方法被 Super 构造器调用的时候，构造器 Sub 还没有机会初始化 instant 域。注意，这个程序观察到的 final 域处于两种不同的状态。还要注意，如果 overrideMe 已经调用了 instant 中的任何方法，当 Super 构造器调用 overrideMe 的时候，调用就会抛出 NullPointerException 异常。如果该程序没有抛出 NullPointerException 异常，唯一的原因就在于 println 方法可以容忍 null 参数。

注意，通过构造器调用私有的方法、final 方法和静态方法是安全的，这些都不是可以被覆盖的方法。

在为了继承而设计类的时候，Cloneable 和 Serializable 接口出现了特殊的困难。如果类是为了继承而设计的，无论实现这其中的哪个接口通常都不是个好主意，因为它们把一些实质性的负担转嫁到了扩展这个类的程序员身上。然而，你还是可以采取一些特殊的手段，允许子类实现这些接口，无须强迫子类的程序员去承受这些负担。第 13 条和第 86 条中会讲解这些特殊的手段。

如果你决定在一个为了继承而设计的类中实现 Cloneable 或者 Serializable 接口，

就应该意识到，因为 clone 和 readObject 方法在行为上非常类似于构造器，所以类似的限制规则也是适用的：无论是 clone 还是 readObject，都不可以调用可覆盖的方法，不管是以直接还是间接的方式。对于 readObject 方法，覆盖的方法将在子类的状态被反序列化（deserialized）之前先被运行；而对于 clone 方法，覆盖的方法则是在子类的 clone 方法有机会修正被克隆对象的状态之前先被运行。无论哪种情形，都不可避免地将导致程序失败。在 clone 方法的情形中，这种失败可能会同时损害到原始的对象以及被克隆的对象本身。例如，如果覆盖版本的方法假设它正在修改对象深层结构的克隆对象的备份，就会发生这种情况，但是该备份还没有完成。

最后，如果你决定在一个为了继承而设计的类中实现 Serializable 接口，并且该类有一个 readResolve 或者 writeReplace 方法，就必须使 readResolve 或者 writeReplace 成为受保护的方法，而不是私有的方法。如果这些方法是私有的，那么子类将会不声不响地忽略掉这两个方法。这正是"为了允许继承，而把实现细节变成一个类的 API 的一部分"的另一种情形。

到现在为止，结论应该很明显了：为了继承而设计类，对这个类会有一些实质性的限制。这并不是很轻松就可以承诺的决定。在某些情况下，这样的决定很明显是正确的，比如抽象类，包括接口的骨架实现（skeletal implementation）（详见第 20 条）。但是，在另外一些情况下，这样的决定却很明显是错误的，比如不可变类（详见第 17 条）。

但是，对于普通的具体类应该怎么办呢？它们既不是 final 的，也不是为了子类化而设计和编写文档的，所以这种状况很危险。每次对这种类进行修改，从这个类扩展得到的客户类就有可能遭到破坏。这不仅仅是个理论问题。对于一个并非为了继承而设计的非 final 具体类，在修改了它的内部实现之后，接收到与子类化相关的错误报告也并不少见。

这个问题的最佳解决方案是，对于那些并非为了安全地进行子类化而设计和编写文档的类，要禁止子类化。有两种办法可以禁止子类化。比较容易的办法是把这个类声明为 final 的。另一种办法是把所有的构造器都变成私有的，或者包级私有的，并增加一些公有的静态工厂来替代构造器。后一种办法在第 17 条中讨论过，它为内部使用子类提供了灵活性。这两种办法都是可以接受的。

这条建议可能会引来争议，因为许多程序员已经习惯于对普通的具体类进行子类化，以便增加新的功能设施，比如仪表功能（如计数显示等）、通知机制或者同步功能，或者为了限制原有类中的功能。如果类实现了某个能够反映其本质的接口，比如 Set、List 或者 Map，就不应该为了禁止子类化而感到后悔。第 18 条中介绍的包装类（wrapper class）模式还提供了另一种更好的办法，让继承机制实现更多的功能。

如果具体的类没有实现标准的接口，那么禁止继承可能会给某些程序员带来不便。如果你认为必须允许从这样的类继承，一种合理的办法是确保这个类永远不会调用它的任何可覆盖的方法，并在文档中说明这一点。换句话说，完全消除这个类中可覆盖方法的自用特性。这样做之后，就可以创建"能够安全地进行子类化"的类。覆盖方法将永远不会影响其他任何方法的行为。

你可以机械地消除类中可覆盖方法的自用特性，而不改变它的行为。将每个可覆盖方法的代码体移到一个私有的"辅助方法"（helper method）中，并且让每个可覆盖的方法调用它的私有辅助方法。然后用"直接调用可覆盖方法的私有辅助方法"来代替"可覆盖方法的每个自用调用"。

简而言之，专门为了继承而设计类是一件很辛苦的工作。你必须建立文档说明其所有的自用模式，并且一旦建立了文档，在这个类的整个生命周期中都必须遵守。如果没有做到，子类就会依赖超类的实现细节，如果超类的实现发生了变化，它就有可能遭到破坏。为了允许其他人能编写出高效的子类，还你必须导出一个或者多个受保护的方法。除非知道真正需要子类，否则最好通过将类声明为 final，或者确保没有可访问的构造器来禁止类被继承。

第 20 条：接口优于抽象类

Java 提供了两种机制，可以用来定义允许多个实现的类型：接口和抽象类。自从 Java 8 为继承引入了缺省方法（default method），这两种机制都允许为某些实例方法提供实现。主要的区别在于，为了实现由抽象类定义的类型，类必须成为抽象类的一个子类。因为 Java 只允许单继承，所以用抽象类作为类型定义受到了限制。任何定义了所有必要的方法并遵守通用约定的类，都允许实现一个接口，无论这个类是处在类层次结构中的什么位置。

现有的类可以很容易被更新，以实现新的接口。如果这些方法尚不存在，你所需要做的就只是增加必要的方法，然后在类的声明中增加一个 implements 子句。例如，当 Comparable、Iterable 和 Autocloseable 接口被引入 Java 平台时，更新了许多现有的类，以实现这些接口。一般来说，无法更新现有的类来扩展新的抽象类。如果你希望两个类扩展同一个抽象类，就必须把抽象类放到类型层次（type hierarchy）的高处，这样它就成了那两个类的一个祖先。遗憾的是，这样做会间接地伤害到类层次，迫使这个公共祖先的所有后代类都扩展这个新的抽象类，无论它对于这些后代类是否合适。

接口是定义 mixin（混合类型）的理想选择。不严格地讲，mixin 类型是指：类除了实现它的"基本类型"之外，还可以实现这个 mixin 类型，以表明它提供了某些可供选择的行为。例如，Comparable 是一个 mixin 接口，它允许类表明它的实例可以与其他的可相互比较的对象进行排序。这样的接口之所以被称为 mixin，是因为它允许任选的功能可被混合到类型的主要功能中。抽象类不能被用于定义 mixin，同样也是因为它们不能被更新到现有的类中：类不可能有一个以上的父类，类层次结构中也没有适当的地方来插入 mixin。

接口允许构造非层次结构的类型框架。类型层次对于组织某些事物是非常合适的，但是其他事物并不能被整齐地组织成一个严格的层次结构。例如，假设我们有一个接口代表一个singer（歌唱家），另一个接口代表一个 songwriter（作曲家）：

```
public interface Singer {
    AudioClip sing(Song s);
}
public interface Songwriter {
    Song compose(int chartPosition);
}
```

在现实生活中，有些歌唱家本身也是作曲家。因为我们使用了接口而不是抽象类来定义这些类型，所以对于单个类而言，它同时实现 Singer 和 Songwriter 是完全允许的。实际上，我们可以定义第三个接口，它同时扩展 Singer 和 Songwriter，并添加一些适合于这种组合的新方法：

```
public interface SingerSongwriter extends Singer, Songwriter {
    AudioClip strum();
    void actSensitive();
}
```

也许并非总是需要这种灵活性，但是一旦这样做了，接口可就成了救世主。另外一种做法是编写一个臃肿（bloated）的类层次，对于每一种要被支持的属性组合，都包含一个单独的类。如果在整个类型系统中有 n 个属性，那么就必须支持 2^n 种可能的组合。这种现象被称为"组合爆炸"（combinatorial explosion）。类层次臃肿会导致类也臃肿，这些类包含许多方法，并且这些方法只是在参数的类型上有所不同而已，因为类层次中没有任何类型体现了公共的行为特征。

通过第 18 条中介绍的包装类（wrapper class）模式，接口使得安全地增强类的功能成为可能。如果使用抽象类来定义类型，那么程序员除了使用继承的手段来增加功能，再没有其他的选择了。这样得到的类与包装类相比，功能更差，也更加脆弱。

当一个接口方法根据其他接口方法有了明显的实现时，可以考虑以缺省方法的形式为程序员提供实现协助。关于这种方法的范例，请参考第 21 条中的 removeIf 方法。如果提供了缺省方法，要确保利用 Javadoc 标签 @implSpec 建立文档（详见第 19 条）。

通过缺省方法可以提供的实现协助是有限的。虽然许多接口都定义了 Object 方法的行为，如 equals 和 hashCode，但是不允许给它们提供缺省方法。而且接口中不允许包含实例域或者非公有的静态成员（私有的静态方法除外）。最后一点，无法给不受你控制的接口添加缺省方法。

但是，通过对接口提供一个抽象的骨架实现（skeletal implementation）类，可以把接口和抽象类的优点结合起来。接口负责定义类型，或许还提供一些缺省方法，而骨架实现类则负责实现除基本类型接口方法之外，剩下的非基本类型接口方法。扩展骨架实现占了实现接口之外的大部分工作。这就是模板方法（Template Method）模式 [Gamma95]。

按照惯例，骨架实现类被称为 Abstract*Interface*，这里的 Interface 是指所实现的接口的名字。例如，Collections Framework 为每个重要的集合接口都提供了一个骨架实现，包括 AbstractCollection、AbstractSet、AbstractList 和 AbstractMap。将它们称作 Skeletal-Collection、SkeletalSet、SkeletalList 和 SkeletalMap 也是有道理的，但是现在 Abstract 的用法已经根深蒂固。如果设计得当，骨架实现（无论是单独一个抽象类，还是接口中唯一包含的缺省方法）可以使程序员非常容易地提供他们自己的接口实现。例如，下面是一个静态工厂方法，除 AbstractList 之外，它还包含了一个完整的、功能全面的 List 实现：

```java
// Concrete implementation built atop skeletal implementation
static List<Integer> intArrayAsList(int[] a) {
    Objects.requireNonNull(a);

    // The diamond operator is only legal here in Java 9 and later
    // If you're using an earlier release, specify <Integer>
    return new AbstractList<>() {
        @Override public Integer get(int i) {
            return a[i];  // Autoboxing (Item 6)
        }

        @Override public Integer set(int i, Integer val) {
            int oldVal = a[i];
            a[i] = val;      // Auto-unboxing
            return oldVal;   // Autoboxing
        }

        @Override public int size() {
            return a.length;
        }
    };
}
```

如果想知道一个 List 实现应该为你完成哪些工作，这个例子就充分演示了骨架实现的强大功能。顺便提一下，这个例子是个 *Adapter*[Gamma95]，它允许将 int 数组看作 Integer 实例的列表。由于在 int 值和 Integer 实例之间来回转换需要开销，它的性能不会很好。注意，这个实现采用了匿名类（anonymous class）的形式（详见第 24 条）。

骨架实现类的美妙之处在于，它们为抽象类提供了实现上的帮助，但又不强加"抽象类被用作类型定义时"所特有的严格限制。对于接口的大多数实现来讲，扩展骨架实现类是个很显然的选择，但并不是必须的。如果预置的类无法扩展骨架实现类，这个类始终能手工实现这个接口。同时，这个类本身仍然受益于接口中出现的任何缺省方法。此外，骨架实现类仍然有助于接口的实现。实现了这个接口的类可以把对于接口方法的调用转发到一个内部私有类的实例上，这个内部私有类扩展了骨架实现类。这种方法被称作模拟多重继承（simulated multiple inheritance），它与第 18 条中讨论过的包装类模式密切相关。这项技术具有多重继承的绝大多数优点，同时又避免了相应的缺陷。

编写骨架实现类相对比较简单，只是过程有点乏味。首先，必须认真研究接口，并确定哪些方法是最为基本的，其他的方法则可以根据它们来实现。这些基本方法将成为骨架实现类中的抽象方法。接下来，在接口中为所有可以在基本方法之上直接实现的方法提供缺省方法，但要记住，不能为 Object 方法（如 equals 和 hashCode）提供缺省方法。如果基本方法和缺省方法覆盖了接口，你的任务就完成了，不需要骨架实现类了。否则，就要编写一个类，声明实现接口，并实现所有剩下的接口方法。这个类中可以包含任何非公有的域，以及适合该任务的任何方法。

以 Map.Entry 接口为例，举个简单的例子。明显的基本方法是 getKey、getValue 和（可选的）setValue。接口定义了 equals 和 hashCode 的行为，并且有一个明显的 toString 实现。由于不允许给 Object 方法提供缺省实现，因此所有实现都放在骨架实现类中：

```java
// Skeletal implementation class
public abstract class AbstractMapEntry<K,V>
        implements Map.Entry<K,V> {
    // Entries in a modifiable map must override this method
    @Override public V setValue(V value) {
        throw new UnsupportedOperationException();
    }
    // Implements the general contract of Map.Entry.equals
    @Override public boolean equals(Object o) {
        if (o == this)
            return true;
        if (!(o instanceof Map.Entry))
            return false;
        Map.Entry<?,?> e = (Map.Entry) o;
        return Objects.equals(e.getKey(),   getKey())
            && Objects.equals(e.getValue(), getValue());
    }

    // Implements the general contract of Map.Entry.hashCode
    @Override public int hashCode() {
        return Objects.hashCode(getKey())
            ^ Objects.hashCode(getValue());
    }

    @Override public String toString() {
        return getKey() + "=" + getValue();
    }
}
```

注意，这个骨架实现不能在 Map.Entry 接口中实现，也不能作为子接口，因为不允许缺省方法覆盖 Object 方法，如 equals、hashCode 和 toString。

因为骨架实现类是为了继承的目的而设计的，所以应该遵从第 19 条中介绍的所有关于设计和文档的指导原则。为了简洁起见，上面例子中的文档注释部分被省略掉了，但是对于骨架实现类而言，好的文档绝对是非常必要的，无论它是否在接口或者单独的抽象类中包含了缺省方法。

骨架实现上有个小小的不同，就是简单实现（simple implementation），AbstractMap.

SimpleEntry 就是个例子。简单实现就像骨架实现一样，这是因为它实现了接口，并且是为了继承而设计的，但是区别在于它不是抽象的：它是最简单的可能的有效实现。你可以原封不动地使用，也可以看情况将它子类化。

总而言之，接口通常是定义允许多个实现的类型的最佳途径。如果你导出了一个重要的接口，就应该坚决考虑同时提供骨架实现类。而且，还应该尽可能地通过缺省方法在接口中提供骨架实现，以便接口的所有实现类都能使用。也就是说，对于接口的限制，通常也限制了骨架实现会采用的抽象类的形式。

第 21 条：为后代设计接口

在 Java 8 发行之前，如果不破坏现有的实现，是不可能给接口添加方法的。如果给某个接口添加了一个新的方法，一般来说，现有的实现中是没有这个方法的，因此就会导致编译错误。在 Java 8 中，增加了缺省方法（default method）构造 [JLS 9.4]，目的就是允许给现有的接口添加方法。但是给现有接口添加新方法还是充满风险的。

缺省方法的声明中包括一个缺省实现（default implementation），这是给实现了该接口但没有实现默认方法的所有类使用的。虽然 Java 中增加了缺省方法之后，可以给现有接口添加方法了，但是并不能确保这些方法在之前存在的实现中都能良好运行。因为这些默认的方法是被"注入"到现有实现中的，它们的实现者并不知道，也没有许可。在 Java 8 之前，编写这些实现时，是默认它们的接口永远不需要任何新方法的。

Java 8 在核心集合接口中增加了许多新的缺省方法，主要是为了便于使用 lambda（详见第 6 章）。Java 类库的缺省方法是高品质的通用实现，它们在大多数情况下都能正常使用。但是，并非每一个可能的实现的所有变体，始终都可以编写出一个缺省方法。

比如，以 removeIf 方法为例，它在 Java 8 中被添加到了 Collection 接口。这个方法用来移除所有元素，并用一个 boolean 函数（或者断言）返回 true。缺省实现指定用其迭代器来遍历集合，在每个元素上调用断言（predicate），并利用迭代器的 remove 方法移除断言返回值为 true 的元素。其声明大致如下：

```java
// Default method added to the Collection interface in Java 8
default boolean removeIf(Predicate<? super E> filter) {
    Objects.requireNonNull(filter);
    boolean result = false;
    for (Iterator<E> it = iterator(); it.hasNext(); ) {
        if (filter.test(it.next())) {
            it.remove();
            result = true;
        }
    }
    return result;
}
```

这是适用于 removeIf 方法的最佳通用实现，但遗憾的是，它在某些现实的 Collection 实现中会出错。比如，以 org.apache.commons.collections4.Collection.Synchronized-Collection 为例，这个类来自 Apache Commons 类库，类似于 java.util 中的静态工厂 Collections.synchronizedCollection。Apache 版本额外提供了利用客户端提供的对象（而不是用集合）进行锁定的功能。换句话说，它是一个包装类（详见第 18 条），它的所有方法在委托给包装集合之前，都在锁定对象上进行了同步。

Apache 版本的 SynchronizedCollection 类依然有人维护，但是到编写本书之时，它也没有取代 removeIf 方法。如果这个类与 Java 8 结合使用，将会继承 removeIf 的缺省实现，它不会（实际上也无法）保持这个类的基本承诺：围绕着每一个方法调用执行自动同步。缺省实现压根不知道同步这回事，也无权访问包含该锁定对象的域。如果客户在 SynchronizedCollection 实例上调用 removeIf 方法，同时另一个线程对该集合进行修改，就会导致 ConcurrentModificationException 或者其他异常行为。

为了避免在类似的 Java 平台类库实现中发生这种异常，如 Collections.synchronized-Collection 返回的包私有类，JDK 维护人员必须覆盖默认的 removeIf 实现，以及像它一样的其他方法，以便在调用缺省实现之前执行必要的同步。不属于 Java 平台组成部分的预先存在的集合实现，过去无法做出与接口变化相类似的改变，现在有些已经可以做到了。

有了缺省方法，接口的现有实现就不会出现编译时没有报错或警告，运行时却失败的情况。这个问题虽然并非普遍，但也不是孤立的意外事件。Java 8 在集合接口中添加的许多方法是极易受影响的，有些现有实现已知将会受到影响。

建议尽量避免利用缺省方法在现有接口上添加新的方法，除非有特殊需要，但就算在那样的情况下也应该慎重考虑：缺省的方法实现是否会破坏现有的接口实现。然而，在创建接口的时候，用缺省方法提供标准的方法实现是非常方便的，它简化了实现接口的任务（详见第 20 条）。

还要注意的是，缺省方法不支持从接口中删除方法，也不支持修改现有方法的签名。对接口进行这些修改肯定会破坏现有的客户端代码。

结论很明显：尽管缺省方法现在已经是 Java 平台的组成部分，但谨慎设计接口仍然是至关重要的。虽然缺省方法可以在现有接口上添加方法，但这么做还是存在着很大的风险。就算接口中只有细微的缺陷都可能永远给用户带来不愉快；假如接口有严重的缺陷，则可能摧毁包含它的 API。

因此，在发布程序之前，测试每一个新的接口就显得尤其重要。程序员应该以不同的方法实现每一个接口。最起码不应少于三种实现。编写多个客户端程序，利用每个新接口的实例来执行不同的任务，这一点也同样重要。这些步骤对确保每个接口都能满足其既定的所有用途起到了很大的帮助。它还有助于在接口发布之前及时发现其中的缺陷，使你依然能够轻松地把它们纠正过来。或许接口程序发布之后也能纠正，但是千万别指望它啦！

第 22 条：接口只用于定义类型

当类实现接口时，接口就充当可以引用这个类的实例的类型（type）。因此，类实现了接口，就表明客户端可以对这个类的实例实施某些动作。为了任何其他目的而定义接口是不恰当的。

有一种接口被称为常量接口（constant interface），它不满足上面的条件。这种接口不包含任何方法，它只包含静态的 final 域，每个域都导出一个常量。使用这些常量的类实现这个接口，以避免用类名来修饰常量名。下面举个例子：

```java
// Constant interface antipattern - do not use!
public interface PhysicalConstants {
    // Avogadro's number (1/mol)
    static final double AVOGADROS_NUMBER   = 6.022_140_857e23;

    // Boltzmann constant (J/K)
    static final double BOLTZMANN_CONSTANT = 1.380_648_52e-23;

    // Mass of the electron (kg)
    static final double ELECTRON_MASS      = 9.109_383_56e-31;
}
```

常量接口模式是对接口的不良使用。类在内部使用某些常量，这纯粹是实现细节。实现常量接口会导致把这样的实现细节泄露到该类的导出 API 中。类实现常量接口对于该类的用户而言并没有什么价值。实际上，这样做反而会使他们更加糊涂。更糟糕的是，它代表了一种承诺：如果在将来的发行版本中，这个类被修改了，它不再需要使用这些常量了，它依然必须实现这个接口，以确保二进制兼容性。如果非 final 类实现了常量接口，它的所有子类的命名空间也会被接口中的常量所"污染"。

在 Java 平台类库中有几个常量接口，例如 `java.io.ObjectStreamConstants`。这些接口应该被认为是反面的典型，不值得效仿。

如果要导出常量，可以有几种合理的选择方案。如果这些常量与某个现有的类或者接口紧密相关，就应该把这些常量添加到这个类或者接口中。例如，在 Java 平台类库中所有的数值包装类，如 `Integer` 和 `Double`，都导出了 `MIN_VALUE` 和 `MAX_VALUE` 常量。如果这些常量最好被看作枚举类型的成员，就应该用枚举类型（enum type）（详见第 34 条）来导出这些常量。否则，应该使用不可实例化的工具类（utility class）（详见第 4 条）来导出这些常量。下面的例子是前面的 `PhysicalConstants` 例子的工具类翻版：

```
// Constant utility class
package com.effectivejava.science;

public class PhysicalConstants {
  private PhysicalConstants() { }  // Prevents instantiation

  public static final double AVOGADROS_NUMBER = 6.022_140_857e23;
  public static final double BOLTZMANN_CONST  = 1.380_648_52e-23;
  public static final double ELECTRON_MASS    = 9.109_383_56e-31;
}
```

注意，有时候会在数字的字面量中使用下划线（_）。从 Java 7 开始，下划线的使用已经合法了，它对数字字面量的值没有影响，如果使用得当，还可以极大地提升它们的可读性。如果其中包含五个或五个以上连续的数字，无论是浮点还是定点，都要考虑在数字的字面量中添加下划线。对于基数为 10 的字面量，无论是整数还是浮点，都应该用下划线把数字隔成每三位一组，表示一千的正负倍数。

工具类通常要求客户端要用类名来修饰这些常量名，例如 PhysicalConstants.AVO-GADROS_NUMBER。如果大量利用工具类导出的常量，可以通过利用静态导入（static import）机制，避免用类名来修饰常量名：

```
// Use of static import to avoid qualifying constants
import static com.effectivejava.science.PhysicalConstants.*;

public class Test {
    double atoms(double mols) {
        return AVOGADROS_NUMBER * mols;
    }
    ...
    // Many more uses of PhysicalConstants justify static import
}
```

简而言之，接口应该只被用来定义类型，它们不应该被用来导出常量。

第 23 条：类层次优于标签类

有时可能会遇到带有两种甚至更多种风格的实例的类，并包含表示实例风格的标签（tag）域。例如，以下面这个类为例，它能够表示圆形或者矩形：

```
// Tagged class - vastly inferior to a class hierarchy!
class Figure {
    enum Shape { RECTANGLE, CIRCLE };

    // Tag field - the shape of this figure
    final Shape shape;

    // These fields are used only if shape is RECTANGLE
    double length;
    double width;
```

```
    // This field is used only if shape is CIRCLE
    double radius;

    // Constructor for circle
    Figure(double radius) {
        shape = Shape.CIRCLE;
        this.radius = radius;
    }

    // Constructor for rectangle
    Figure(double length, double width) {
        shape = Shape.RECTANGLE;
        this.length = length;
        this.width = width;
    }

    double area() {
        switch(shape) {
          case RECTANGLE:
            return length * width;
          case CIRCLE:
            return Math.PI * (radius * radius);
          default:
            throw new AssertionError(shape);
        }
    }
}
```

　　这种标签类（tagged class）有许多缺点。它们中充斥着样板代码，包括枚举声明、标签域以及条件语句。由于多个实现乱七八糟地挤在单个类中，破坏了可读性。由于实例承担着属于其他风格的不相关的域，因此内存占用也增加了。域不能做成 final 的，除非构造器初始化了不相关的域，产生了更多的样板代码。构造器必须不借助编译器来设置标签域，并初始化正确的数据域：如果初始化了错误的域，程序就会在运行时失败。无法给标签类添加风格，除非可以修改它的源文件。如果一定要添加风格，就必须记得给每个条件语句都添加一个条件，否则类就会在运行时失败。最后，实例的数据类型没有提供任何关于其风格的线索。一句话，标签类过于冗长、容易出错，并且效率低下。

　　幸运的是，面向对象的语言（如 Java）提供了其他更好的方法来定义能表示多种风格对象的单个数据类型：子类型化（subtyping）。标签类正是对类层次的一种简单的仿效。

　　为了将标签类转变成类层次，首先要为标签类中的每个方法都定义一个包含抽象方法的抽象类，标签类的行为依赖于标签值。在 Figure 类中，只有一个这样的方法：area。这个抽象类是类层次的根（root）。如果还有其他的方法其行为不依赖于标签的值，就把这样的方法放在这个类中。同样地，如果所有的方法都用到了某些数据域，就应该把它们放在这个类中。在 Figure 类中，不存在这种类型独立的方法或者数据域。

　　接下来，为每种原始标签类都定义根类的具体子类。在前面的例子中，这样的类型有两个：圆形（circle）和矩形（rectangle）。在每个子类中都包含特定于该类型的数据域。在我们的示例中，radius 是特定于圆形的，length 和 width 是特定于矩形的。同时在每个子类中还包括针对根类中每个抽象方法的相应实现。以下是与原始的 Figure 类相对应的类层次：

```
// Class hierarchy replacement for a tagged class
abstract class Figure {
    abstract double area();
}

class Circle extends Figure {
    final double radius;

    Circle(double radius) { this.radius = radius; }

    @Override double area() { return Math.PI * (radius * radius); }
}

class Rectangle extends Figure {
    final double length;
    final double width;

    Rectangle(double length, double width) {
        this.length = length;
        this.width  = width;
    }
    @Override double area() { return length * width; }
}
```

这个类层次纠正了前面提到过的标签类的所有缺点。这段代码简单且清楚，不包含在原来的版本中见到的所有样板代码。每个类型的实现都配有自己的类，这些类都没有受到不相关数据域的拖累。所有的域都是 final 的。编译器确保每个类的构造器都初始化它的数据域，对于根类中声明的每个抽象方法都确保有一个实现。这样就杜绝了由于遗漏 switch case 而导致运行时失败的可能性。多名程序员可以独立地扩展层次结构，并且不用访问根类的源代码就能相互操作。每种类型都有一种相关的独立的数据类型，允许程序员指明变量的类型，限制变量，并将参数输入到特殊的类型。

类层次的另一个好处在于，它们可以用来反映类型之间本质上的层次关系，有助于增强灵活性，并有助于更好地进行编译时类型检查。假设上述例子中的标签类也允许表达正方形。类层次可以反映出正方形是一种特殊的矩形这一事实（假设两者都是不可变的）：

```
class Square extends Rectangle {
    Square(double side) {
        super(side, side);
    }
}
```

注意，上述层次中的域被直接访问，而不是通过访问方法访问。这是为了简洁起见，如果层次结构是公有的（详见第 16 条），则不允许这样做。

简而言之，标签类很少有适用的时候。当你想要编写一个包含显式标签域的类时，应该考虑一下，这个标签是否可以取消，这个类是否可以用类层次来代替。当你遇到一个包含标签域的现有类时，就要考虑将它重构到一个层次结构中去。

第 24 条：静态成员类优于非静态成员类

嵌套类（nested class）是指定义在另一个类内部的类。嵌套类存在的目的应该只是为它的外围类（enclosing class）提供服务。如果嵌套类将来可能会用于其他的某个环境中，它就应该是顶层类（top-level class）。嵌套类有四种：静态成员类（static member class）、非静态成员类（nonstatic member class）、匿名类（anonymous class）和局部类（local class）。除了第一种之外，其他三种都称为内部类（inner class）。本条目将告诉你什么时候应该使用哪种嵌套类，以及这样做的原因。

静态成员类是最简单的一种嵌套类。最好把它看作是普通的类，只是碰巧被声明在另一个类的内部而已，它可以访问外围类的所有成员，包括那些声明为私有的成员。静态成员类是外围类的一个静态成员，与其他的静态成员一样，也遵守同样的可访问性规则。如果它被声明为私有的，它就只能在外围类的内部才可以被访问，等等。

静态成员类的一种常见用法是作为公有的辅助类，只有与它的外部类一起使用才有意义。例如，以枚举为例，它描述了计算器支持的各种操作（详见第 34 条）。`Operation` 枚举应该是 `Calculator` 类的公有静态成员类，之后 `Calculator` 类的客户端就可以用诸如 `Calculator.Operation.PLUS` 和 `Calculator.Operation.MINUS` 这样的名称来引用这些操作。

从语法上讲，静态成员类和非静态成员类之间唯一的区别是，静态成员类的声明中包含修饰符 `static`。尽管它们的语法非常相似，但是这两种嵌套类有很大的不同。非静态成员类的每个实例都隐含地与外围类的一个外围实例（enclosing instance）相关联。在非静态成员类的实例方法内部，可以调用外围实例上的方法，或者利用修饰过的 this（qualified this）构造获得外围实例的引用 [JLS, 15.8.4]。如果嵌套类的实例可以在它外围类的实例之外独立存在，这个嵌套类就必须是静态成员类：在没有外围实例的情况下，要想创建非静态成员类的实例是不可能的。

当非静态成员类的实例被创建的时候，它和外围实例之间的关联关系也随之被建立起来；而且，这种关联关系以后不能被修改。通常情况下，当在外围类的某个实例方法的内部调用非静态成员类的构造器时，这种关联关系被自动建立起来。使用表达式 `enclosing-Instance.new MemberClass(args)` 来手工建立这种关联关系也是有可能的，但是很少使用。正如你所预料的那样，这种关联关系需要消耗非静态成员类实例的空间，并且会增加构造的时间开销。

非静态成员类的一种常见用法是定义一个 *Adapter*[Gamma95]，它允许外部类的实例被看作是另一个不相关的类的实例。例如，Map 接口的实现往往使用非静态成员类来实现它们的集合视图（collection view），这些集合视图是由 Map 的 keySet、entrySet 和 values 方法返回的。同样地，诸如 Set 和 List 这种集合接口的实现往往也使用非静态成员类来实现它们的迭代器（iterator）：

```java
// Typical use of a nonstatic member class
public class MySet<E> extends AbstractSet<E> {
    ... // Bulk of the class omitted

    @Override public Iterator<E> iterator() {
        return new MyIterator();
    }

    private class MyIterator implements Iterator<E> {
        ...
    }
}
```

如果声明成员类不要求访问外围实例，就要始终把修饰符 static 放在它的声明中，使它成为静态成员类，而不是非静态成员类。如果省略了 static 修饰符，则每个实例都将包含一个额外的指向外围对象的引用。如前所述，保存这份引用要消耗时间和空间，并且会导致外围实例在符合垃圾回收（详见第 7 条）时却仍然得以保留。由此造成的内存泄漏可能是灾难性的。但是常常难以发现，因为这个引用是不可见的。

私有静态成员类的一种常见用法是代表外围类所代表的对象的组件。以 Map 实例为例，它把键（key）和值（value）关联起来。许多 Map 实现的内部都有一个 Entry 对象，对应于 Map 中的每个键 - 值对。虽然每个 entry 都与一个 Map 关联，但是 entry 上的方法（getKey、getValue 和 setValue）并不需要访问该 Map。因此，使用非静态成员类来表示 entry 是很浪费的：私有的静态成员类是最佳的选择。如果不小心漏掉了 entry 声明中的 static 修饰符，该 Map 仍然可以工作，但是每个 entry 中将会包含一个指向该 Map 的引用，这样就浪费了空间和时间。

如果相关的类是导出类的公有或受保护的成员，毫无疑问，在静态和非静态成员类之间做出正确的选择是非常重要的。在这种情况下，该成员类就是导出的 API 元素，在后续的发行版本中，如果不违反向后兼容性，就无法从非静态成员类变为静态成员类。

顾名思义，匿名类是没有名字的。它不是外围类的一个成员。它并不与其他的成员一起被声明，而是在使用的同时被声明和实例化。匿名类可以出现在代码中任何允许存在表达式的地方。当且仅当匿名类出现在非静态的环境中时，它才有外围实例。但是即使它们出现在静态的环境中，也不可能拥有任何静态成员，而是拥有常数变量（constant variable），常数变量是 final 基本类型，或者被初始化成常量表达式 [JLS, 4.12.4] 的字符串域。

匿名类的运用受到诸多的限制。除了在它们被声明的时候之外，是无法将它们实例化的。不能执行 instanceof 测试，或者做任何需要命名类的其他事情。无法声明一个匿名类来实现多个接口，或者扩展一个类，并同时扩展类和实现接口。除了从超类型中继承得到之外，匿名类的客户端无法调用任何成员。由于匿名类出现在表达式中，它们必须保持简短（大约 10 行或者更少），否则会影响程序的可读性。

在 Java 中增加 lambda（详见第 6 章）之前，匿名类是动态地创建小型函数对象（function object）和过程对象（process object）的最佳方式，但是现在会优先选择 lambda（详见第 42 条）。匿名类的另一种常见用法是在静态工厂方法的内部（参见第 20 条中的 intArrayAsList 方法）。

局部类是四种嵌套类中使用最少的类。在任何 "可以声明局部变量" 的地方，都可以声明局部类，并且局部类也遵守同样的作用域规则。局部类与其他三种嵌套类中的每一种都有一些共同的属性。与成员类一样，局部类有名字，可以被重复使用。与匿名类一样，只有当局部类是在非静态环境中定义的时候，才有外围实例，它们也不能包含静态成员。与匿名类一样，它们必须非常简短，以便不会影响可读性。

总而言之，共有四种不同的嵌套类，每一种都有自己的用途。如果一个嵌套类需要在单个方法之外仍然是可见的，或者它太长了，不适合放在方法内部，就应该使用成员类。如果成员类的每个实例都需要一个指向其外围实例的引用，就要把成员类做成非静态的；否则，就做成静态的。假设这个嵌套类属于一个方法的内部，如果你只需要在一个地方创建实例，并且已经有了一个预置的类型可以说明这个类的特征，就要把它做成匿名类；否则，就做成局部类。

第 25 条：限制源文件为单个顶级类

虽然 Java 编译器允许在一个源文件中定义多个顶级类，但这么做并没有什么好处，只会带来巨大的风险。因为在一个源文件中定义多个顶级类，可能导致给一个类提供多个定义。哪一个定义会被用到，取决于源文件被传给编译器的顺序。

为了更具体地说明，下面举个例子，这个源文件中只包含一个 Main 类，它将引用另外两个顶级类（Utensil 和 Dessert）的成员：

```java
public class Main {
    public static void main(String[] args) {
        System.out.println(Utensil.NAME + Dessert.NAME);
    }
}
```

现在假设你在一个名为 Utensil.java 的源文件中同时定义了 Utensil 和 Dessert：

```
// Two classes defined in one file. Don't ever do this!
class Utensil {
    static final String NAME = "pan";
}

class Dessert {
    static final String NAME = "cake";
}
```

当然，主程序会打印出"pancake"。

现在假设你不小心在另一个名为 Dessert.java 的源文件中也定义了同样的两个类：

```
// Two classes defined in one file. Don't ever do this!
class Utensil {
    static final String NAME = "pot";
}

class Dessert {
    static final String NAME = "pie";
}
```

如果你侥幸是用命令 javac Main.java Dessert.java 来编译程序，那么编译就会失败，此时编译器会提醒你定义了多个 Utensil 和 Dessert 类。这是因为编译器会先编译 Main.java，当它看到 Utensil 的引用（在 Dessert 引用之前），就会在 Utensil.java 中查看这个类，结果找到 Utensil 和 Dessert 这两个类。当编译器在命令行遇到 Dessert.java 时，也会去查找该文件，结果会遇到 Utensil 和 Dessert 这两个定义。

如果用命令 javac Main.java 或者 javac Main.java Utensil.java 编译程序，结果将如同你还没有编写 Dessert.java 文件一样，输出 pancake。但如果是用命令 javac Dessert.java Main.java 编译程序，就会输出 potpie。程序的行为受源文件被传给编译器的顺序影响，这显然是让人无法接受的。

这个问题的修正方法很简单，只要把顶级类（在本例中是指 Utensil 和 Dessert）分别放入独立的源文件即可。如果一定要把多个顶级类放进一个源文件中，就要考虑使用静态成员类（详见第 24 条），以此代替将这两个类分到独立源文件中去。如果这些类服从于另一个类，那么将它们做成静态成员类通常比较好，因为这样增强了代码的可读性，如果将这些类声明为私有的（详见第 15 条），还可以使它们减少被读取的概率。以下就是做成静态成员类的范例：

```
// Static member classes instead of multiple top-level classes
public class Test {
    public static void main(String[] args) {
        System.out.println(Utensil.NAME + Dessert.NAME);
    }
```

```
    private static class Utensil {
        static final String NAME = "pan";
    }

    private static class Dessert {
        static final String NAME = "cake";
    }
}
```

结论显而易见：永远不要把多个顶级类或者接口放在一个源文件中。遵循这个规则可以确保编译时一个类不会有多个定义。这么做反过来也能确保编译产生的类文件，以及程序结果的行为，都不会受到源文件被传给编译器时的顺序的影响。

Effective

泛 型

从 Java 5 开始，泛型（generic）已经成了 Java 编程语言的一部分。在没有泛型之前，从集合中读取到的每一个对象都必须进行转换。如果有人不小心插入了类型错误的对象，在运行时的转换处理就会出错。有了泛型之后，你可以告诉编译器每个集合中接受哪些对象类型。编译器自动为你的插入进行转换，并在编译时告知是否插入了类型错误的对象。这样可以使程序更加安全，也更加清楚，但是要享有这些优势（不限于集合）有一定的难度。本章就是教你如何最大限度地享有这些优势，又能使整个过程尽可能简单化。

第 26 条：请不要使用原生态类型

首先介绍一些术语。声明中具有一个或者多个类型参数（type parameter）的类或者接口，就是泛型（generic）类或者接口 [JLS, 8.1.2, 9.1.2]。例如，List 接口就只有单个类型参数 E，表示列表的元素类型。这个接口的全称是 List<E>（读作 "E 的列表"），但是人们经常把它简称为 List。泛型类和接口统称为泛型（generic type）。

每一种泛型定义一组参数化的类型（parameterized type），构成格式为：先是类或者接口的名称，接着用尖括号（<>）把对应于泛型形式类型参数的实际类型参数（actual type paramter）列表 [JLS，4.4，4.5] 括起来。例如，List<String>（读作"字符串列表"）是一个参数化的类型，表示元素类型为 String 的列表。（String 是与形式的类型参数 E 相对应的实际类型参数。）

最后一点，每一种泛型都定义一个原生态类型（raw type），即不带任何实际类型参数的泛型名称 [JLS，4.8]。例如，与 List<E> 相对应的原生态类型是 List。原生态类型就像从类型声明中删除了所有泛型信息一样。它们的存在主要是为了与泛型出现之前的代码相兼容。

在 Java 增加泛型之前，下面这个集合声明是值得参考的。从 Java 9 开始，它依然合法，但是已经没什么参考价值了：

```
// Raw collection type - don't do this!

// My stamp collection. Contains only Stamp instances.
private final Collection stamps = ... ;
```

如果现在使用这条声明，并且不小心将一个 coin 放进了 stamp 集合中，这一错误的插入照样得以编译和运行，不会出错（不过编译器确实会发出一条模糊的警告信息）：

```
// Erroneous insertion of coin into stamp collection
stamps.add(new Coin( ... )); // Emits "unchecked call" warning
```

直到从 stamp 集合中获取 coin 时才会收到一条错误提示：

```
// Raw iterator type - don't do this!
for (Iterator i = stamps.iterator(); i.hasNext(); )
    Stamp stamp = (Stamp) i.next(); // Throws ClassCastException
        stamp.cancel();
```

如本书中经常提到的，出错之后应该尽快发现，最好是编译时就发现。在本例中，直到运行时才发现错误，已经出错很久了，而且它在代码中所处的位置，距离包含错误的这部分代码已经很远了。一旦发现 ClassCastException，就必须搜索代码，查找将 coin 放进 stamp 集合的方法调用。此时编译器帮不上忙，因为它无法理解这种注释："Contains only Stamp instances"（只包含 Stamp 实例）。

有了泛型之后，类型声明中可以包含以下信息，而不是注释：

```
// Parameterized collection type - typesafe
private final Collection<Stamp> stamps = ... ;
```

通过这条声明，编译器知道 stamps 应该只包含 Stamp 实例，并给予保证（guarantee），假设整个代码库在编译过程中都没有发出（或者隐瞒，详见第 27 条）任何警告。当 stamps 利用一个参数化的类型进行声明时，错误的插入会产生一条编译时的错误消息，告诉你具体是哪里出错了：

```
Test.java:9: error: incompatible types: Coin cannot be converted
to Stamp
    c.add(new Coin());
          ^
```

从集合中检索元素时，编译器会替你插入隐式的转换，并确保它们不会失败（依然假设所有代码都没有产生或者隐瞒任何编译警告）。假设不小心将 coin 插入 stamp 集合，这显得有点牵强，但这类问题却是真实的。例如，很容易想象有人会不小心将一个 BigInteger 实例放进一个原本只包含 BigDecimal 实例的集合中。

如上所述，使用原生态类型（没有类型参数的泛型）是合法的，但是永远不应该这么做。如果使用原生态类型，就失掉了泛型在安全性和描述性方面的所有优势。既然不应该使用原生态类型，为什么 Java 语言的设计者还要允许使用它们呢？这是为了提供兼容性。因为泛型出现的时候，Java 平台即将进入它的第二个十年，已经存在大量没有使用泛型的 Java 代码。人们认为让所有这些代码保持合法，并且能够与使用泛型的新代码互用，这一点很重要。它必须合法才能将参数化类型的实例传递给那些被设计成使用普通类型的方法，反之亦然。这种需求被称作移植兼容性（Migration Compatibility），促成了支持原生态类型，以及利用擦除（erasure）（详见第 28 条）实现泛型的决定。

虽然不应该在新代码中使用像 List 这样的原生态类型，使用参数化的类型以允许插入任意对象（比如 List<Object>）是可行的。原生态类型 List 和参数化的类型 List<Object> 之间到底有什么区别呢？不严格地说，前者逃避了泛型检查，后者则明确告知编译器，它能够持有任意类型的对象。虽然可以将 List<String> 传递给类型 List 的参数，但是不能将它传给类型 List<Object> 的参数。泛型有子类型化（subtyping）的规则，List<String> 是原生态类型 List 的一个子类型，而不是参数化类型 List<Object> 的子类型（详见第 28 条）。因此，如果使用像 List 这样的原生态类型，就会失掉类型安全性，但是如果使用像 List<Object> 这样的参数化类型，则不会。

为了更具体地进行说明，请参考下面的程序：

```java
// Fails at runtime - unsafeAdd method uses a raw type (List)!
public static void main(String[] args) {
    List<String> strings = new ArrayList<>();
    unsafeAdd(strings, Integer.valueOf(42));
    String s = strings.get(0); // Has compiler-generated cast
}

private static void unsafeAdd(List list, Object o) {
    list.add(o);
}
```

这段程序可以进行编译，但是因为它使用了原生态类型 List，你会收到一条警告：

```
Test.java:10: warning: [unchecked] unchecked call to add(E) as a
member of the raw type List
    list.add(o);
           ^
```

实际上，如果运行这段程序，在程序试图将 `strings.get(0)` 的调用结果 `Integer`
转换成 `String` 时，你会收到一个 `ClassCastException` 异常。这是一个编译器生成的
转换，因此一般保证会成功，但是我们在这个例子中忽略了一条编译器警告，为此付出了
代价。

如果在 `unsafeAdd` 声明中用参数化类型 `List<Object>` 代替原生态类型 `List`，并试着
重新编译这段程序，会发现它无法再进行编译了，并发出以下错误消息：

```
Test.java:5: error: incompatible types: List<String> cannot be
converted to List<Object>
    unsafeAdd(strings, Integer.valueOf(42));
             ^
```

在不确定或者不在乎集合中的元素类型的情况下，你也许会使用原生态类型。例如，假
设想要编写一个方法，它有两个集合，并从中返回它们共有元素的数量。如果你对泛型还不
熟悉，可以参考以下方式来编写这种方法：

```
// Use of raw type for unknown element type - don't do this!
static int numElementsInCommon(Set s1, Set s2) {
    int result = 0;
    for (Object o1 : s1)
        if (s2.contains(o1))
            result++;
    return result;
}
```

这个方法可行，但它使用了原生态类型，这是很危险的。安全的替代做法是使用无限
制的通配符类型（unbounded wildcard type）。如果要使用泛型，但不确定或者不关心实际
的类型参数，就可以用一个问号代替。例如，泛型 `Set<E>` 的无限制通配符类型为 `Set<?>`
（读作"某个类型的集合"）。这是最普通的参数化 `Set` 类型，可以持有任何集合。下面是
`numElementsInCommon` 方法使用了无限制通配符类型时的情形：

```
// Uses unbounded wildcard type - typesafe and flexible
static int numElementsInCommon(Set<?> s1, Set<?> s2) { ... }
```

无限制通配类型 `Set<?>` 和原生态类型 `Set` 之间有什么区别呢？这个问号真正起到作用
了吗？这一点不需要赘述，但通配符类型是安全的，原生态类型则不安全。由于可以将任何
元素放进使用原生态类型的集合中，因此很容易破坏该集合的类型约束条件（如之前范例中
所示的 `unsafeAdd` 方法）；但不能将任何元素（除了 `null` 之外）放到 `Collection<?>` 中。

如果尝试这么做，将会产生一条像这样的编译时错误消息：

```
WildCard.java:13: error: incompatible types: String cannot be
converted to CAP#1
    c.add("verboten");
          ^
 where CAP#1 is a fresh type-variable:
    CAP#1 extends Object from capture of ?
```

这样的错误消息显然无法令人满意，但是编译器已经尽到了它的职责，防止你破坏集合的类型约束条件。你不仅无法将任何元素（除了 null 之外）放进 Collection<?> 中，而且根本无法猜测你会得到哪种类型的对象。要是无法接受这些限制，就可以使用泛型方法（详见第 30 条）或者有限制的通配符类型（详见第 31 条）。

不要使用原生态类型，这条规则有几个小小的例外。必须在类文字（class literal）中使用原生态类型。规范不允许使用参数化类型（虽然允许数组类型和基本类型）[JLS, 15.8.2]。换句话说，List.class、String[].class 和 int.class 都合法，但是 List<String.class 和 List<?>.class 则不合法。

这条规则的第二个例外与 instanceof 操作符有关。由于泛型信息可以在运行时被擦除，因此在参数化类型而非无限制通配符类型上使用 instanceof 操作符是非法的。用无限制通配符类型代替原生态类型，对 instanceof 操作符的行为不会产生任何影响。在这种情况下，尖括号（<>）和问号（?）就显得多余了。下面是利用泛型来使用 instanceof 操作符的首选方法：

```
// Legitimate use of raw type - instanceof operator
if (o instanceof Set) {        // Raw type
    Set<?> s = (Set<?>) o;     // Wildcard type
    ...
}
```

注意，一旦确定这个 o 是个 Set，就必须将它转换成通配符类型 Set<?>，而不是转换成原生态类型 Set。这是个受检的（checked）转换，因此不会导致编译时警告。

总而言之，使用原生态类型会在运行时导致异常，因此不要使用。原生态类型只是为了与引入泛型之前的遗留代码进行兼容和互用而提供的。让我们做个快速的回顾：Set<Object> 是个参数化类型，表示可以包含任何对象类型的一个集合；Set<?> 则是一个通配符类型，表示只能包含某种未知对象类型的一个集合；Set 是一个原生态类型，它脱离了泛型系统。前两种是安全的，最后一种不安全。

为便于参考，在下表中概括了本条目中所介绍的术语（及本章后续条目中将要介绍的一些术语）：

术　语	范　例	条　目
参数化的类型	List<String>	第 26 条
实际类型参数	String	第 26 条
泛型	List<E>	第 26 条和第 29 条
形式类型参数	E	第 26 条
无限制通配符类型	List<?>	第 26 条
原生态类型	List	第 26 条
有限制类型参数	<E extends Number>	第 29 条
递归类型限制	<T extends Comparable<T>>	第 30 条
有限制通配符类型	List<? extends Number>	第 31 条
泛型方法	static <E> List<E> asList(E[] a)	第 30 条
类型令牌	String.class	第 33 条

第 27 条：消除非受检的警告

用泛型编程时会遇到许多编译器警告：非受检转换警告（unchecked cast warning）、非
受检方法调用警告、非受检参数化可变参数类型警告（unchecked parameterized vararg type
warning），以及非受检转换警告（unchecked conversion warning）。当你越来越熟悉泛型
之后，遇到的警告也会越来越少，但是不要期待一开始用泛型编写代码就可以正确地进行
编译。

有许多非受检警告很容易消除。例如，假设意外地编写了这样一个声明：

```
Set<Lark> exaltation = new HashSet();
```

编译器会细致地提醒你哪里出错了：

```
Venery.java:4: warning: [unchecked] unchecked conversion
        Set<Lark> exaltation = new HashSet();
                               ^
  required: Set<Lark>
  found:    HashSet
```

你就可以纠正所显示的错误，消除警告。注意，不必真正去指定类型参数，只需要用在
Java 7 中开始引入的菱形操作符（diamond operator）（<>）将它括起来即可。随后编译器就会
推测出正确的实际类型参数（在本例中是 Lark）：

```
Set<Lark> exaltation = new HashSet<>();
```

有些警告非常难以消除。本章主要介绍这种警告示例。当你遇到需要进行一番思考的

警告时，要坚持住！要尽可能地消除每一个非受检警告。如果消除了所有警告，就可以确保代码是类型安全的，这是一件很好的事情。这意味着不会在运行时出现 Class-Cast-Exception 异常，你会更加自信自己的程序可以实现预期的功能。

如果无法消除警告，同时可以证明引起警告的代码是类型安全的，（只有在这种情况下）才可以用一个 @SuppressWarnings("unchecked") 注解来禁止这条警告。如果在禁止警告之前没有先证实代码是类型安全的，那就只是给你自己一种错误的安全感而已。代码在编译的时候可能没有出现任何警告，但它在运行时仍然会抛出 ClassCastException 异常。但是如果忽略（而不是禁止）明知道是安全的非受检警告，那么当新出现一条真正有问题的警告时，你也不会注意到。新出现的警告就会淹没在所有的错误警告声当中。

SuppressWarnings 注解可以用在任何粒度的级别中，从单独的局部变量声明到整个类都可以。应该始终在尽可能小的范围内使用 SuppressWarnings 注解。它通常是个变量声明，或是非常简短的方法或构造器。永远不要在整个类上使用 SuppressWarnings，这么做可能会掩盖重要的警告。

如果你发现自己在长度不止一行的方法或者构造器中使用了 SuppressWarnings 注解，可以将它移到一个局部变量的声明中。虽然你必须声明一个新的局部变量，不过这么做还是值得的。例如，看看 ArrayList 类当中的 toArray 方法：

```
public <T> T[] toArray(T[] a) {
    if (a.length < size)
        return (T[]) Arrays.copyOf(elements, size, a.getClass());
    System.arraycopy(elements, 0, a, 0, size);
    if (a.length > size)
        a[size] = null;
    return a;
}
```

如果编译 ArrayList，该方法就会产生成这条警告：

```
ArrayList.java:305: warning: [unchecked] unchecked cast
        return (T[]) Arrays.copyOf(elements, size, a.getClass());
                                  ^
  required: T[]
  found:    Object[]
```

将 SuppressWarnings 注解放在 return 语句中是不合法的，因为它不是声明 [JLS, 9.7]。你可以试着将注解放在整个方法上，但是在实践中千万不要这么做，而是应该声明一个局部变量来保存返回值，并注解其声明，像这样：

```
// Adding local variable to reduce scope of @SuppressWarnings
public <T> T[] toArray(T[] a) {
    if (a.length < size) {
        // This cast is correct because the array we're creating
        // is of the same type as the one passed in, which is T[].
```

```
        @SuppressWarnings("unchecked") T[] result =
            (T[]) Arrays.copyOf(elements, size, a.getClass());
        return result;
    }
    System.arraycopy(elements, 0, a, 0, size);
    if (a.length > size)
        a[size] = null;
    return a;
}
```

这个方法可以正确地编译，禁止非受检警告的范围也会减到最小。

每当使用 SuppressWarnings("unchecked") 注解时，都要添加一条注释，说明为什么这么做是安全的。这样可以帮助其他人理解代码，更重要的是，可以尽量减少其他人修改代码后导致计算不安全的概率。如果你觉得这种注释很难编写，就要多加思考。最终你会发现非受检操作是非常不安全的。

总而言之，非受检警告很重要，不要忽略它们。每一条警告都表示可能在运行时抛出 ClassCastException 异常。要尽最大的努力消除这些警告。如果无法消除非受检警告，同时可以证明引起警告的代码是类型安全的，就可以在尽可能小的范围内使用 @Suppress-Warnings("unchecked") 注解禁止该警告。要用注释把禁止该警告的原因记录下来。

第 28 条: 列表优于数组

数组与泛型相比，有两个重要的不同点。首先，数组是协变的（covariant）。这个词听起来有点吓人，其实只是表示如果 Sub 为 Super 的子类型，那么数组类型 Sub[] 就是 Super[] 的子类型。相反，泛型则是可变的（invariant）：对于任意两个不同的类型 Type1 和 Type2，List<Type1> 既不是 List<Type2> 的子类型，也不是 List<Type2> 的超类型 [JLS, 4.10；Naftalin07, 2.5]。你可能认为，这意味着泛型是有缺陷的，但实际上可以说数组才是有缺陷的。下面的代码片段是合法的：

```
// Fails at runtime!
Object[] objectArray = new Long[1];
objectArray[0] = "I don't fit in"; // Throws ArrayStoreException
```

但下面这段代码则不合法：

```
// Won't compile!
List<Object> ol = new ArrayList<Long>(); // Incompatible types
ol.add("I don't fit in");
```

这其中无论哪一种方法，都不能将 String 放进 Long 容器中，但是利用数组，你会在运行时才发现所犯的错误；而利用列表，则可以在编译时就发现错误。我们当然希望在编译时就发现错误。

　　数组与泛型之间的第二大区别在于，数组是具体化的（reified）[JLS, 4.7]。因此数组会在运行时知道和强化它们的元素类型。如上所述，如果企图将 String 保存到 Long 数组中，就会得到一个 ArrayStoreException 异常。相比之下，泛型则是通过擦除（erasure）[JLS, 4.6] 来实现的。这意味着，泛型只在编译时强化它们的类型信息，并在运行时丢弃（或者擦除）它们的元素类型信息。擦除就是使泛型可以与没有使用泛型的代码随意进行互用（详见第 26 条），以确保在 Java 5 中平滑过渡到泛型。

　　由于上述这些根本的区别，因此数组和泛型不能很好地混合使用。例如，创建泛型、参数化类型或者类型参数的数组是非法的。这些数组创建表达式没有一个是合法的：new List<E>[]、new List<String>[] 和 new E[]。这些在编译时都会导致一个泛型数组创建（generic array creation）错误。

　　为什么创建泛型数组是非法的？因为它不是类型安全的。要是它合法，编译器在其他正确的程序中发生的转换就会在运行时失败，并出现一个 ClassCastException 异常。这就违背了泛型系统提供的基本保证。

　　为了更具体地对此进行说明，以下面的代码片段为例：

```
// Why generic array creation is illegal - won't compile!
List<String>[] stringLists = new List<String>[1];  // (1)
List<Integer> intList = List.of(42);               // (2)
Object[] objects = stringLists;                    // (3)
objects[0] = intList;                              // (4)
String s = stringLists[0].get(0);                  // (5)
```

　　我们假设第 1 行是合法的，它创建了一个泛型数组。第 2 行创建并初始化了一个包含单个元素的 List<Integer>。第 3 行将 List<String> 数组保存到一个 Object 数组变量中，这是合法的，因为数组是协变的。第 4 行将 List<Integer> 保存到 Object 数组里唯一的元素中，这是可以的，因为泛型是通过擦除实现的：List<Integer> 实例的运行时类型只是 List，List<String>[] 实例的运行时类型则是 List[]，因此这种安排不会产生 ArrayStoreException 异常。但现在我们有麻烦了。我们将一个 List<Integer> 实例保存到了原本声明只包含 List<String> 实例的数组中。在第 5 行中，我们从这个数组里唯一的列表中获取了唯一的元素。编译器自动地将获取到的元素转换成 String，但它是一个 Integer，因此，我们在运行时得到了一个 ClassCastException 异常。为了防止出现这种情况，（创建泛型数组的）第 1 行必须产生一条编译时错误。

　　从技术的角度来说，像 E、List<E> 和 List<String> 这样的类型应称作不可具体化的（nonreifiable）类型 [JLS, 4.7]。直观地说，不可具体化的（non-reifiable）类型是指其运行时表示法包含的信息比它的编译时表示法包含的信息更少的类型。唯一可具体化的（reifiable）参数化类型是无限制的通配符类型，如 List<?> 和 Map<?,?>（详见第 26 条）。虽然不常用，但是创建无限制通配类型的数组是合法的。

禁止创建泛型数组可能有点讨厌。例如，这表明泛型一般不可能返回它的元素类型数组（部分解决方案请见第 33 条）。这也意味着在结合使用可变参数（varargs）方法（详见第 53 条）和泛型时会出现令人费解的警告。这是由于每当调用可变参数方法时，就会创建一个数组来存放 varargs 参数。如果这个数组的元素类型不是可具体化的（reifialbe），就会得到一条警告。利用 SafeVarargs 注解可以解决这个问题（详见第 32 条）。

当你得到泛型数组创建错误时，最好的解决办法通常是优先使用集合类型 List<E>，而不是数组类型 E[]。这样可能会损失一些性能或者简洁性，但是换回的却是更高的类型安全性和互用性。

例如，假设要通过构造器编写一个带有集合的 Chooser 类和一个方法，并用该方法返回在集合中随机选择的一个元素。根据传给构造器的集合类型，可以用 chooser 充当游戏用的色子、魔术 8 球（一种卡片棋牌类游戏），或者一个蒙特卡罗模拟的数据源。下面是一个没有使用泛型的简单实现：

```java
// Chooser - a class badly in need of generics!
public class Chooser {
    private final Object[] choiceArray;

    public Chooser(Collection choices) {
        choiceArray = choices.toArray();
    }

    public Object choose() {
        Random rnd = ThreadLocalRandom.current();
        return choiceArray[rnd.nextInt(choiceArray.length)];
    }
}
```

要使用这个类，必须将 choose 方法的返回值，从 Object 转换成每次调用该方法时想要的类型，如果搞错类型，转换就会在运行时失败。牢记第 29 条的建议，努力将 Chooser 修改成泛型，修改部分如粗体所示：

```java
// A first cut at making Chooser generic - won't compile
public class Chooser<T> {
    private final T[] choiceArray;

    public Chooser(Collection<T> choices) {
        choiceArray = choices.toArray();
    }

    // choose method unchanged
}
```

如果试着编译这个类，将会得到以下错误消息：

```
Chooser.java:9: error: incompatible types: Object[] cannot be
converted to T[]
        choiceArray = choices.toArray();
                                      ^
  where T is a type-variable:
    T extends Object declared in class Chooser
```

你可能会说：这没什么大不了的，我可以把 Object 数组转换成 T 数组：

```
choiceArray = (T[]) choices.toArray();
```

这样做的确消除了错误消息，但是现在得到了一条警告：

```
Chooser.java:9: warning: [unchecked] unchecked cast
        choiceArray = (T[]) choices.toArray();
                                           ^
  required: T[], found: Object[]
  where T is a type-variable:
T extends Object declared in class Chooser
```

编译器告诉你，它无法在运行时检查转换的安全性，因为程序在运行时还不知道 T 是什么——记住，元素类型信息会在运行时从泛型中被擦除。这段程序可以运行吗？可以，但是编译器无法证明这一点。你可以亲自证明，只要将证据放在注释中，用一条注解禁止警告，但是最好能消除造成警告的根源（详见第 27 条）。

要消除未受检的转换警告，必须选择用列表代替数组。下面是编译时没有出错或者警告的 Chooser 类版本：

```java
// List-based Chooser - typesafe
public class Chooser<T> {
    private final List<T> choiceList;

    public Chooser(Collection<T> choices) {
        choiceList = new ArrayList<>(choices);
    }

    public T choose() {
        Random rnd = ThreadLocalRandom.current();
        return choiceList.get(rnd.nextInt(choiceList.size()));
    }
}
```

这个版本的代码稍微冗长一点，运行速度可能也会慢一点，但是在运行时不会得到 ClassCastException 异常，为此也值了。

总而言之，数组和泛型有着截然不同的类型规则。数组是协变且可以具体化的；泛型是不可变的且可以被擦除的。因此，数组提供了运行时的类型安全，但是没有编译时的类型安全，反之，对于泛型也一样。一般来说，数组和泛型不能很好地混合使用。如果你发现自己将它们混合起来使用，并且得到了编译时错误或者警告，你的第一反应就应该是用列表代替数组。

第 29 条：优先考虑泛型

一般来说，将集合声明参数化，以及使用 JDK 所提供的泛型方法，这些都不太困难。编写自己的泛型会比较困难一些，但是值得花些时间去学习如何编写。

以第 7 条中简单的（玩具）堆栈实现为例：

```java
// Object-based collection - a prime candidate for generics
public class Stack {
    private Object[] elements;
    private int size = 0;
    private static final int DEFAULT_INITIAL_CAPACITY = 16;

    public Stack() {
        elements = new Object[DEFAULT_INITIAL_CAPACITY];
    }

    public void push(Object e) {
        ensureCapacity();
        elements[size++] = e;
    }

    public Object pop() {
        if (size == 0)
            throw new EmptyStackException();
        Object result = elements[--size];
        elements[size] = null; // Eliminate obsolete reference
        return result;
    }

    public boolean isEmpty() {
        return size == 0;
    }

    private void ensureCapacity() {
        if (elements.length == size)
            elements = Arrays.copyOf(elements, 2 * size + 1);
    }
}
```

这个类应该先被参数化，但是它没有，我们可以在后面将它泛型化（generify）。换句话说，可以将它参数化，而又不破坏原来非参数化版本的客户端代码。也就是说，客户端必须转换从堆栈里弹出的对象，以及可能在运行时失败的那些转换。将类泛型化的第一步是在它的声明中添加一个或者多个类型参数。在这个例子中有一个类型参数，它表示堆栈的元素类型，这个参数的名称通常为 E（详见第 68 条）。

下一步是用相应的类型参数替换所有的 Object 类型，然后试着编译最终的程序：

```java
// Initial attempt to generify Stack - won't compile!
public class Stack<E> {
```

```
    private E[] elements;
    private int size = 0;
    private static final int DEFAULT_INITIAL_CAPACITY = 16;

    public Stack() {
        elements = new E[DEFAULT_INITIAL_CAPACITY];
    }

    public void push(E e) {
        ensureCapacity();
        elements[size++] = e;
    }

    public E pop() {
        if (size == 0)
            throw new EmptyStackException();
        E result = elements[--size];
        elements[size] = null; // Eliminate obsolete reference
        return result;
    }
    ... // no changes in isEmpty or ensureCapacity
}
```

通常，你将至少得到一个错误提示或警告，这个类也不例外。幸运的是，这个类只产生一个错误，内容如下：

```
Stack.java:8: generic array creation
        elements = new E[DEFAULT_INITIAL_CAPACITY];
                   ^
```

如第 28 条中所述，你不能创建不可具体化的（non-reifiable）类型的数组，如 E。每当编写用数组支持的泛型时，都会出现这个问题。解决这个问题有两种方法。第一种，直接绕过创建泛型数组的禁令：创建一个 Object 的数组，并将它转换成泛型数组类型。现在错误是消除了，但是编译器会产生一条警告。这种用法是合法的，但（整体上而言）不是类型安全的：

```
Stack.java:8: warning: [unchecked] unchecked cast
found: Object[], required: E[]
        elements = (E[]) new Object[DEFAULT_INITIAL_CAPACITY];
                   ^
```

编译器不可能证明你的程序是类型安全的，但是你可以。你自己必须确保未受检的转换不会危及程序的类型安全性。相关的数组（即 elements 变量）保存在一个私有的域中，永远不会被返回到客户端，或者传给任何其他方法。这个数组中保存的唯一元素，是传给 push 方法的那些元素，它们的类型为 E，因此未受检的转换不会有任何危害。

一旦你证明了未受检的转换是安全的，就要在尽可能小的范围中禁止警告（详见第 27 条）。在这种情况下，构造器只包含未受检的数组创建，因此可以在整个构造器中禁止这条警告。通过增加一条注解 @SuppressWarnings 来完成禁止，Stack 能够正确无误地进行编译，你就可以使用它了，无须显式的转换，也无须担心会出现 ClassCastException 异常：

```
// The elements array will contain only E instances from push(E).
// This is sufficient to ensure type safety, but the runtime
// type of the array won't be E[]; it will always be Object[]!
@SuppressWarnings("unchecked")
public Stack() {
    elements = (E[]) new Object[DEFAULT_INITIAL_CAPACITY];
}
```

消除 Stack 中泛型数组创建错误的第二种方法是，将 elements 域的类型从 E[] 改为 Object[]。这么做会得到一条不同的错误：

```
Stack.java:19: incompatible types
found: Object, required: E
        E result = elements[--size];
                  ^
```

通过把从数组中获取到的元素由 Object 转换成 E，可以将这条错误变成一条警告：

```
Stack.java:19: warning: [unchecked] unchecked cast
found: Object, required: E
        E result = (E) elements[--size];
                      ^
```

由于 E 是一个不可具体化的（non-reifiable）类型，编译器无法在运行时检验转换。你还是可以自己证实未受检的转换是安全的，因此可以禁止该警告。根据第 27 条的建议，我们只要在包含未受检转换的任务上禁止警告，而不是在整个 pop 方法上禁止就可以了，方法如下：

```
// Appropriate suppression of unchecked warning
public E pop() {
    if (size == 0)
        throw new EmptyStackException();

    // push requires elements to be of type E, so cast is correct
    @SuppressWarnings("unchecked") E result =
        (E) elements[--size];

    elements[size] = null; // Eliminate obsolete reference
    return result;
}
```

这两种消除泛型数组创建的方法，各有所长。第一种方法的可读性更强：数组被声明为 E[] 类型清楚地表明它只包含 E 实例。它也更加简洁：在一个典型的泛型类中，可以在代码中的多个地方读取到该数组；第一种方法只需要转换一次（创建数组的时候），而第二种方法则是每次读取一个数组元素时都需要转换一次。因此，第一种方法优先，在实践中也更常用。但是，它会导致堆污染（heap pollution），详见第 32 条：数组的运行时类型与它的编译时类型不匹配（除非 E 正好是 Object）。这使得有些程序员会觉得很不舒服，因而选择第二种方案，虽然堆污染在这种情况下并没有什么危害。

下面的程序示范了泛型 Stack 类的使用方法。程序以倒序的方式打印出它的命令行参数，并转换成大写字母。如果要在从堆栈中弹出的元素上调用 String 的 toUpperCase 方法，并不需要显式的转换，并且确保自动生成的转换会成功：

```
// Little program to exercise our generic Stack
public static void main(String[] args) {
    Stack<String> stack = new Stack<>();
    for (String arg : args)
        stack.push(arg);
    while (!stack.isEmpty())
        System.out.println(stack.pop().toUpperCase());
}
```

看来上述的示例与第 28 条相矛盾了，第 28 条鼓励优先使用列表而非数组。实际上不可能总是或者总想在泛型中使用列表。Java 并不是生来就支持列表，因此有些泛型如 ArrayList，必须在数组上实现。为了提升性能，其他泛型如 HashMap 也在数组上实现。

绝大多数泛型就像我们的 Stack 示例一样，因为它们的类型参数没有限制：你可以创建 Stack<Object>、Stack<int[]>、Stack<List<String>>，或者任何其他对象引用类型的 Stack。注意不能创建基本类型的 Stack：企图创建 Stack<int> 或者 Stack<double> 会产生一个编译时错误。这是 Java 泛型系统的一个基本局限性。你可以通过使用基本包装类型（boxed primitive type）来避开这条限制（详见第 61 条）。

有一些泛型限制了可允许的类型参数值。例如，以 java.util.concurrent.DelayQueue 为例，其声明内容如下：

```
class DelayQueue<E extends Delayed> implements BlockingQueue<E>
```

类型参数列表（<E extends Delayed>）要求实际的类型参数 E 必须是 java.util.concurrent.Delayed 的一个子类型。它允许 DelayQueue 实现及其客户端在 DelayQueue 的元素上利用 Delayed 方法，无须显式的转换，也没有出现 ClassCastException 的风险。类型参数 E 被称作有限制的类型参数（bounded type parameter）。注意，子类型关系确定了，每个类型都是它自身的子类型 [JLS，4.10]，因此创建 DelayQueue<Delayed> 是合法的。

总而言之，使用泛型比使用需要在客户端代码中进行转换的类型来得更加安全，也更加容易。在设计新类型的时候，要确保它们不需要这种转换就可以使用。这通常意味着要把类做成是泛型的。只要时间允许，就把现有的类型都泛型化。这对于这些类型的新用户来说会变得更加轻松，又不会破坏现有的客户端（详见第 26 条）。

第 30 条：优先考虑泛型方法

正如类可以从泛型中受益一般，方法也一样。静态工具方法尤其适合于泛型化。Collections 中的所有 "算法" 方法（例如 binarySearch 和 sort）都泛型化了。

编写泛型方法与编写泛型类型相类似。例如下面这个方法，它返回两个集合的联合：

```
// Uses raw types - unacceptable! (Item 26)
public static Set union(Set s1, Set s2) {
    Set result = new HashSet(s1);
    result.addAll(s2);
    return result;
}
```

这个方法可以编译，但是有两条警告：

```
Union.java:5: warning: [unchecked] unchecked call to
HashSet(Collection<? extends E>) as a member of raw type HashSet
        Set result = new HashSet(s1);
                     ^
Union.java:6: warning: [unchecked] unchecked call to
addAll(Collection<? extends E>) as a member of raw type Set
        result.addAll(s2);
               ^
```

为了修正这些警告，使方法变成是类型安全的，要将方法声明修改为声明一个类型参数（type parameter），表示这三个集合的元素类型（两个参数和一个返回值），并在方法中使用类型参数。声明类型参数的类型参数列表，处在方法的修饰符及其返回值之间。在这个示例中，类型参数列表为 <E>，返回类型为 Set<E>。类型参数的命名惯例与泛型方法以及泛型的相同（详见第 29 条和第 68 条）：

```
// Generic method
public static <E> Set<E> union(Set<E> s1, Set<E> s2) {
    Set<E> result = new HashSet<>(s1);
    result.addAll(s2);
    return result;
}
```

至少对于简单的泛型方法而言，就是这么回事了。现在该方法编译时不会产生任何警告，并提供了类型安全性，也更容易使用。以下是一个执行该方法的简单程序。程序中不包含转换，编译时不会有错误或者警告：

```
// Simple program to exercise generic method
public static void main(String[] args) {
    Set<String> guys = Set.of("Tom", "Dick", "Harry");
    Set<String> stooges = Set.of("Larry", "Moe", "Curly");
    Set<String> aflCio = union(guys, stooges);
    System.out.println(aflCio);
}
```

运行这段程序时，会打印出 [Moe, Harry, Tom, Curly, Larry, Dick]。（元素的输出顺序是独立于实现的。）

union 方法的局限性在于三个集合的类型（两个输入参数和一个返回值）必须完全相同。利用有限制的通配符类型（bounded wildcard type）可以使方法变得更加灵活（详见第 31 条）。

有时可能需要创建一个不可变但又适用于许多不同类型的对象。由于泛型是通过擦除（详见第 28 条）实现的，可以给所有必要的类型参数使用单个对象，但是需要编写一个静态工厂方法，让它重复地给每个必要的类型参数分发对象。这种模式称作泛型单例工厂（generic singleton factory），常用于函数对象（详见第 42 条），如 Collections.reverse-Order，有时也用于像 Collections.emptySet 这样的集合。

假设要编写一个恒等函数（identity function）分发器。类库中提供了 Function.identity，因此不需要自己编写（详见第 59 条），但是自己编写也很有意义。如果在每次需要的时候都重新创建一个，这样会很浪费，因为它是无状态的（stateless）。如果 Java 泛型被具体化了，每个类型都需要一个恒等函数，但是它们被擦除后，就只需要一个泛型单例。请看以下示例：

```java
// Generic singleton factory pattern
private static UnaryOperator<Object> IDENTITY_FN = (t) -> t;

@SuppressWarnings("unchecked")
public static <T> UnaryOperator<T> identityFunction() {
    return (UnaryOperator<T>) IDENTITY_FN;
}
```

IDENTITY_FN 转换成（UnaryFunction<T>），产生了一条未受检的转换警告，因为 Unary-Function<Object> 对于每个 T 来说并非都是个 UnaryFunction<T>。但是恒等函数很特殊：它返回未被修改的参数，因此我们知道无论 T 的值是什么，用它作为 Unary-Function<T> 都是类型安全的。因此，我们可以放心地禁止由这个转换所产生的未受检转换警告。一旦禁止，代码在编译时就不会出现任何错误或者警告。

下面是一个范例程序，它利用泛型单例作为 UnaryFunction<String> 和 Unary-Function<Number>。像往常一样，它不包含转换，编译时没有出现错误或者警告：

```java
// Sample program to exercise generic singleton
public static void main(String[] args) {
    String[] strings = { "jute", "hemp", "nylon" };
    UnaryOperator<String> sameString = identityFunction();
    for (String s : strings)
        System.out.println(sameString.apply(s));

    Number[] numbers = { 1, 2.0, 3L };
    UnaryOperator<Number> sameNumber = identityFunction();
    for (Number n : numbers)
        System.out.println(sameNumber.apply(n));
}
```

虽然相对少见，但是通过某个包含该类型参数本身的表达式来限制类型参数是允许的。这就是递归类型限制（recursive type bound）。递归类型限制最普遍的用途与 Comparable 接口有关，它定义类型的自然顺序（详见第 14 条）。这个接口的内容如下：

```
public interface Comparable<T> {
    int compareTo(T o);
}
```

类型参数 T 定义的类型，可以与实现 Comparable<T> 的类型的元素进行比较。实际上，几乎所有的类型都只能与它们自身的类型的元素相比较。例如 String 实现 Comparable<String>，Integer 实现 Comparable<Integer>，等等。

有许多方法都带有一个实现 Comparable 接口的元素列表，为了对列表进行排序，并在其中进行搜索，计算出它的最小值或者最大值，等等。要完成这其中的任何一项操作，都要求列表中的每个元素能够与列表中的每个其他元素相比较，换句话说，列表的元素可以互相比较（mutually comparable）。下面是如何表达这种约束条件的一个示例：

```
// Using a recursive type bound to express mutual comparability
public static <E extends Comparable<E>> E max(Collection<E> c);
```

类型限制 <E extends Comparable<E>>，可以读作"针对可以与自身进行比较的每个类型 E"，这与互比性的概念或多或少有些一致。

下面的方法就带有上述声明。它根据元素的自然顺序计算列表的最大值，编译时没有出现错误或者警告：

```
// Returns max value in a collection - uses recursive type bound
public static <E extends Comparable<E>> E max(Collection<E> c) {
    if (c.isEmpty())
        throw new IllegalArgumentException("Empty collection");

    E result = null;
    for (E e : c)
        if (result == null || e.compareTo(result) > 0)
            result = Objects.requireNonNull(e);

    return result;
}
```

注意，如果列表为空，这个方法就会抛出 IllegalArgumentException 异常。更好的替代做法是返回一个 Optional<E>（详见第 55 条）。

递归类型限制可能比这个要复杂得多，但幸运的是，这种情况并不经常发生。如果你理解了这种习惯用法和它的通配符变量（详见第 31 条），以及模拟自类型（simulated selftype）习惯用法（详见第 2 条），就能够处理在实践中遇到的许多递归类型限制了。

总而言之，泛型方法就像泛型一样，使用起来比要求客户端转换输入参数并返回值的方法来得更加安全，也更加容易。就像类型一样，你应该确保方法不用转换就能使用，这通常意味着要将它们泛型化。并且就像类型一样，还应该将现有的方法泛型化，使新用户使用起来更加轻松，且不会破坏现有的客户端（详见第 26 条）。

第 31 条：利用有限制通配符来提升 API 的灵活性

如第 28 条所述，参数化类型是不变的（invariant）。换句话说，对于任何两个截然不同的类型 Type1 和 Type2 而言，List<Type1> 既不是 List<Type2> 的子类型，也不是它的超类型。虽然 List<String> 不是 List<Object> 的子类型，这与直觉相悖，但是实际上很有意义。你可以将任何对象放进一个 List<Object> 中，却只能将字符串放进 List<String> 中。由于 List<String> 不能像 List<Object> 能做任何事情，它不是一个子类型（详见第 10 条）。

有时候，我们需要的灵活性要比不变类型所能提供的更多。比如第 29 条中的堆栈。提醒一下，下面就是它的公共 API：

```
public class Stack<E> {
    public Stack();
    public void push(E e);
    public E pop();
    public boolean isEmpty();
}
```

假设我们想要增加一个方法，让它按顺序将一系列的元素全部放到堆栈中。第一次尝试如下：

```
// pushAll method without wildcard type - deficient!
public void pushAll(Iterable<E> src) {
    for (E e : src)
        push(e);
}
```

这个方法编译时正确无误，但是并非尽如人意。如果 Iterable 的 src 元素类型与堆栈的完全匹配，就没有问题。但是假如有一个 Stack<Number>，并且调用了 push(intVal)，这里的 intVal 就是 Integer 类型。这是可以的，因为 Integer 是 Number 的一个子类型。因此从逻辑上来说，下面这个方法应该可行：

```
Stack<Number> numberStack = new Stack<>();
Iterable<Integer> integers = ... ;
numberStack.pushAll(integers);
```

但是，如果尝试这么做，就会得到下面的错误消息，因为参数化类型是不可变的：

```
StackTest.java:7: error: incompatible types: Iterable<Integer>
cannot be converted to Iterable<Number>
        numberStack.pushAll(integers);
                    ^
```

　　幸运的是，有一种解决办法。Java 提供了一种特殊的参数化类型，称作有限制的通配符类型（bounded wildcard type），它可以处理类似的情况。pushAll 的输入参数类型不应该为 "E 的 Iterable 接口"，而应该为 "E 的某个子类型的 Iterable 接口" 通配符类型 Iterable<?extends E> 正是这个意思。（使用关键字 extends 有些误导：回忆一下第 29 条中的说法，确定了子类型（subtype）后，每个类型便都是自身的子类型，即便它没有将自身扩展。）我们修改一下 pushAll 来使用这个类型：

```
// Wildcard type for a parameter that serves as an E producer
public void pushAll(Iterable<? extends E> src) {
    for (E e : src)
        push(e);
}
```

　　修改之后，不仅 Stack 可以正确无误地编译，没有通过初始的 pushAll 声明进行编译的客户端代码也一样可以。因为 Stack 及其客户端正确无误地进行了编译，你就知道一切都是类型安全的了。

　　现在假设想要编写一个 pushAll 方法，使之与 popAll 方法相呼应。popAll 方法从堆栈中弹出每个元素，并将这些元素添加到指定的集合中。初次尝试编写的 popAll 方法可能像下面这样：

```
// popAll method without wildcard type - deficient!
public void popAll(Collection<E> dst) {
    while (!isEmpty())
        dst.add(pop());
}
```

此外，如果目标集合的元素类型与堆栈的完全匹配，这段代码编译时还是会正确无误，并且运行良好。但是，也并不意味着尽如人意。假设你有一个 Stack<Number> 和 Object 类型的变量。如果从堆栈中弹出一个元素，并将它保存在该变量中，它的编译和运行都不会出错，那你为何不能也这么做呢？

```
Stack<Number> numberStack = new Stack<Number>();
Collection<Object> objects = ... ;
numberStack.popAll(objects);
```

　　如果试着用上述的 popAll 版本编译这段客户端代码，就会得到一个非常类似于第一次用 pushAll 时所得到的错误：Collection<Object> 不是 Collection<Number> 的子类型。这一次通配符类型同样提供了一种解决办法。popAll 的输入参数类型不应该为 "E 的集合"，而应该为 "E 的某种超类的集合"（这里的超类是确定的，因此 E 是它自身的一个超类型 [JLS, 4.10]）。仍有一个通配符类型正符合此意：Collection<? super E>。让我们修改 popAll 来使用它：

```
// Wildcard type for parameter that serves as an E consumer
public void popAll(Collection<? super E> dst) {
    while (!isEmpty())
        dst.add(pop());
}
```

做了这个变动之后，Stack 和客户端代码就都可以正确无误地编译了。

结论很明显：为了获得最大限度的灵活性，要在表示生产者或者消费者的输入参数上使用通配符类型。如果某个输入参数既是生产者，又是消费者，那么通配符类型对你就没有什么好处了：因为你需要的是严格的类型匹配，这是不用任何通配符而得到的。

下面的助记符便于让你记住要使用哪种通配符类型：

PECS 表示 producer-extends，consumer-super。

换句话说，如果参数化类型表示一个生产者 T，就使用 <? extends T>；如果它表示一个消费者 T，就使用 <? super T>。在我们的 Stack 示例中，pushAll 的 src 参数产生 E 实例供 Stack 使用，因此 src 相应的类型为 Iterable<? extends E>；popAll 的 dst 参数通过 Stack 消费 E 实例，因此 dst 相应的类型为 Collection<? super E>。PECS 这个助记符突出了使用通配符类型的基本原则。Naftalin 和 Wadler 称之为 *Get and Put Principle* [Naftalin07, 2.4]。

记住这个助记符，下面我们来看一些之前的条目中提到过的方法声明。第 28 条中的 reduce 方法就有这条声明：

```
public Chooser(Collection<T> choices)
```

这个构造器只用 choices 集合来生成类型 T 的值（并把它们保存起来供后续使用），因此它的声明应该使用一个 extends T 的通配符类型。得到的构造器声明如下：

```
// Wildcard type for parameter that serves as an T producer
public Chooser(Collection<? extends T> choices)
```

这一变化实际上有什么区别吗？事实上，的确有区别。假设你有一个 List<Integer>，想通过 Function<Number> 把它简化。它不能通过初始声明进行编译，但是一旦添加了有限制的通配符类型，就可以进行编译了。

现在让我们看看第 30 条中的 union 方法。声明如下：

```
public static <E> Set<E> union(Set<E> s1, Set<E> s2)
```

s1 和 s2 这两个参数都是生产者 E，因此根据 PECS 助记符，这个声明应该是：

```
public static <E> Set<E> union(Set<? extends E> s1,
                               Set<? extends E> s2)
```

注意返回类型仍然是 Set<E>。不要用通配符类型作为返回类型。除了为用户提供额外的灵活性之外，它还会强制用户在客户端代码中使用通配符类型。修改了声明之后，这段代码就能正确编译了：

```
Set<Integer> integers = Set.of(1, 3, 5);
Set<Double> doubles  = Set.of(2.0, 4.0, 6.0);
Set<Number> numbers  = union(integers, doubles);
```

如果使用得当，通配符类型对于类的用户来说几乎是无形的。它们使方法能够接受它们应该接受的参数，并拒绝那些应该拒绝的参数。如果类的用户必须考虑通配符类型，类的 API 或许就会出错。

在 Java 8 之前，类型推导（type inference）规则还不够智能，它无法处理上述代码片段，还需要编译器使用通过上下文指定的返回类型（或者目标类型）来推断 E 的类型。前面出现过的 union 调用的目标类型是 Set<Number>。如果试着在较早的 Java 版本中编译这个代码片段（使用 Set.of 工厂相应的替代方法），将会得到一条像下面这样冗长、繁复的错误消息：

```
Union.java:14: error: incompatible types
        Set<Number> numbers = union(integers, doubles);
                                   ^
  required: Set<Number>
  found:    Set<INT#1>
  where INT#1,INT#2 are intersection types:
    INT#1 extends Number,Comparable<? extends INT#2>
    INT#2 extends Number,Comparable<?>
```

幸运的是，有一种办法可以处理这种错误。如果编译器不能推断出正确的类型，始终可以通过一个显式的类型参数（explicit type parameter）[JLS，15.12] 来告诉它要使用哪种类型。甚至在 Java 8 中引入目标类型之前，这种情况不经常发生，这是好事，因为显式的类型参数不太优雅。增加了这个显式的类型参数之后，这个代码片段在 Java 8 之前的版本中也能正确无误地进行编译了：

```
// Explicit type parameter - required prior to Java 8
Set<Number> numbers = Union.<Number>union(integers, doubles);
```

接下来，我们把注意力转向第 30 条中的 max 方法。以下是初始的声明：

```
public static <T extends Comparable<T>> T max(List<T> list)
```

下面是修改过的使用通配符类型的声明：

```
public static <T extends Comparable<? super T>> T max(
        List<? extends T> list)
```

为了从初始声明中得到修改后的版本，要应用 PECS 转换两次。最直接的是运用到参数 list。它产生 T 实例，因此将类型从 List<T> 改成 List<? extends T>。更灵活的是运用到类型参数 T。这是我们第一次见到将通配符运用到类型参数。最初 T 被指定用来扩展 Comparable<T>，但是 T 的 comparable 消费 T 实例（并产生表示顺序关系的整值）。因此，参数化类型 Comparable<T> 被有限制通配符类型 Comparable<? super T> 取代。comparable 始终是消费者，因此使用时始终应该是 Comparable<? super T> 优先于 Comparable<T>。对于 comparator 接口也一样，因此使用时始终应该是 Comparator<? super T> 优先于 Comparator<T>。

修改过的 max 声明可能是整本书中最复杂的方法声明了。所增加的复杂代码真的起作用了么？是的，起作用了。下面是一个简单的列表示例，在初始的声明中不允许这样，修改过的版本则可以：

```
List<ScheduledFuture<?>> scheduledFutures = ... ;
```

不能将初始方法声明运用到这个列表的原因在于，java.util.concurrent.ScheduledFuture 没有实现 Comparable<ScheduledFuture> 接口。相反，它是扩展 Comparable<Delayed> 接口的 Delayed 接口的子接口。换句话说，ScheduleFuture 实例并非只能与其他 ScheduledFuture 实例相比较；它可以与任何 Delayed 实例相比较，这就足以导致初始声明时就会被拒绝。更通俗地说，需要用通配符支持那些不直接实现 Comparable（或者 Comparator）而是扩展实现了该接口的类型。

还有一个与通配符有关的话题值得探讨。类型参数和通配符之间具有双重性，许多方法都可以利用其中一个或者另一个进行声明。例如，下面是可能的两种静态方法声明，来交换列表中的两个被索引的项目。第一个使用无限制的类型参数（详见第 30 条），第二个使用无限制的通配符：

```
// Two possible declarations for the swap method
public static <E> void swap(List<E> list, int i, int j);
public static void swap(List<?> list, int i, int j);
```

你更喜欢这两种声明中的哪一种呢？为什么？在公共 API 中，第二种更好一些，因为它更简单。将它传到一个列表中（任何列表）方法就会交换被索引的元素。不用担心类型参数。一般来说，如果类型参数只在方法声明中出现一次，就可以用通配符取代它。如果是无限制的类型参数，就用无限制的通配符取代它；如果是有限制的类型参数，就用有限制的通配符取代它。

将第二种声明用于 swap 方法会有一个问题。下面这个简单的实现不能编译：

```
public static void swap(List<?> list, int i, int j) {
    list.set(i, list.set(j, list.get(i)));
}
```

试着编译时会产生这条没有什么用处的错误消息：

```
Swap.java:5: error: incompatible types: Object cannot be
converted to CAP#1
        list.set(i, list.set(j, list.get(i)));
                                        ^
  where CAP#1 is a fresh type-variable:
    CAP#1 extends Object from capture of ?
```

不能将元素放回到刚刚从中取出的列表中，这似乎不太对劲。问题在于 list 的类型为 List<?>，你不能把 null 之外的任何值放到 List<?> 中。幸运的是，有一种方式可以实现这个方法，无须求助于不安全的转换或者原生态类型（raw type）。这种想法就是编写一个私有的辅助方法来捕捉通配符类型。为了捕捉类型，辅助方法必须是一个泛型方法，像下面这样：

```
public static void swap(List<?> list, int i, int j) {
    swapHelper(list, i, j);
}

// Private helper method for wildcard capture
private static <E> void swapHelper(List<E> list, int i, int j) {
    list.set(i, list.set(j, list.get(i)));
}
```

swapHelper 方法知道 list 是一个 List<E>。因此，它知道从这个列表中取出的任何值均为 E 类型，并且知道将 E 类型的任何值放进列表都是安全的。swap 这个有些费解的实现编译起来却是正确无误的。它允许我们导出 swap 这个比较好的基于通配符的声明，同时在内部利用更加复杂的泛型方法。swap 方法的客户端不一定要面对更加复杂的 swapHelper 声明，但是它们的确从中受益。值得一提的是，辅助方法中拥有的签名，正是我们在公有方法中因为它过于复杂而抛弃的。

总而言之，在 API 中使用通配符类型虽然比较需要技巧，但是会使 API 变得灵活得多。如果编写的是将被广泛使用的类库，则一定要适当地利用通配符类型。记住基本的原则：producer-extends,consumer-super（PECS）。还要记住所有的 comparable 和 comparator 都是消费者。

第 32 条：谨慎并用泛型和可变参数

可变参数（vararg）方法（详见第 53 条）和泛型都是在 Java 5 中就有了，因此你可能会期待它们可以良好地相互作用；遗憾的是，它们不能。可变参数的作用在于让客户端能够将可变数量的参数传给方法，但这是个技术露底（leaky abstration）：当调用一个可变参数方法时，会创建一个数组用来存放可变参数；这个数组应该是一个实现细节，它是可见的。因此，当可变参数有泛型或者参数化类型时，编译警告信息就会产生混乱。

　　回顾一下第 28 条，非具体化（non-reifiable）类型是指其运行时代码信息比编译时少，并且显然所有的泛型和参数类型都是非具体化的。如果一个方法声明其可变参数为 non-reifiable 类型，编译器就会在声明中产生一条警告。如果方法是在类型为 non-reifiable 的可变参数上调用，编译器也会在调用时发出一条警告信息。这个警告信息类似于：

```
warning: [unchecked] Possible heap pollution from
    parameterized vararg type List<String>
```

　　当一个参数化类型的变量指向一个不是该类型的对象时，会产生堆污染（heap pollution）[JLS, 4.12.2]。它导致编辑器的自动生成转换失败，破坏了泛型系统的基本保证。

　　举个例子。下面的代码是对第 28 条中的代码片段稍加修改而得：

```
// Mixing generics and varargs can violate type safety!
static void dangerous(List<String>... stringLists) {
    List<Integer> intList = List.of(42);
    Object[] objects = stringLists;
    objects[0] = intList;                // Heap pollution
    String s = stringLists[0].get(0);    // ClassCastException
}
```

　　这个方法没有可见的转换，但是在调用一个或者多个参数时会抛出 `ClassCast-Exception` 异常。上述最后一行代码中有一个不可见的转换，这是由编译器生成的。这个转换失败证明类型安全已经受到了危及，因此将值保存在泛型可变参数数组参数中是不安全的。

　　这个例子引出了一个有趣的问题：为什么显式创建泛型数组是非法的，用泛型可变参数声明方法却是合法的呢？换句话说，为什么之前展示的方法只产生一条警告，而第 28 条中的代码片段却产生一个错误呢？答案在于，带有泛型可变参数或者参数化类型的方法在实践中用处很大，因此 Java 语言的设计者选择容忍这一矛盾的存在。事实上，Java 类库导出了好几个这样的方法，包括 `Arrays.asList(T...a)`、`Collections.addAll(Collection<? super T> C, T...elements)`，以及 `EnumSet.of(E first, E... rest)`。与前面提到的危险方法不一样，这些类库方法是类型安全的。

　　在 Java 7 之前，带泛型可变参数的方法的设计者，对于在调用处出错的警告信息一点办法也没有。这使得这些 API 使用起来非常不愉快。用户必须忍受这些警告，要么最好在每处调用点都通过 `@SuppressWarnings("unchecked")` 注解来消除警告（详见第 27 条）。这么做过于烦琐，而且影响可读性，并且掩盖了反映实际问题的警告。

在 Java 7 中，增加了 SafeVarargs 注解，它让带泛型 vararg 参数的方法的设计者能够自动禁止客户端的警告。本质上，SafeVarargs 注解是通过方法的设计者做出承诺，声明这是类型安全的。作为对于该承诺的交换，编译器同意不再向该方法的用户发出警告说这些调用可能不安全。

重要的是，不要随意用 @SafeVarargs 对方法进行注解，除非它真正是安全的。那么它凭什么确保安全呢？回顾一下，泛型数组是在调用方法的时候创建的，用来保存可变参数。如果该方法没有在数组中保存任何值，也不允许对数组的引用转义（这可能导致不被信任的代码访问数组），那么它就是安全的。换句话说，如果可变参数数组只用来将数量可变的参数从调用程序传到方法（毕竟这才是可变参数的目的），那么该方法就是安全的。

值得注意的是，从来不在可变参数的数组中保存任何值，这可能破坏类型安全性。以下面的泛型可变参数方法为例，它返回了一个包含其参数的数组。乍看之下，这似乎是一个方便的小工具：

```
// UNSAFE - Exposes a reference to its generic parameter array!
static <T> T[] toArray(T... args) {
    return args;
}
```

这个方法只是返回其可变参数数组，看起来没什么危险，但它实际上很危险！这个数组的类型，是由传到方法的参数的编译时类型来决定的，编译器没有足够的信息去做准确的决定。因为该方法返回其可变参数数组，它会将堆污染传到调用堆栈上。

下面举个具体的例子。这是一个泛型方法，它带有三个类型为 T 的参数，并返回一个包含两个（随机选择的）参数的数组：

```
static <T> T[] pickTwo(T a, T b, T c) {
    switch(ThreadLocalRandom.current().nextInt(3)) {
      case 0: return toArray(a, b);
      case 1: return toArray(a, c);
      case 2: return toArray(b, c);
    }
    throw new AssertionError(); // Can't get here
}
```

这个方法本身并没有危险，也不会产生警告，除非它调用了带有泛型可变参数的 toArray 方法。

在编译这个方法时，编译器会产生代码，创建一个可变参数数组，并将两个 T 实例传到 toArray。这些代码配置了一个类型为 Object[] 的数组，这是确保能够保存这些实例的最具体的类型，无论在调用时给 pickTwo 传递什么类型的对象都没问题。toArray 方法只是将这个数组返回给 pickTwo，反过来也将它返回给其调用程序，因此 pickTwo 始终都会返回一个类型为 Object[] 的数组。

现在以下面的 main 方法为例，练习一下 pickTwo 的用法：

```
public static void main(String[] args) {
    String[] attributes = pickTwo("Good", "Fast", "Cheap");
}
```

这个方法压根没有任何问题，因此编译时不会产生任何警告。但是在运行的时候，它会抛出一个 ClassCastException，虽然它看起来并没有包括任何的可见的转换。你看不到的是，编译器在 pickTwo 返回的值上产生了一个隐藏的 String[] 转换。但转换失败了，这是因为从实际导致堆污染（toArray）的方法处移除了两个级别，可变参数数组在实际的参数存入之后没有进行修改。

这个范例是为了告诉大家，允许另一个方法访问一个泛型可变参数数组是不安全的，有两种情况例外：将数组传给另一个用 @SafeVarargs 正确注解过的可变参数方法是安全的，将数组传给只计算数组内容部分函数的非可变参数方法也是安全的。

这里有一个安全使用泛型可变参数的典型范例。这个方法中带有一个任意数量参数的列表，并按顺序返回包含输入清单中所有元素的唯一列表。由于该方法用 @SafeVarargs 注解过，因此在声明处或者调用处都不会产生任何警告：

```
// Safe method with a generic varargs parameter
@SafeVarargs
static <T> List<T> flatten(List<? extends T>... lists) {
    List<T> result = new ArrayList<>();
    for (List<? extends T> list : lists)
        result.addAll(list);
    return result;
}
```

确定何时应该使用 SafeVarargs 注解的规则很简单：对于每一个带有泛型可变参数或者参数化类型的方法，都要用 @SafeVarargs 进行注解，这样它的用户就不用承受那些无谓的、令人困惑的编译警报了。这意味着应该永远都不要编写像 dangerous 或者 toArray 这类不安全的可变参数方法。每当编译器警告你控制的某个带泛型可变参数的方法可能形成堆污染，就应该检查该方法是否安全。这里先提个醒，泛型可变参数方法在下列条件下是安全的：

1. 它没有在可变参数数组中保存任何值。

2. 它没有对不被信任的代码开放该数组（或者其克隆程序）。

以上两个条件只要有任何一条被破坏，就要立即修正它。

注意，SafeVarargs 注解只能用在无法被覆盖的方法上，因为它不能确保每个可能的覆盖方法都是安全的。在 Java 8 中，该注解只在静态方法和 final 实例方法中才是合法的；在 Java 9 中，它在私有的实例方法上也合法了。

如果不想使用 SafeVarargs 注解，也可以采用第 28 条的建议，用一个 List 参数代替可变参数（这是一个伪装数组）。下面举例说明这个办法在 flatten 方法上的运用。注意，此处只对参数声明做了修改：

```
// List as a typesafe alternative to a generic varargs parameter
static <T> List<T> flatten(List<List<? extends T>> lists) {
    List<T> result = new ArrayList<>();
    for (List<? extends T> list : lists)
        result.addAll(list);
    return result;
}
```

随后，这个方法就可以结合静态工厂方法 List.of 一起使用了，允许使用数量可变的参数。注意，使用该方法的前提是用 @SafeVarargs 对 List.of 声明进行了注解：

```
audience = flatten(List.of(friends, romans, countrymen));
```

这种做法的优势在于编译器可以证明该方法是类型安全的。你不必再通过 SafeVarargs 注解来证明它的安全性，也不必担心自己是否错误地认定它是安全的。其缺点在于客户端代码有点烦琐，运行起来速度会慢一些。

这一技巧也适用于无法编写出安全的可变参数方法的情况，比如本条之前提到的 toArray 方法。其 List 对应的是 List.of 方法，因此我们不必编写；Java 类库的设计者已经替我们完成了。因此 pickTwo 方法就变成了下面这样：

```
static <T> List<T> pickTwo(T a, T b, T c) {
    switch(rnd.nextInt(3)) {
      case 0: return List.of(a, b);
      case 1: return List.of(a, c);
      case 2: return List.of(b, c);
    }
    throw new AssertionError();
}
```

main 方法变成了下面这样：

```
public static void main(String[] args) {
    List<String> attributes = pickTwo("Good", "Fast", "Cheap");
}
```

这样得到的代码就是类型安全的，因为它只使用泛型，没有用到数组。

总而言之，可变参数和泛型不能良好地合作，这是因为可变参数设施是构建在顶级数组之上的一个技术露底，泛型数组有不同的类型规则。虽然泛型可变参数不是类型安全的，但它们是合法的。如果选择编写带有泛型（或者参数化）可变参数的方法，首先要确保该方法是类型安全的，然后用 @SafeVarargs 对它进行注解，这样使用起来就不会出现不愉快的情况了。

第 33 条：优先考虑类型安全的异构容器

泛型最常用于集合，如 Set<E> 和 Map<K, V>，以及单个元素的容器，如 ThreadLocal<T> 和 AtomicReference<T>。在所有这些用法中，它都充当被参数化了的容器。这样就限制每个容器只能有固定数目的类型参数。一般来说，这种情况正是你想要的。一个 Set 只有一个类型参数，表示它的元素类型；一个 Map 有两个类型参数，表示它的键和值类型……

但是，有时候你会需要更多的灵活性。例如，数据库的行可以有任意数量的列，如果能以类型安全的方式访问所有列就好了。幸运的是，有一种方法可以很容易地做到这一点。这种方法就是将键（key）进行参数化而不是将容器（container）参数化。然后将参数化的键提交给容器来插入或者获取值。用泛型系统来确保值的类型与它的键相符。

下面简单地示范一下这种方法：以 Favorites 类为例，它允许其客户端从任意数量的其他类中，保存并获取一个"最喜爱"的实例。Class 对象充当参数化键的部分。之所以可以这样，是因为类 Class 被泛型化了。类的类型从字面上看不再只是简单的 Class，而是 Class<T>。例如，String.class 属于 Class<String> 类型，Integer.class 属于 Class<Integer> 类型。当一个类的字面被用在方法中，来传达编译时和运行时的类型信息时，就被称作类型令牌（type token）[Brancha04]。

Favorites 类的 API 很简单。它看起来就像一个简单的映射，除了键（而不是映射）被参数化之外。客户端在设置和获取最喜爱的实例时提交 Class 对象。下面就是这个 API：

```
// Typesafe heterogeneous container pattern - API
public class Favorites {
    public <T> void putFavorite(Class<T> type, T instance);
    public <T> T getFavorite(Class<T> type);
}
```

下面是一个示例程序，检验一下 Favorites 类，它将保存、获取并打印一个最喜爱的 String、Integer 和 Class 实例：

```
// Typesafe heterogeneous container pattern - client
public static void main(String[] args) {
    Favorites f = new Favorites();
    f.putFavorite(String.class, "Java");
    f.putFavorite(Integer.class, 0xcafebabe);
    f.putFavorite(Class.class, Favorites.class);
    String favoriteString = f.getFavorite(String.class);
    int favoriteInteger = f.getFavorite(Integer.class);
    Class<?> favoriteClass = f.getFavorite(Class.class);
    System.out.printf("%s %x %s%n", favoriteString,
        favoriteInteger, favoriteClass.getName());
}
```

正如所料，这段程序打印出的是 Java cafebabe Favorites。注意，有时 Java 的

printf 方法与 C 语言中的不同，C 语言中使用 \n 的地方，在 Java 中应该使用 %n。这个 %n 会产生适用于特定平台的行分隔符，在许多平台上是 \n，但是并非所有平台都是如此。

Favorites 实例是类型安全（typesafe）的：当你向它请求 String 的时候，它从来不会返回一个 Integer 给你。同时它也是异构的（heterogeneous）：不像普通的映射，它的所有键都是不同类型的。因此，我们将 Favorites 称作类型安全的异构容器（typesafe heterogeneous container）。

Favorites 的实现小得出奇。它的完整实现如下：

```java
// Typesafe heterogeneous container pattern - implementation
public class Favorites {
    private Map<Class<?>, Object> favorites = new HashMap<>();

    public <T> void putFavorite(Class<T> type, T instance) {
        favorites.put(Objects.requireNonNull(type), instance);
    }

    public <T> T getFavorite(Class<T> type) {
        return type.cast(favorites.get(type));
    }
}
```

这里面发生了一些微妙的事情。每个 Favorites 实例都得到一个称作 favorites 的私有 Map<Class<?>, Object> 的支持。你可能认为由于无限制通配符类型的关系，将不能把任何东西放进这个 Map 中，但事实正好相反。要注意的是通配符类型是嵌套的：它不是属于通配符类型的 Map 的类型，而是它的键的类型。由此可见，每个键都可以有一个不同的参数化类型：一个可以是 Class<String>，接下来是 Class<Integer> 等。异构就是从这里来的。

第二件要注意的事情是，favorites Map 的值类型只是 Object。换句话说，Map 并不能保证键和值之间的类型关系，即不能保证每个值都为它的键所表示的类型（通俗地说，就是指键与值的类型并不相同——译者注）。事实上，Java 的类型系统还没有强大到足以表达这一点。但我们知道这是事实，并在获取 favorite 的时候利用了这一点。

putFavorite 方法的实现很简单：它只是把（从指定的 Class 对象到指定的 favorite 实例）一个映射放到 favorites 中。如前所述，这是放弃了键和值之间的"类型联系"，因此无法知道这个值是键的一个实例。但是没关系，因为 getFavorites 方法能够并且的确重新建立了这种联系。

getFavorite 方法的实现比 putFavorite 的更难一些。它先从 favorites 映射中获得与指定 Class 对象相对应的值。这正是要返回的对象引用，但它的编译时类型是错误的。它的类型只是 Object（favorites 映射的值类型），我们需要返回一个 T。因此，getFavorite 方法的实现利用 Class 的 cast 方法，将对象引用动态地转换（dynamically cast）成了 Class 对象所表示的类型。

cast 方法是 Java 的转换操作符的动态模拟。它只检验它的参数是否为 Class 对象所表示的类型的实例。如果是，就返回参数；否则就抛出 ClassCastException 异常。我们知道 get-

Favorite 中的 cast 调用永远不会抛出 ClassCastException 异常，并假设客户端代码正确无误地进行了编译。也就是说，我们知道 favorites 映射中的值会始终与键的类型相匹配。

假设 cast 方法只返回它的参数，那它能为我们做什么呢？ cast 方法的签名充分利用了 Class 类被泛型化的这个事实。它的返回类型是 Class 对象的类型参数：

```
public class Class<T> {
    T cast(Object obj);
}
```

这正是 getFavorite 方法所需要的，也正是让我们不必借助于未受检地转换成 T 就能确保 Favorites 类型安全的东西。

Favorites 类有两种局限性值得注意。首先，恶意的客户端可以很轻松地破坏 Favorites 实例的类型安全，只要以它的原生态形式（raw form）使用 Class 对象。但会造成客户端代码在编译时产生未受检的警告。这与一般的集合实现，如 HashSet 和 HashMap 并没有什么区别。你可以很容易地利用原生态类型 HashSet（详见第 26 条）将 String 放进 HashSet<Integer> 中。也就是说，如果愿意付出一点点代价，就可以拥有运行时的类型安全。确保 Favorites 永远不违背它的类型约束条件的方式是，让 putFavorite 方法检验 instance 是否真的是 type 所表示的类型的实例。只需使用一个动态的转换，如下代码所示：

```
// Achieving runtime type safety with a dynamic cast
public <T> void putFavorite(Class<T> type, T instance) {
    favorites.put(type, type.cast(instance));
}
```

java.util.Collections 中有一些集合包装类采用了同样的技巧。它们称作 checked-Set、checkedList、checkedMap，诸如此类。除了一个集合（或者映射）之外，它们的静态工厂还采用一个（或者两个）Class 对象。静态工厂属于泛型方法，确保 Class 对象和集合的编译时类型相匹配。包装类给它们所封装的集合增加了具体化。例如，如果有人试图将 Coin 放进你的 Collection<Stamp>，包装类就会在运行时抛出 ClassCastException 异常。用这些包装类在混有泛型和原生态类型的应用程序中追溯"是谁把错误的类型元素添加到了集合中"很有帮助。

Favorites 类的第二种局限性在于它不能用在不可具体化的（non-reifiable）类型中（详见第 28 条）。换句话说，你可以保存最喜爱的 String 或者 String[]，但不能保存最喜爱的 List<String>。如果试图保存最喜爱的 List<String>，程序就不能进行编译。原因在于你无法为 List<String> 获得一个 Class 对象：List<String>.Class 是个语法错误，这也是件好事。List<String> 和 List<Integer> 共用一个 Class 对象，即 List.class。如果从"类型的字面"（type literal）上来看，List<String>.class 和 List<Integer>.class 是合法的，并返回了相同的对象引用，这会破坏 Favorites 对象的内部结构。对于这种局限性，还没有完全令人满意的解决办法。

Favorites 使用的类型令牌（type token）是无限制的：getFavorite 和 putFavorite 接受任何 Class 对象。有时可能需要限制那些可以传给方法的类型。这可以通过有限制的类型令牌（bounded type token）来实现，它只是一个类型令牌，利用有限制类型参数（详见第 30 条）或者有限制通配符（详见第 31 条），来限制可以表示的类型。

注解 API（详见第 39 条）广泛利用了有限制的类型令牌。例如，这是一个在运行时读取注解的方法。这个方法来自 AnnotatedElement 接口，它通过表示类、方法、域及其他程序元素的反射类型来实现：

```java
public <T extends Annotation>
    T getAnnotation(Class<T> annotationType);
```

参数 annotationType 是一个表示注解类型的有限制的类型令牌。如果元素有这种类型的注解，该方法就将它返回；如果没有，则返回 null。被注解的元素本质上是个类型安全的异构容器，容器的键属于注解类型。

假设你有一个类型为 Class<?> 的对象，并且想将它传给一个需要有限制的类型令牌的方法，例如 getAnnotation。你可以将对象转换成 Class<? extends Annotation>，但是这种转换是非受检的，因此会产生一条编译时警告（详见第 27 条）。幸运的是，类 Class 提供了一个安全（且动态）地执行这种转换的实例方法。该方法称作 asSubclass，它将调用它的 Class 对象转换成用其参数表示的类的一个子类。如果转换成功，该方法返回它的参数；如果失败，则抛出 ClassCastException 异常。

下面示范如何利用 asSubclass 方法在编译时读取类型未知的注解。这个方法编译时没有出现错误或者警告：

```java
// Use of asSubclass to safely cast to a bounded type token
static Annotation getAnnotation(AnnotatedElement element,
                                String annotationTypeName) {
    Class<?> annotationType = null; // Unbounded type token
    try {
        annotationType = Class.forName(annotationTypeName);
    } catch (Exception ex) {
        throw new IllegalArgumentException(ex);
    }
    return element.getAnnotation(
        annotationType.asSubclass(Annotation.class));
}
```

总而言之，集合 API 说明了泛型的一般用法，限制每个容器只能有固定数目的类型参数。你可以通过将类型参数放在键上而不是容器上来避开这一限制。对于这种类型安全的异构容器，可以用 Class 对象作为键。以这种方式使用的 Class 对象称作类型令牌。你也可以使用定制的键类型。例如，用一个 DatabaseRow 类型表示一个数据库行（容器），用泛型 Column<T> 作为它的键。

Effective

枚举和注解

Java 支持两种特殊用途的引用类型：一种是类，称作枚举类型（enum type）；一种是接口，称作注解类型（annotation type）。本章将讨论这两个新类型的最佳使用实践。

第 34 条：用 enum 代替 int 常量

枚举类型（enum type）是指由一组固定的常量组成合法值的类型，例如一年中的季节、太阳系中的行星或者一副牌中的花色。在 Java 编程语言引入枚举类型之前，通常是用一组 int 常量来表示枚举类型，其中每一个 int 常量表示枚举类型的一个成员：

```
// The int enum pattern - severely deficient!
public static final int APPLE_FUJI         = 0;
public static final int APPLE_PIPPIN       = 1;
public static final int APPLE_GRANNY_SMITH = 2;

public static final int ORANGE_NAVEL  = 0;
public static final int ORANGE_TEMPLE = 1;
public static final int ORANGE_BLOOD  = 2;
```

这种方法称作 int 枚举模式（int enum pattern），它存在着很多不足。int 枚举模式不具有类型安全性，也几乎没有描述性可言。例如你将 apple 传到想要 orange 的方法中，编译器也不会发出警告，还会用 == 操作符对 apple 与 orange 进行比较，甚至更糟糕：

```
// Tasty citrus flavored applesauce!
int i = (APPLE_FUJI - ORANGE_TEMPLE) / APPLE_PIPPIN;
```

注意每个 apple 常量的名称都以 APPLE_ 作为前缀，每个 orange 常量的名称则都以 ORANGE_ 作为前缀。这是因为 Java 没有为 int 枚举组提供命名空间。当两个 int 枚举组具有相同的命名常量时，前缀可以防止名称发生冲突，如使用 ELEMENT_MERCURY 和 PLANET_MERCURY 避免名称冲突。

采用 int 枚举模式的程序是十分脆弱的。因为 int 枚举是编译时常量（constant variable）[JLS，4.12.4]，它们的 int 值会被编译到使用它们的客户端中。如果与 int 枚举常量关联的值发生了变化，客户端必须重新编译。如果没有重新编译，客户端程序还是可以运行，不过其行为已经不再准确。

很难将 int 枚举常量转换成可打印的字符串。就算将这种常量打印出来，或者从调试器中将它显示出来，你所见到的也只是一个数字，这几乎没有什么用处。当需要遍历一个 int 枚举模式中的所有常量，以及获得 int 枚举数组的大小时，在 int 枚举模式中，几乎不存在可靠的方式。

这种模式还有一种变体，它使用的是 String 常量，而不是 int 常量。这样的变体被称作 String 枚举模式（String enum pattern），同样也不是我们期望的。它虽然为这些常量提供了可打印的字符串，但是会导致初级用户直接把字符串常量硬编码到客户端代码中，而不是使用对应的常量字段（field）名。一旦这样的硬编码字符串常量中包含书写错误，在编译时不会被检测到，但是在运行的时候却会报错。而且它会导致性能问题，因为它依赖于字符串的比较操作。

幸运的是，Java 提供了另一种替代的解决方案，可以避免 int 和 String 枚举模式的缺点，并提供更多的好处。这就是枚举类型（enum type）[JLS，8.9]。下面以最简单的形式演示了这种模式：

```
public enum Apple  { FUJI, PIPPIN, GRANNY_SMITH }
public enum Orange { NAVEL, TEMPLE, BLOOD }
```

表面上看来，这些枚举类型与其他语言中的没有什么两样，例如 C、C++ 和 C#，但是实际上并非如此。Java 的枚举类型是功能十分齐全的类，其功能比其他语言中的对应类强大得多，Java 的枚举本质上是 int 值。

Java 枚举类型的基本想法非常简单：这些类通过公有的静态 final 域为每个枚举常量导出一个实例。枚举类型没有可以访问的构造器，所以它是真正的 final 类。客户端不能创建枚举类型的实例，也不能对它进行扩展，因此不存在实例，而只存在声明过的枚举常量。换句话说，枚举类型是实例受控的（详见第 1 条）。它们是单例（Singleton）（详见第 3 条）的泛型化，本质上是单元素的枚举。

枚举类型保证了编译时的类型安全。例如声明参数的类型为 `Apple`，它就能保证传到该参数上的任何非空的对象引用一定属于三个有效的 `Apple` 值之一，而其他任何试图传递类型错误的值都会导致编译时错误，就像试图将某种枚举类型的表达式赋给另一种枚举类型的变量，或者试图利用 `==` 操作符比较不同枚举类型的值都会导致编译时错误。

包含同名常量的多个枚举类型可以在一个系统中和平共处，因为每个类型都有自己的命名空间。你可以增加或者重新排列枚举类型中的常量，而无须重新编译它的客户端代码，因为导出常量的域在枚举类型和它的客户端之间提供了一个隔离层：常量值并没有被编译到客户端代码中，而是在 `int` 枚举模式之中。最终，可以通过调用 `toString` 方法，将枚举转换成可打印的字符串。

除了完善 `int` 枚举模式的不足之外，枚举类型还允许添加任意的方法和域，并实现任意的接口。它们提供了所有 `Object` 方法（详见第 3 章）的高级实现，实现了 `Comparable`（详见第 14 条）和 `Serializable` 接口（详见第 12 章），并针对枚举类型的可任意改变性设计了序列化方式。

那么我们为什么要向枚举类型中添加方法或者域呢？首先，可能是想将数据与它的常量关联起来。例如，一个能够返回水果颜色或者返回水果图片的方法，对于我们的 `Apple` 和 `Orange` 类型就很有必要。你可以利用任何适当的方法来增强枚举类型。枚举类型可以先作为枚举常量的一个简单集合，随着时间的推移再演变成为全功能的抽象。

举个有关枚举类型的例子，比如太阳系中的 8 颗行星。每颗行星都有质量和半径，通过这两个属性可以计算出它的表面重力。从而给定物体的质量，进而计算出一个物体在行星表面上的重量。下面就是这个枚举。每个枚举常量后面括号中的数值就是传递给构造器的参数。在这个例子中，它们就是行星的质量和半径：

```java
// Enum type with data and behavior
public enum Planet {
    MERCURY(3.302e+23, 2.439e6),
    VENUS  (4.869e+24, 6.052e6),
    EARTH  (5.975e+24, 6.378e6),
    MARS   (6.419e+23, 3.393e6),
    JUPITER(1.899e+27, 7.149e7),
    SATURN (5.685e+26, 6.027e7),
    URANUS (8.683e+25, 2.556e7),
    NEPTUNE(1.024e+26, 2.477e7);

    private final double mass;          // In kilograms
    private final double radius;        // In meters
    private final double surfaceGravity; // In m / s^2
    // Universal gravitational constant in m^3 / kg s^2
    private static final double G = 6.67300E-11;
```

```
    // Constructor
    Planet(double mass, double radius) {
        this.mass = mass;
        this.radius = radius;
        surfaceGravity = G * mass / (radius * radius);
    }
    public double mass()           { return mass; }
    public double radius()         { return radius; }
    public double surfaceGravity() { return surfaceGravity; }

    public double surfaceWeight(double mass) {
        return mass * surfaceGravity;  // F = ma
    }
}
```

编写一个像 Planet 这样的枚举类型并不难。为了将数据与枚举常量关联起来，得声明实例域，并编写一个带有数据并将数据保存在域中的构造器。枚举天生就是不可变的，因此所有的域都应该为 final 的（详见第 17 条）。它们可以是公有的，但最好将它们做成私有的，并提供公有的访问方法（详见第 16 条）。在 Planet 这个示例中，构造器还计算和保存表面重力，但这正好是一种优化。每当 surfaceWeight 方法用到重力时，都会根据质量和半径重新计算，并返回它在该常量所表示的行星上的重量。

虽然 Planet 枚举很简单，但它的功能强大得出奇。下面是一个简短的程序，根据某个物体在地球上的重量（以任何单位），打印出一张很棒的表格，显示出该物体在所有 8 颗行星上的重量（用相同的单位）：

```
public class WeightTable {
    public static void main(String[] args) {
        double earthWeight = Double.parseDouble(args[0]);
        double mass = earthWeight / Planet.EARTH.surfaceGravity();
        for (Planet p : Planet.values())
            System.out.printf("Weight on %s is %f%n",
                              p, p.surfaceWeight(mass));
    }
}
```

注意就像所有的枚举一样，Planet 有一个静态的 values 方法，按照声明顺序返回它的值数组。toString 方法返回每个枚举值的声明名称，使得 println 和 printf 的打印变得更加容易。如果你不满意这种字符串表示法，可以通过覆盖 toString 方法对它进行修改。下面就是带命令行参数为 185 来运行这个小小的 WeightTable 程序（没有覆盖 toString 方法）时的结果：

```
Weight on MERCURY is 69.912739
Weight on VENUS is 167.434436
Weight on EARTH is 185.000000
Weight on MARS is 70.226739
Weight on JUPITER is 467.990696
Weight on SATURN is 197.120111
Weight on URANUS is 167.398264
Weight on NEPTUNE is 210.208751
```

　　直到 2006 年，即 Java 中增加了枚举的两年之后，当时冥王星 Pluto 还属于行星。这引发出一个问题：当把一个元素从一个枚举类型中移除时，会发生什么情况呢？答案是：没有引用该元素的任何客户端程序都会继续正常工作。因此，我们的 WeightTable 程序只会打印出一个少了一行的表格而已。对于引用了被删除元素（如本例中是指 Planet.Pluto）的客户端程序又如何呢？如果重新编译客户端程序，就会失败，并在引用被删除行星的那一条出现一条错误消息；如果没有重新编译客户端代码，在运行时就会在这一行抛出一个异常。这是你能期待的最佳行为了，远比使用 int 枚举模式时要好得多。

　　有些与枚举常量相关的行为，可能只会用在枚举类型的定义类或者所在的包中，那么这些方法最好被实现成私有的或者包级私有的。于是每个枚举常量都带有一组隐藏的行为，这使得枚举类型的类或者所在的包能够运作得很好，像其他的类一样，除非要将枚举方法导出至它的客户端，否则都应该声明为私有的，或者声明为包级私有的（详见第 15 条）。

　　如果一个枚举具有普遍适用性，它就应该成为一个顶层类（top-level class）；如果它只是被用在一个特定的顶层类中，它就应该成为该顶层类的一个成员类（详见第 24 条）。例如，java.math.RoundingMode 枚举表示十进制小数的舍入模式（rounding mode）。这些舍入模式被用于 BigDecimal 类，但是它们却不属于 BigDecimal 类的一个抽象。通过使 RoundingMode 变成一个顶层类，库的设计者鼓励任何需要舍入模式的程序员重用这个枚举，从而增强 API 之间的一致性。

　　Planet 示例中所示的方法对于大多数枚举类型来说就足够了，但有时候我们会需要更多的方法。每个 Planet 常量关联了不同的数据，但你有时需要将不同的行为（behavior）与每个常量关联起来。例如，假设你在编写一个枚举类型，来表示计算器的四大基本操作（即加减乘除），你想要提供一个方法来执行每个常量所表示的算术运算。有一种方法是通过启用枚举的值来实现：

```java
// Enum type that switches on its own value - questionable
public enum Operation {
    PLUS, MINUS, TIMES, DIVIDE;

    // Do the arithmetic operation represented by this constant
    public double apply(double x, double y) {
        switch(this) {
            case PLUS:   return x + y;
            case MINUS:  return x - y;
            case TIMES:  return x * y;
            case DIVIDE: return x / y;
        }
        throw new AssertionError("Unknown op: " + this);
    }
}
```

　　这段代码能用，但是不太好看。如果没有 throw 语句，它就不能进行编译，虽然从技术角度来看代码的结束部分是可以执行到的，但是实际上是不可能执行到这行代码的

[JLS, 14.21]。更糟糕的是，这段代码很脆弱。如果你添加了新的枚举常量，却忘记给 switch 添加相应的条件，枚举仍然可以编译，但是当你试图运用新的运算时，就会运行失败。

幸运的是，有一种更好的方法可以将不同的行为与每个枚举常量关联起来：在枚举类型中声明一个抽象的 apply 方法，并在特定于常量的类主体（constant-specific class body）中，用具体的方法覆盖每个常量的抽象 apply 方法。这种方法被称作特定于常量的方法实现（constant-specific method implementation）：

```
// Enum type with constant-specific method implementations
public enum Operation {
  PLUS  {public double apply(double x, double y){return x + y;}},
  MINUS {public double apply(double x, double y){return x - y;}},
  TIMES {public double apply(double x, double y){return x * y;}},
  DIVIDE{public double apply(double x, double y){return x / y;}};

  public abstract double apply(double x, double y);
}
```

如果给 Operation 的第二种版本添加新的常量，你就不可能会忘记提供 apply 方法，因为该方法紧跟在每个常量声明之后。即使你真的忘记了，编译器也会提醒你，因为枚举类型中的抽象方法必须被它的所有常量中的具体方法所覆盖。

特定于常量的方法实现可以与特定于常量的数据结合起来。例如，下面的 Operation 覆盖了 toString 方法以返回通常与该操作关联的符号：

```
// Enum type with constant-specific class bodies and data
public enum Operation {
    PLUS("+") {
        public double apply(double x, double y) { return x + y; }
    },
    MINUS("-") {
        public double apply(double x, double y) { return x - y; }
    },
    TIMES("*") {
        public double apply(double x, double y) { return x * y; }
    },
    DIVIDE("/") {
        public double apply(double x, double y) { return x / y; }
    };

    private final String symbol;

    Operation(String symbol) { this.symbol = symbol; }

    @Override public String toString() { return symbol; }

    public abstract double apply(double x, double y);
}
```

上述的 toString 实现使得打印算术表达式变得非常容易，如下小程序所示：

```
public static void main(String[] args) {
    double x = Double.parseDouble(args[0]);
    double y = Double.parseDouble(args[1]);
    for (Operation op : Operation.values())
        System.out.printf("%f %s %f = %f%n",
                            x, op, y, op.apply(x, y));
}
```

用 2 和 4 作为命令行参数来运行这段程序，会输出：

```
2.000000 + 4.000000 = 6.000000
2.000000 - 4.000000 = -2.000000
2.000000 * 4.000000 = 8.000000
2.000000 / 4.000000 = 0.500000
```

枚举类型有一个自动产生的 valueOf(String) 方法，它将常量的名字转变成常量本身。如果在枚举类型中覆盖 toString，要考虑编写一个 fromString 方法，将定制的字符串表示法变回相应的枚举。下列代码（适当地改变了类型名称）可以为任何枚举完成这一技巧，只要每个常量都有一个独特的字符串表示法：

```
// Implementing a fromString method on an enum type
private static final Map<String, Operation> stringToEnum =
        Stream.of(values()).collect(
            toMap(Object::toString, e -> e));

// Returns Operation for string, if any
public static Optional<Operation> fromString(String symbol) {
    return Optional.ofNullable(stringToEnum.get(symbol));
}
```

注意，在枚举常量被创建之后，Operation 常量从静态代码块中被放入到了 string-ToEnum 的映射中。前面的代码在 values() 方法返回的数组上使用流（见第 7 章）；在 Java 8 之前，我们将创建一个空的散列映射并遍历 values 数组，将字符串到枚举的映射插入到映射中，当然，如果你愿意，现在仍然可以这么做。但是，试图使每个常量都从自己的构造器将自身放入到映射中是不起作用的。它会导致编译时错误，这是好事，因为如果这是合法的，可能会引发 NullPointerException 异常。除了编译时常量域（见第 34 条）之外，枚举构造器不可以访问枚举的静态域。这一限制是有必要的，因为构造器运行的时候，这些静态域还没有被初始化。这条限制有一个特例：枚举常量无法通过其构造器访问另一个构造器。

还要注意返回 Optional<Operation> 的 fromString 方法。它用该方法表明：传入的字符串并不代表一项有效的操作，并强制客户端面对这种可能性（详见第 55 条）。

特定于常量的方法实现有一个美中不足的地方，它们使得在枚举常量中共享代码变得更加困难了。例如，考虑用一个枚举表示薪资包中的工作天数。这个枚举有一个方法，根据给定的某工人的基本工资（按小时）以及当天的工作时间，来计算他当天的报酬。在五个工作日中，超过正常八小时的工作时间都会产生加班工资；在节假日中，所有工作都产生加班工资。利用 switch 语句，很容易通过将多个 case 标签分别应用到两个代码片段中，来完成这一计算：

```java
// Enum that switches on its value to share code - questionable
enum PayrollDay {
    MONDAY, TUESDAY, WEDNESDAY, THURSDAY, FRIDAY,
    SATURDAY, SUNDAY;

    private static final int MINS_PER_SHIFT = 8 * 60;

    int pay(int minutesWorked, int payRate) {
        int basePay = minutesWorked * payRate;

        int overtimePay;
        switch(this) {
          case SATURDAY: case SUNDAY: // Weekend
            overtimePay = basePay / 2;
            break;
          default: // Weekday
            overtimePay = minutesWorked <= MINS_PER_SHIFT ?
              0 : (minutesWorked - MINS_PER_SHIFT) * payRate / 2;
        }

        return basePay + overtimePay;
    }
}
```

不可否认，这段代码十分简洁，但是从维护的角度来看，它非常危险。假设将一个元素添加到该枚举中，或许是一个表示假期天数的特殊值，但是忘记给 switch 语句添加相应的 case。程序依然可以编译，但 pay 方法会悄悄地将节假日的工资计算成正常工作日的工资。

为了利用特定于常量的方法实现安全地执行工资计算，你可能必须重复计算每个常量的加班工资，或者将计算移到两个辅助方法中（一个用来计算工作日，一个用来计算节假日），并从每个常量调用相应的辅助方法。任何一种方法都会产生相当数量的样板代码，这会降低可读性，并增加了出错的概率。

通过用计算工作日加班工资的具体方法来代替 PayrollDay 中抽象的 overtimePay 方法，可以减少样板代码。这样，就只有节假日必须覆盖该方法了。但是这样也有着与 switch 语句一样的不足：如果又增加了一天而没有覆盖 overtimePay 方法，就会悄悄地延续工作日的计算。

我们真正想要的就是每当添加一个枚举常量时，就强制选择一种加班报酬策略。幸运的是，有一种很好的方法可以实现这一点。这种想法就是将加班工资计算移到一个私有的嵌套枚举中，将这个策略枚举（strategy enum）的实例传到 PayrollDay 枚举的构造器中。之后 PayrollDay 枚举将加班工资计算委托给策略枚举，PayrollDay 中就不需要 switch 语句或者特定于常量的方法实现了。虽然这种模式没有 switch 语句那么简洁，但更加安全，也更加灵活：

```java
// The strategy enum pattern
enum PayrollDay {
    MONDAY, TUESDAY, WEDNESDAY, THURSDAY, FRIDAY,
    SATURDAY(PayType.WEEKEND), SUNDAY(PayType.WEEKEND);

    private final PayType payType;

    PayrollDay(PayType payType) { this.payType = payType; }
    PayrollDay() { this(PayType.WEEKDAY); }  // Default

    int pay(int minutesWorked, int payRate) {
        return payType.pay(minutesWorked, payRate);
    }

    // The strategy enum type
    private enum PayType {
        WEEKDAY {
            int overtimePay(int minsWorked, int payRate) {
                return minsWorked <= MINS_PER_SHIFT ? 0 :
                    (minsWorked - MINS_PER_SHIFT) * payRate / 2;
            }
        },
        WEEKEND {
            int overtimePay(int minsWorked, int payRate) {
                return minsWorked * payRate / 2;
            }
        };

        abstract int overtimePay(int mins, int payRate);
        private static final int MINS_PER_SHIFT = 8 * 60;

        int pay(int minsWorked, int payRate) {
            int basePay = minsWorked * payRate;
            return basePay + overtimePay(minsWorked, payRate);
        }
    }
}
```

如果枚举中的 switch 语句不是在枚举中实现特定于常量的行为的一种很好的选择，那么它们还有什么用处呢？枚举中的 switch 语句适合于给外部的枚举类型增加特定于常量的行为。例如，假设 Operation 枚举不受你的控制，你希望它有一个实例方法来返回每个运算的反运算。你可以用下列静态方法模拟这种效果：

```java
// Switch on an enum to simulate a missing method
public static Operation inverse(Operation op) {
    switch(op) {
        case PLUS:   return Operation.MINUS;
        case MINUS:  return Operation.PLUS;
        case TIMES:  return Operation.DIVIDE;
        case DIVIDE: return Operation.TIMES;

        default:  throw new AssertionError("Unknown op: " + op);
    }
}
```

如果一个方法不属于枚举类型，也应该在你所能控制的枚举类型上使用这种方法。这种方法有点用处，但是通常还不值得将它包含到枚举类型中去。

一般来说，枚举通常在性能上与 int 常量相当。与 int 常量相比，枚举有个小小的性能缺点，即装载和初始化枚举时会需要空间和时间的成本，但在实践中几乎注意不到这个问题。

那么什么时候应该使用枚举呢？每当需要一组固定常量，并且在编译时就知道其成员的时候，就应该使用枚举。当然，这包括"天然的枚举类型"，例如行星、一周的天数以及棋子的数目等。但它也包括你在编译时就知道其所有可能值的其他集合，例如菜单的选项、操作代码以及命令行标记等。枚举类型中的常量集并不一定要始终保持不变。专门设计枚举特性是考虑到枚举类型的二进制兼容演变。

总而言之，与 int 常量相比，枚举类型的优势是不言而喻的。枚举的可读性更好，也更加安全，功能更加强大。许多枚举都不需要显式的构造器或者成员，但许多其他枚举则受益于属性与每个常量的关联以及其行为受该属性影响的方法。只有极少数的枚举受益于将多种行为与单个方法关联。在这种相对少见的情况下，特定于常量的方法要优先于启用自有值的枚举。如果多个（但非所有）枚举常量同时共享相同的行为，则要考虑策略枚举。

第 35 条：用实例域代替序数

许多枚举天生就与一个单独的 int 值相关联。所有的枚举都有一个 ordinal 方法，它返回每个枚举常量在类型中的数字位置。你可以试着从序数中得到关联的 int 值：

```
// Abuse of ordinal to derive an associated value - DON'T DO THIS
public enum Ensemble {
    SOLO,    DUET,    TRIO, QUARTET, QUINTET,
    SEXTET, SEPTET, OCTET, NONET,   DECTET;

    public int numberOfMusicians() { return ordinal() + 1; }
}
```

虽然这个枚举工作得不错，但是维护起来就像一场噩梦。如果常量进行重新排序，numberOfMusicians 方法就会遭到破坏。如果要再添加一个与已经用过的 int 值关联的枚举常量，就没那么走运了。例如，给双四重奏（double quartet）添加一个常量，它就像个八重奏一样，是由 8 位演奏家组成，但是没有办法做到。

而且，要是没有给所有这些 int 值添加常量，也无法给某个 int 值添加常量。例如，假设想要添加一个常量表示三四重奏（triple quartet），它由 12 位演奏家组成。对于由 11 位演奏家组成的合奏曲并没有标准的术语，因此只好给没有用过的 int 值（11）添加一个虚拟（dummy）常量。这么做顶多就是不太好看。如果有许多 int 值都是从未用过的，可就不切实际了。

幸运的是，有一种很简单的方法可以解决这些问题。永远不要根据枚举的序数导出与它关联的值，而是要将它保存在一个实例域中：

```
public enum Ensemble {
    SOLO(1), DUET(2), TRIO(3), QUARTET(4), QUINTET(5),
    SEXTET(6), SEPTET(7), OCTET(8), DOUBLE_QUARTET(8),
    NONET(9), DECTET(10), TRIPLE_QUARTET(12);

    private final int numberOfMusicians;
    Ensemble(int size) { this.numberOfMusicians = size; }
    public int numberOfMusicians() { return numberOfMusicians; }
}
```

Enum 规范中谈及 ordinal 方法时写道："大多数程序员都不需要这个方法。它是设计用于像 EnumSet 和 EnumMap 这种基于枚举的通用数据结构的。"除非你在编写的是这种数据结构，否则最好完全避免使用 ordinal 方法。

第 36 条：用 EnumSet 代替位域

如果一个枚举类型的元素主要用在集合中，一般就使用 int 枚举模式（详见第 34 条），比如将 2 的不同倍数赋予每个常量：

```
// Bit field enumeration constants - OBSOLETE!
public class Text {
    public static final int STYLE_BOLD          = 1 << 0;  // 1
    public static final int STYLE_ITALIC        = 1 << 1;  // 2
    public static final int STYLE_UNDERLINE     = 1 << 2;  // 4
    public static final int STYLE_STRIKETHROUGH = 1 << 3;  // 8

    // Parameter is bitwise OR of zero or more STYLE_ constants
    public void applyStyles(int styles) { ... }
}
```

这种表示法让你用 OR 位运算将几个常量合并到一个集合中，称作位域（bit field）：

```
text.applyStyles(STYLE_BOLD | STYLE_ITALIC);
```

位域表示法也允许利用位操作，有效地执行像 union（联合）和 intersection（交集）这样的集合操作。但位域具有 int 枚举常量的所有缺点，甚至更多。当位域以数字形式打印时，翻译位域比翻译简单的 int 枚举常量要困难得多。要遍历位域表示的所有元素也没有很容易的方法。最后一点，在编写 API 的时候，就必须先预测最多需要多少位，同时还要给位域选择对应的类型（一般是 int 或者 long）。一旦选择好类型，在没有修改 API 的情况下，将不能超出其位宽度（如 32 位或者 64 位）。

有些程序员虽然更倾向于使用枚举而非 int 常量，但是他们在需要传递多组常量集时，仍然倾向于使用位域。其实没有理由这么做，因为还有更好的替代方法。java.util 包提供了 EnumSet 类来有效地表示从单个枚举类型中提取的多个值的多个集合。这个类实现 Set 接口，提供了丰富的功能、类型安全性，以及可以从任何其他 Set 实现中得到的互用性。但是在内部具体的实现上，每个 EnumSet 内容都表示为位矢量。如果底层的枚举类型有 64 个或者更少的元素（大多如此）整个 EnumSet 就使用单个 long 来表示，因此它的性能比得上位域的性能。批处理操作，如 removeAll 和 retainAll，都是利用位算法来实现的，就像手工替位域实现的那样。但是可以避免手工位操作时容易出现的错误以及丑陋的代码，因为 EnumSet 替你完成了这项艰巨的工作。

下面是前一个范例改成用枚举代替位域之后的代码，它更加简短、更加清楚，也更加安全：

```
// EnumSet - a modern replacement for bit fields
public class Text {
    public enum Style { BOLD, ITALIC, UNDERLINE, STRIKETHROUGH }

    // Any Set could be passed in, but EnumSet is clearly best
    public void applyStyles(Set<Style> styles) { ... }
}
```

下面是将 EnumSet 实例传递给 applyStyles 方法的客户端代码。EnumSet 提供了丰富的静态工厂来轻松创建集合，其中一个如下代码所示：

```
text.applyStyles(EnumSet.of(Style.BOLD, Style.ITALIC));
```

注意 applyStyles 方法采用的是 Set<Style> 而非 EnumSet<Style>。虽然看起来好像所有的客户端都可以将 EnumSet 传到这个方法，但是最好还是接受接口类型而非接受实现类型（详见第 64 条）。这是考虑到可能会有特殊的客户端需要传递一些其他的 Set 实现。

总而言之，正是因为枚举类型要用在集合中，所以没有理由用位域来表示它。EnumSet 类集位域的简洁和性能优势及第 34 条中所述的枚举类型的所有优点于一身。实际上 EnumSet 有个缺点，即截止 Java 9 发行版本，它都无法创建不可变的 EnumSet，但是这一点很可能在即将发布的版本中得到修正。同时，可以用 Collections.unmodifiableSet 将 EnumSet 封装起来，但是简洁性和性能会受到影响。

第 37 条：用 EnumMap 代替序数索引

有时你可能会见到利用 ordinal 方法（详见第 35 条）来索引数组或列表的代码。例如下面这个超级简化的类，用来表示一种烹饪用的香草：

```
class Plant {
    enum LifeCycle { ANNUAL, PERENNIAL, BIENNIAL }

    final String name;
    final LifeCycle lifeCycle;


    Plant(String name, LifeCycle lifeCycle) {
        this.name = name;
        this.lifeCycle = lifeCycle;
    }

    @Override public String toString() {
        return name;
    }
}
```

现在假设有一个香草的数组，表示一座花园中的植物，你想要按照类型（一年生、多年生或者两年生植物）进行组织之后将这些植物列出来。如果要这么做，需要构建三个集合，每种类型一个，并且遍历整座花园，将每种香草放到相应的集合中。有些程序员会将这些集合放到一个按照类型的序数进行索引的数组中来实现这一点：

```
// Using ordinal() to index into an array - DON'T DO THIS!
Set<Plant>[] plantsByLifeCycle =
    (Set<Plant>[]) new Set[Plant.LifeCycle.values().length];
for (int i = 0; i < plantsByLifeCycle.length; i++)
    plantsByLifeCycle[i] = new HashSet<>();

for (Plant p : garden)
    plantsByLifeCycle[p.lifeCycle.ordinal()].add(p);

// Print the results
for (int i = 0; i < plantsByLifeCycle.length; i++) {
    System.out.printf("%s: %s%n",
        Plant.LifeCycle.values()[i], plantsByLifeCycle[i]);
}
```

这种方法的确可行，但是隐藏着许多问题。因为数组不能与泛型（详见第 28 条）兼容，程序需要进行未受检的转换，并且不能正确无误地进行编译。因为数组不知道它的索引代表着什么，你必须手工标注（label）这些索引的输出。但是这种方法最严重的问题在于，当你访问一个按照枚举的序数进行索引的数组时，使用正确的 int 值就是你的职责了；int 不能提供枚举的类型安全。你如果使用了错误的值，程序就会悄悄地完成错误的工作，或者幸运的话，会抛出 `ArrayIndexOutOfBoundException` 异常。

有一种更好的方法可以达到同样的效果。数组实际上充当着从枚举到值的映射，因此可能还要用到 Map。更具体地说，有一种非常快速的 Map 实现专门用于枚举键，称作 `java.util.EnumMap`。以下就是用 EnumMap 改写后的程序：

```
// Using an EnumMap to associate data with an enum
Map<Plant.LifeCycle, Set<Plant>> plantsByLifeCycle =
    new EnumMap<>(Plant.LifeCycle.class);
for (Plant.LifeCycle lc : Plant.LifeCycle.values())
    plantsByLifeCycle.put(lc, new HashSet<>());
for (Plant p : garden)
    plantsByLifeCycle.get(p.lifeCycle).add(p);
System.out.println(plantsByLifeCycle);
```

这段程序更简短、更清楚，也更加安全，运行速度方面可以与使用序数的程序相媲美。它没有不安全的转换；不必手工标注这些索引的输出，因为映射键知道如何将自身翻译成可打印字符串的枚举；计算数组索引时也不可能出错。EnumMap 在运行速度方面之所以能与通过序数索引的数组相媲美，正是因为 EnumMap 在内部使用了这种数组。但是它对程序员隐藏了这种实现细节，集 Map 的丰富功能和类型安全与数组的快速于一身。注意 EnumMap 构造器采用键类型的 Class 对象：这是一个有限制的类型令牌（bounded type token），它提供了运行时的泛型信息（详见第 33 条）。

上一段程序可能比用 stream（详见第 45 条）管理映射要简短得多。下面是基于 stream 的最简单的代码，大量复制了上一个示例的行为：

```
// Naive stream-based approach - unlikely to produce an EnumMap!
System.out.println(Arrays.stream(garden)
    .collect(groupingBy(p -> p.lifeCycle)));
```

这段代码的问题在于它选择自己的映射实现，实际上不会是一个 EnumMap，因此与显式 EnumMap 版本的空间及时间性能并不吻合。为了解决这个问题，要使用有三种参数形式的 Collectors.groupingBy 方法，它允许调用者利用 mapFactory 参数定义映射实现：

```
// Using a stream and an EnumMap to associate data with an enum
System.out.println(Arrays.stream(garden)
    .collect(groupingBy(p -> p.lifeCycle,
        () -> new EnumMap<>(LifeCycle.class), toSet())));
```

在这样一个玩具程序中不值得进行这种优化，但是在大量使用映射的程序中就很重要了。

基于 stream 的代码版本的行为与 EnumMap 版本的稍有不同。EnumMap 版本总是给每一个植物生命周期都设计一个嵌套映射，基于 stream 的版本则仅当花园中包含了一种或多种植物带有该生命周期时才会设计一个嵌套映射。因此，假如花园中包含了一年生和多年生植物，但没有两年生植物，plantByLifeCycle 的数量在 EnumMap 版本中应该是三种，在基于 stream 的两个版本中则都是两种。

你还可能见到按照序数进行索引（两次）的数组的数组，该序数表示两个枚举值的映射。例如，下面这个程序就是使用这样一个数组将两个阶段映射到一个阶段过渡中（从液体到固体称作凝固，从液体到气体称作沸腾，诸如此类）：

```
// Using ordinal() to index array of arrays - DON'T DO THIS!
public enum Phase {
    SOLID, LIQUID, GAS;

    public enum Transition {
        MELT, FREEZE, BOIL, CONDENSE, SUBLIME, DEPOSIT;

        // Rows indexed by from-ordinal, cols by to-ordinal
        private static final Transition[][] TRANSITIONS = {
            { null,    MELT,     SUBLIME },
            { FREEZE,  null,     BOIL    },
            { DEPOSIT, CONDENSE, null    }
        };

        // Returns the phase transition from one phase to another
        public static Transition from(Phase from, Phase to) {
            return TRANSITIONS[from.ordinal()][to.ordinal()];
        }
    }
}
```

这段程序可行，看起来也比较优雅，但是事实并非如此。就像上面那个比较简单的香草花园的示例一样，编译器无法知道序数和数组索引之间的关系。如果在过渡表中出了错，或者在修改 Phase 或者 Phase.Transition 枚举类型的时候忘记将它更新，程序就会在运行时失败。这种失败的形式可能为 ArrayIndexOutOfBoundsException、NullPointer-Exception 或者（更糟糕的是）没有任何提示的错误行为。这张表的大小是阶段数的平方，即使非空项的数量比较少。

同样，利用 EnumMap 依然可以做得更好一些。因为每个阶段过渡都是通过一对阶段枚举进行索引的，最好将这种关系表示为一个映射，这个映射的键是一个枚举（起始阶段），值为另一个映射，这第二个映射的键为第二个枚举（目标阶段），它的值为结果（阶段过渡），即形成了 Map（起始阶段，Map（目标阶段，阶段过渡））这种形式。一个阶段过渡所关联的两个阶段，最好通过“数据与阶段过渡枚举之间的关系”来获取，之后用该阶段过渡枚举来初始化嵌套的 EnumMap：

```
// Using a nested EnumMap to associate data with enum pairs
public enum Phase {
    SOLID, LIQUID, GAS;

    public enum Transition {
        MELT(SOLID, LIQUID), FREEZE(LIQUID, SOLID),
        BOIL(LIQUID, GAS),   CONDENSE(GAS, LIQUID),
        SUBLIME(SOLID, GAS), DEPOSIT(GAS, SOLID);

        private final Phase from;
        private final Phase to;

        Transition(Phase from, Phase to) {
            this.from = from;
            this.to = to;
        }

        // Initialize the phase transition map
        private static final Map<Phase, Map<Phase, Transition>>
```

```
        m = Stream.of(values()).collect(groupingBy(t -> t.from,
          () -> new EnumMap<>(Phase.class),
          toMap(t -> t.to, t -> t,
            (x, y) -> y, () -> new EnumMap<>(Phase.class))));

    public static Transition from(Phase from, Phase to) {
        return m.get(from).get(to);
    }
  }
}
```

初始化阶段过渡映射的代码看起来可能有点复杂。映射的类型为 Map<Phase,
Map<Phase, Transition>>，表示是由键为源 Phase（即第一个阶段）、值为另一个映射组成
的 Map，其中组成值的 Map 是由键值对目标 Phase（即第二个阶段）和 Transition 组成的。
这个映射的映射是利用两个集合的级联顺序进行初始化的。第一个集合按源 Phase 对过渡进
行分组，第二个集合利用从目标 Phase 到过渡之间的映射创建一个 EnumMap。第二个集合中
的 merge 函数（(x,y)->y）没有用到；只有当我们因为想要获得一个 EnumMap 而定义映射
工厂时才需要用到它，同时 Collectors 提供了重叠工厂。本书第 2 版是利用显式迭代来初
始化阶段过渡映射的。其代码更加烦琐，但是的确更易于理解。

现在假设想要给系统添加一个新的阶段：plasma（离子）或者电离气体。只有两个过渡
与这个阶段关联：电离化（ionization），它将气体变成离子；以及消电离化（deionization），
将离子变成气体。为了更新基于数组的程序，必须给 Phase 添加一种新常量，给 Phase.
Transition 添加两种新常量，用一种新的 16 个元素的版本取代原来 9 个元素的数组的数
组。如果给数组添加的元素过多或者过少，或者元素放置不妥当，可就麻烦了：程序可以编
译，但是会在运行时失败。为了更新基于 EnumMap 的版本，所要做的就是必须将 PLASMA 添
加到 Phase 列表，并将 IONIZE（GAS，PLASMA）和 DEIONIZE（PLASMA，GAS）添加到 Phase.
Transition 的列表中：

```
// Adding a new phase using the nested EnumMap implementation
public enum Phase {
    SOLID, LIQUID, GAS, PLASMA;

    public enum Transition {
        MELT(SOLID, LIQUID), FREEZE(LIQUID, SOLID),
        BOIL(LIQUID, GAS),   CONDENSE(GAS, LIQUID),
        SUBLIME(SOLID, GAS), DEPOSIT(GAS, SOLID),
        IONIZE(GAS, PLASMA), DEIONIZE(PLASMA, GAS);
        ... // Remainder unchanged
    }
}
```

程序会自行处理所有其他的事情，这样就几乎没有出错的可能。从内部来看，映射的映射被
实现成了数组的数组，因此在提升了清晰性、安全性和易维护性的同时，在空间或者时间上
也几乎没有多余的开销。

为了简洁起见，上述范例是用 null 表明状态没有变化（这里的 to 和 from 是相等的）。这并不是好的实践，可能在运行时导致 NullPointerException 异常。要给这个问题设计一个整洁、优雅的解决方案，需要高超的技巧，得到的程序会很长，贬损了本条目的主要精神。

总而言之，最好不要用序数来索引数组，而要使用 EnumMap。如果你所表示的这种关系是多维的，就使用 EnumMap<..., EnumMap<...>>。应用程序的程序员在一般情况下都不使用 Enum.ordinal 方法，仅仅在极少数情况下才会使用，因此这是一种特殊情况（详见第 35 条）。

第 38 条：用接口模拟可扩展的枚举

几乎从所有方面来看，枚举类型都优越于本书第 1 版中所述的类型安全枚举模式 [Bloch01]。从表面上看，有一个异常与可伸缩性有关，这个异常可能处在原来的模式中，却没有得到语言构造的支持。换句话说，使用第 1 版所述的模式能够实现让一个枚举类型去扩展另一个枚举类型；利用这种语言特性，则不可能做到。这绝非偶然。枚举的可伸缩性最后证明基本上都不是什么好点子。扩展类型的元素为基本类型的实例，基本类型的实例却不是扩展类型的元素，这样很混乱。目前还没有很好的方法来枚举基本类型的所有元素及其扩展。最终，可伸缩性会导致设计和实现的许多方面变得复杂起来。

也就是说，对于可伸缩的枚举类型而言，至少有一种具有说服力的用例，这就是操作码（operation code），也称作 opcode。操作码是指这样的枚举类型：它的元素表示在某种机器上的那些操作，例如第 34 条中的 Operation 类型，它表示一个简单的计算器中的某些函数。有时要尽可能地让 API 的用户提供它们自己的操作，这样可以有效地扩展 API 所提供的操作集。

幸运的是，有一种很好的方法可以利用枚举类型来实现这种效果。由于枚举类型可以通过给操作码类型和（属于接口的标准实现的）枚举定义接口来实现任意接口，基本的想法就是利用这一事实。例如，以下是第 34 条中的 Operation 类型的扩展版本：

```java
// Emulated extensible enum using an interface
public interface Operation {
    double apply(double x, double y);
}

public enum BasicOperation implements Operation {
    PLUS("+") {
        public double apply(double x, double y) { return x + y; }
    },
    MINUS("-") {
        public double apply(double x, double y) { return x - y; }
    },
    TIMES("*") {
```

```
            public double apply(double x, double y) { return x * y; }
    },
    DIVIDE("/") {
            public double apply(double x, double y) { return x / y; }
    };
    private final String symbol;

    BasicOperation(String symbol) {
        this.symbol = symbol;
    }

    @Override public String toString() {
        return symbol;
    }
}
```

虽然枚举类型（BasicOperation）不是可扩展的，但接口类型（Operation）却是可扩展的，它是用来表示 API 中的操作的接口类型。你可以定义另一个枚举类型，它实现这个接口，并用这个新类型的实例代替基本类型。例如，假设你想要定义一个上述操作类型的扩展，由求幂（exponentiation）和求余（remainder）操作组成。你所要做的就是编写一个枚举类型，让它实现 Operation 接口：

```
// Emulated extension enum
public enum ExtendedOperation implements Operation {
    EXP("^") {
        public double apply(double x, double y) {
            return Math.pow(x, y);
        }
    },
    REMAINDER("%") {
        public double apply(double x, double y) {
            return x % y;
        }
    };

    private final String symbol;

    ExtendedOperation(String symbol) {
        this.symbol = symbol;
    }

    @Override public String toString() {
        return symbol;
    }
}
```

在可以使用基础操作的任何地方，现在都可以使用新的操作，只要 API 是写成采用接口类型（Operation）而非实现（BasicOperation）。注意，在枚举中，不必像在不可扩展的枚举中所做的那样，利用特定于实例的方法实现（见第 34 条）来声明抽象的 apply 方法。因为抽象的方法（apply）是接口（Operation）的一部分。

不仅可以在任何需要"基本枚举"的地方单独传递一个"扩展枚举"的实例，而且除了那些基本类型的元素之外，还可以传递完整的扩展枚举类型，并使用它的元素。例如，通过第 34 条的测试程序版本，体验一下上面定义过的所有扩展过的操作：

```
public static void main(String[] args) {
    double x = Double.parseDouble(args[0]);
    double y = Double.parseDouble(args[1]);
    test(ExtendedOperation.class, x, y);
}

private static <T extends Enum<T> & Operation> void test(
        Class<T> opEnumType, double x, double y) {
    for (Operation op : opEnumType.getEnumConstants())
        System.out.printf("%f %s %f = %f%n",
                          x, op, y, op.apply(x, y));
}
```

注意扩展过的操作类型的类的字面文字（`ExtendedOperation.class`）从 main 被传递给了 test 方法，来描述被扩展操作的集合。这个类的字面文字充当有限制的类型令牌（bounded type token）（详见第 33 条）。opEnumType 参数中公认很复杂的声明（`<T extends Enum<T>& Operation> Class<T>`）确保了 Class 对象既表示枚举又表示 Operation 的子类型，这正是遍历元素和执行与每个元素相关联的操作时所需要的。

第二种方法是传入一个 `Collection<? Extends Operation>`，这是个有限制的通配符类型（bounded wildcard type）（详见第 31 条），而不是传递一个类对象：

```
public static void main(String[] args) {
    double x = Double.parseDouble(args[0]);
    double y = Double.parseDouble(args[1]);
    test(Arrays.asList(ExtendedOperation.values()), x, y);
}

private static void test(Collection<? extends Operation> opSet,
        double x, double y) {
    for (Operation op : opSet)
        System.out.printf("%f %s %f = %f%n",
                          x, op, y, op.apply(x, y));
}
```

这样得到的代码没有那么复杂，test 方法也比较灵活一些：它允许调用者将多个实现类型的操作合并到一起。另一方面，也放弃了在指定操作上使用 EnumSet（详见第 36 条）和 EnumMap（详见第 37 条）的功能。

上面这两段程序运行时带上命令行参数 4 和 2，都会产生如下输出：

```
4.000000 ∧ 2.000000 = 16.000000
4.000000 % 2.000000 = 0.000000
```

用接口模拟可伸缩枚举有个小小的不足，即无法将实现从一个枚举类型继承到另一个枚举类型。如果实现代码不依赖于任何状态，就可以将缺省实现（详见第 20 条）放在接口中。在上述 Operation 的示例中，保存和获取与某项操作相关联的符号的逻辑代码，必须复制到 BasicOperation 和 ExtendedOperation 中。在这个例子中是可以的，因为复制的代码非常少。如果共享功能比较多，则可以将它封装在一个辅助类或者静态辅助方法中，来避免代码的复制工作。

本条目所述的模式也在 Java 类库中得到了应用。例如，`java.nio.file.LinkOption`枚举类型，它同时实现了 `CopyOption` 和 `OpenOption` 接口。

总而言之，虽然无法编写可扩展的枚举类型，却可以通过编写接口以及实现该接口的基础枚举类型来对它进行模拟。这样允许客户端编写自己的枚举（或者其他类型）来实现接口。如果 API 是根据接口编写的，那么在可以使用基础枚举类型的任何地方，也都可以使用这些枚举。

第 39 条：注解优先于命名模式

根据经验，一般使用命名模式（naming pattern）表明有些程序元素需要通过某种工具或者框架进行特殊处理。例如，在 JUnit 4 发行版本之前，JUnit 测试框架原本要求其用户一定要用 test 作为测试方法名称的开头 [Beck04]。这种方法可行，但是有几个很严重的缺点。首先，文字拼写错误会导致失败，且没有任何提示。例如，假设不小心将一个测试方法命名为 tsetSafetyOverride 而不是 testSafetyOverride。JUnit 3 不会提示，但也不会执行测试，造成错误的安全感。

命名模式的第二个缺点是，无法确保它们只用于相应的程序元素上。例如，假设将某个类称作 TestSafetyMechanisms，是希望 JUnit 3 会自动地测试它所有的方法，而不管它们叫什么名称。JUnit 3 还是不会提示，但也同样不会执行测试。

命名模式的第三个缺点是，它们没有提供将参数值与程序元素关联起来的好方法。例如，假设想要支持一种测试类别，它只在抛出特殊异常时才会成功。异常类型本质上是测试的一个参数。你可以利用某种具体的命名模式，将异常类型名称编码到测试方法名称中，但是这样的代码很不雅观，也很脆弱（见第 62 条）。编译器不知道要去检验准备命名异常的字符串是否真正命名成功。如果命名的类不存在，或者不是一个异常，你也要到试着运行测试时才会发现。

注解 [JLS, 9.7] 很好地解决了所有这些问题，JUnit 从版本 4 开始使用。在本条目中，我们要编写自己的试验测试框架，展示一下注解的使用方法。假设想要定义一个注解类型来指定简单的测试，它们自动运行，并在抛出异常时失败。以下就是这样的一个注解类型，命名为 Test：

```
// Marker annotation type declaration
import java.lang.annotation.*;

/**
 * Indicates that the annotated method is a test method.
 * Use only on parameterless static methods.
```

```
*/
@Retention(RetentionPolicy.RUNTIME)
@Target(ElementType.METHOD)
public @interface Test {
}
```

Test 注解类型的声明就是它自身通过 Retention 和 Target 注解进行了注解。注解类型声明中的这种注解被称作元注解（meta-annotation）。@Retention(RetentionPolicy.RUNTIME) 元注解表明 Test 注解在运行时也应该存在，否则测试工具就无法知道 Test 注解。@Target(ElementType.METHOD) 元注解表明，Test 注解只在方法声明中才是合法的：它不能运用到类声明、域声明或者其他程序元素上。

注意 Test 注解声明上方的注释："Use only on parameterless static method"（只用于无参的静态方法）。如果编译器能够强制这一限制最好，但是它做不到，除非编写一个注解处理器（annotation processor），让它来完成。关于这个主题的更多信息，请参阅 javax.annotation.processing 的文档。在没有这类注解处理器的情况下，如果将 Test 注解放在实例方法的声明中，或者放在带有一个或者多个参数的方法中，测试程序还是可以编译，让测试工具在运行时来处理这个问题。

下面就是现实应用中的 Test 注解，称作标记注解（marker annotation），因为它没有参数，只是"标注"被注解的元素。如果程序员拼错了 Test，或者将 Test 注解应用到程序元素而非方法声明，程序就无法编译：

```
// Program containing marker annotations
public class Sample {
    @Test public static void m1() { }  // Test should pass
    public static void m2() { }
    @Test public static void m3() {     // Test should fail
        throw new RuntimeException("Boom");
    }
    public static void m4() { }
    @Test public void m5() { } // INVALID USE: nonstatic method
    public static void m6() { }
    @Test public static void m7() {     // Test should fail
        throw new RuntimeException("Crash");
    }
    public static void m8() { }
}
```

Sample 类有 7 个静态方法，其中 4 个被注解为测试。这 4 个中有 2 个抛出了异常：m3 和 m7，另外两个则没有：m1 和 m5。但是其中一个没有抛出异常的被注解方法：m5，是一个实例方法，因此不属于注解的有效使用。总之，Sample 包含 4 项测试：一项会通过，两项会失败，另一项无效。没有用 Test 注解进行标注的另外 4 个方法会被测试工具忽略。

Test 注解对 Sample 类的语义没有直接的影响。它们只负责提供信息供相关的程序使用。更一般地讲，注解永远不会改变被注解代码的语义，但是使它可以通过工具进行特殊的处理，例如像这种简单的测试运行类：

```java
// Program to process marker annotations
import java.lang.reflect.*;

public class RunTests {
    public static void main(String[] args) throws Exception {
        int tests = 0;
        int passed = 0;
        Class<?> testClass = Class.forName(args[0]);
        for (Method m : testClass.getDeclaredMethods()) {
            if (m.isAnnotationPresent(Test.class)) {
                tests++;
                try {
                    m.invoke(null);
                    passed++;
                } catch (InvocationTargetException wrappedExc) {
                    Throwable exc = wrappedExc.getCause();
                    System.out.println(m + " failed: " + exc);
                } catch (Exception exc) {
                    System.out.println("Invalid @Test: " + m);
                }
            }
        }
        System.out.printf("Passed: %d, Failed: %d%n",
                          passed, tests - passed);
    }
}
```

测试运行工具在命令行上使用完全匹配的类名，并通过调用 Method.invoke 反射式地运行类中所有标注了 Test 注解的方法。isAnnotationPresent 方法告知该工具要运行哪些方法。如果测试方法抛出异常，反射机制就会将它封装在 InvocationTargetException 中。该工具捕捉到这个异常，并打印失败报告，包含测试方法抛出的原始异常，这些信息是通过 getCause 方法从 InvocationTargetException 中提取出来的。

如果尝试通过反射调用测试方法时抛出 InvocationTargetException 之外的任何异常，表明编译时没有捕捉到 Test 注解的无效用法。这种用法包括实例方法的注解，或者带有一个或多个参数的方法的注解，或者不可访问的方法的注解。测试运行类中的第二个 catch 块捕捉到这些 Test 用法错误，并打印出相应的错误消息。下面就是 RunTests 在 Sample 上运行时打印的输出：

```
public static void Sample.m3() failed: RuntimeException: Boom
Invalid @Test: public void Sample.m5()
public static void Sample.m7() failed: RuntimeException: Crash
Passed: 1, Failed: 3
```

现在我们要针对只在抛出特殊异常时才成功的测试添加支持。为此需要一个新的注解类型：

```java
// Annotation type with a parameter
import java.lang.annotation.*;
/**
 * Indicates that the annotated method is a test method that
```

```
 * must throw the designated exception to succeed.
 */
@Retention(RetentionPolicy.RUNTIME)
@Target(ElementType.METHOD)
public @interface ExceptionTest {
    Class<? extends Throwable> value();
}
```

这个注解的参数类型是 Class<? extends Throwable>。这个通配符类型有些绕口。它在英语中的意思是：某个扩展 Throwable 的类的 Class 对象，它允许注解的用户指定任何异常（或错误）类型。这种用法是有限制的类型令牌（bounded type token）（详见第 33 条）的一个示例。下面就是实际应用中的这个注解。注意类名称被用作了注解参数的值：

```
// Program containing annotations with a parameter
public class Sample2 {
    @ExceptionTest(ArithmeticException.class)
    public static void m1() {  // Test should pass
        int i = 0;
        i = i / i;
    }
    @ExceptionTest(ArithmeticException.class)
    public static void m2() {  // Should fail (wrong exception)
        int[] a = new int[0];
        int i = a[1];
    }
    @ExceptionTest(ArithmeticException.class)
    public static void m3() { }  // Should fail (no exception)
}
```

现在我们要修改一下测试运行工具来处理新的注解。这其中包括将以下代码添加到 main 方法中：

```
if (m.isAnnotationPresent(ExceptionTest.class)) {
    tests++;
    try {
        m.invoke(null);
        System.out.printf("Test %s failed: no exception%n", m);
    } catch (InvocationTargetException wrappedEx) {
        Throwable exc = wrappedEx.getCause();
        Class<? extends Throwable> excType =
            m.getAnnotation(ExceptionTest.class).value();
        if (excType.isInstance(exc)) {
            passed++;
        } else {
            System.out.printf(
                "Test %s failed: expected %s, got %s%n",
                m, excType.getName(), exc);
        }
    } catch (Exception exc) {
        System.out.println("Invalid @Test: " + m);
    }
}
```

这段代码类似于用来处理 Test 注解的代码，但有一处不同：这段代码提取了注解参数的值，并用它检验该测试抛出的异常是否为正确的类型。没有显式的转换，因此没有出现 ClassCastException 的危险。编译过的测试程序确保它的注解参数表示的是有效的异常类型，需要提醒一点：有可能注解参数在编译时是有效的，但是表示特定异常类型的类文件在运行时却不存在。在这种希望很少出现的情况下，测试运行类会抛出 TypeNot-PresentException 异常。

将上面的异常测试示例再深入一点，想象测试可以在抛出任何一种指定异常时都能够通过。注解机制有一种工具，使得支持这种用法变得十分容易。假设我们将 ExceptionTest 注解的参数类型改成 Class 对象的一个数组：

```java
// Annotation type with an array parameter
@Retention(RetentionPolicy.RUNTIME)
@Target(ElementType.METHOD)
public @interface ExceptionTest {
    Class<? extends Exception>[] value();
}
```

注解中数组参数的语法十分灵活。它是进行过优化的单元素数组。使用了 Exception-Test 新版的数组参数之后，之前的所有 ExceptionTest 注解仍然有效，并产生单元素的数组。为了指定多元素的数组，要用花括号将元素包围起来，并用逗号将它们隔开：

```java
// Code containing an annotation with an array parameter
@ExceptionTest({ IndexOutOfBoundsException.class,
                 NullPointerException.class })
public static void doublyBad() {
    List<String> list = new ArrayList<>();

    // The spec permits this method to throw either
    // IndexOutOfBoundsException or NullPointerException
    list.addAll(5, null);
}
```

修改测试运行工具来处理新的 ExceptionTest 相当简单。下面的代码代替了原来的代码：

```java
if (m.isAnnotationPresent(ExceptionTest.class)) {
    tests++;
    try {
        m.invoke(null);
        System.out.printf("Test %s failed: no exception%n", m);
    } catch (Throwable wrappedExc) {
        Throwable exc = wrappedExc.getCause();
        int oldPassed = passed;
        Class<? extends Exception>[] excTypes =
            m.getAnnotation(ExceptionTest.class).value();
        for (Class<? extends Exception> excType : excTypes) {
            if (excType.isInstance(exc)) {
                passed++;
                break;
            }
        }
        if (passed == oldPassed)
            System.out.printf("Test %s failed: %s %n", m, exc);
    }
}
```

从 Java 8 开始，还有另一种方法可以进行多值注解。它不是用一个数组参数声明一个注解类型，而是用 @Repeatable 元注解对注解的声明进行注解，表示该注解可以被重复地应用给单个元素。这个元注解只有一个参数，就是包含注解类型（containing annotation type）的类对象，它唯一的参数是一个注解类型数组 [JLS,9.6.3]。下面的注解声明就是把 ExceptionTest 注解改成使用这个方法之后的版本。注意包含的注解类型必须利用适当的保留策略和目标进行注解，否则声明将无法编译：

```
// Repeatable annotation type
@Retention(RetentionPolicy.RUNTIME)
@Target(ElementType.METHOD)
@Repeatable(ExceptionTestContainer.class)
public @interface ExceptionTest {
    Class<? extends Exception> value();
}

@Retention(RetentionPolicy.RUNTIME)
@Target(ElementType.METHOD)
public @interface ExceptionTestContainer {
    ExceptionTest[] value();
}
```

下面是 doublyBad 测试方法用重复注解代替数组值注解之后的代码：

```
// Code containing a repeated annotation
@ExceptionTest(IndexOutOfBoundsException.class)
@ExceptionTest(NullPointerException.class)
public static void doublyBad() { ... }
```

处理可重复的注解要非常小心。重复的注解会产生一个包含注解类型的合成注解。getAnnotationsByType 方法掩盖了这个事实，可以用于访问可重复注解类型的重复和非重复的注解。但 isAnnotationPresent 使它变成了显式的，即重复的注解不是注解类型（而是所包含的注解类型）的一部分。如果一个元素具有某种类型的重复注解，并且用 isAnnotationPresent 方法检验该元素是否具有该类型的注解，会发现它没有。用这种方法检验是否存在注解类型，会导致程序默默地忽略掉重复的注解。同样地，用这种方法检验是否存在包含的注解类型，会导致程序默默地忽略掉非重复的注解。为了利用 isAnnotationPresent 检测重复和非重复的注解，必须检查注解类型及其包含的注解类型。下面是 Runtests 程序改成使用 ExceptionTest 注解时有关部分的代码：

```
// Processing repeatable annotations
if (m.isAnnotationPresent(ExceptionTest.class)
    || m.isAnnotationPresent(ExceptionTestContainer.class)) {
    tests++;
    try {
        m.invoke(null);
        System.out.printf("Test %s failed: no exception%n", m);
    } catch (Throwable wrappedExc) {
```

```
        Throwable exc = wrappedExc.getCause();
        int oldPassed = passed;
        ExceptionTest[] excTests =
                m.getAnnotationsByType(ExceptionTest.class);
        for (ExceptionTest excTest : excTests) {
            if (excTest.value().isInstance(exc)) {
                passed++;
                break;
            }
        }
        if (passed == oldPassed)
            System.out.printf("Test %s failed: %s %n", m, exc);
    }
}
```

　　加入可重复的注解，提升了源代码的可读性，逻辑上是将同一个注解类型的多个实例应用到了一个指定的程序元素。如果你觉得它们增强了源代码的可读性就使用它们，但是记住在声明和处理可重复注解的代码中会有更多的样板代码，并且处理可重复的注解容易出错。

　　本条目中的测试框架只是一个试验，但它清楚地示范了注解之于命名模式的优越性。这只是揭开了注解功能的冰山一角。如果是在编写一个需要程序员给源文件添加信息的工具，就要定义一组适当的注解类型。既然有了注解，就完全没有理由再使用命名模式了。

　　也就是说，除了"工具铁匠"（toolsmiths，即平台框架程序员）之外，大多数程序员都不必定义注解类型。但是所有的程序员都应该使用 Java 平台所提供的预定义的注解类型（详见第 40 条和第 27 条）。还要考虑使用 IDE 或者静态分析工具所提供的任何注解。这种注解可以提升由这些工具所提供的诊断信息的质量。但是要注意这些注解还没有标准化，因此如果变换工具或者形成标准，就有很多工作要做了。

第 40 条：坚持使用 Override 注解

　　Java 类库中包含了几种注解类型。对于传统的程序员而言，这里面最重要的就是 @Override 注解。这个注解只能用在方法声明中，它表示被注解的方法声明覆盖了超类型中的一个方法声明。如果坚持使用这个注解，可以防止一大类的非法错误。以下面的程序为例，这里的 Bigram 类表示一个双字母组或者有序的字母对：

```
// Can you spot the bug?
public class Bigram {
    private final char first;
    private final char second;

    public Bigram(char first, char second) {
        this.first  = first;
```

```
            this.second = second;
        }
        public boolean equals(Bigram b) {
            return b.first == first && b.second == second;
        }
        public int hashCode() {
            return 31 * first + second;
        }

        public static void main(String[] args) {
            Set<Bigram> s = new HashSet<>();
            for (int i = 0; i < 10; i++)
                for (char ch = 'a'; ch <= 'z'; ch++)
                    s.add(new Bigram(ch, ch));
            System.out.println(s.size());
        }
    }
```

主程序反复地将 26 个双字母组添加到集合中，每个双字母组都由两个相同的小写字母组成。随后它打印出集合的大小。你可能以为程序打印出的大小为 26，因为集合不能包含重复。如果你试着运行程序，会发现它打印的不是 26 而是 260。哪里出错了呢？

很显然，Bigram 类的创建者原本想要覆盖 equals 方法（详见第 10 条），同时还记得覆盖了 hashCode（详见第 11 章）。遗憾的是，不幸的程序员没能覆盖 equals 方法，而是将它重载了（详见第 52 条）。为了覆盖 Object.equals 必须定义一个参数为 Object 类型的 equals 方法，但是 Bigram 类的 equals 方法的参数并不是 Object 类型，因此 Bigram 类从 Object 继承了 equals 方法。这个 equals 方法测试对象的同一性（identity），就像 == 操作符一样。每个 bigram 的 10 个备份中，每一个都与其余的 9 个不同，因此 Object.equals 认为它们不相等，这正是程序会打印出 260 的原因。

幸运的是，编译器可以帮助你发现这个错误，但是只有当你告知编译器你想要覆盖 Object.equals 时才行。为了做到这一点，要用 @Override 标注 Bigram.euqals，如下所示：

```
@Override public boolean equals(Bigram b) {
    return b.first == first && b.second == second;
}
```

如果插入这个注解，并试着重新编译程序，编译器就会产生如下的错误消息：

```
Bigram.java:10: method does not override or implement a method
from a supertype
    @Override public boolean equals(Bigram b) {
    ^
```

你会立即意识到哪里错了，拍拍自己的头，恍然大悟，马上用正确的来取代出错的 equals 实现（详见第 10 条）：

```
@Override public boolean equals(Object o) {
    if (!(o instanceof Bigram))
        return false;
    Bigram b = (Bigram) o;
    return b.first == first && b.second == second;
}
```

因此，应该在你想要覆盖超类声明的每个方法声明中使用 Override 注解。这一规则有个小小的例外。如果你在编写一个没有标注为抽象的类，并且确信它覆盖了超类的抽象方法，在这种情况下，就不必将 Override 注解放在该方法上了。在没有声明为抽象的类中，如果没有覆盖抽象的超类方法，编译器就会发出一条错误消息。但是，你可能希望关注类中所有覆盖超类方法的方法，在这种情况下，也可以放心地标注这些方法。大多数 IDE 可以设置为在需要覆盖一个方法时自动插入 Override 注解。

大多数 IDE 都提供了使用 Override 注解的另一种理由。如果启用相应的代码检验功能，当有一个方法没有 Override 注解，却覆盖了超类方法时，IDE 就会产生一条警告。如果使用了 Override 注解，这些警告就会提醒你警惕无意识的覆盖。这些警告补充了编译器的错误消息，后者会提醒你警惕无意识的覆盖失败。IDE 和编译器可以确保你无一遗漏地覆盖任何你想要覆盖的方法。

Override 注解可以用在方法声明中，覆盖来自接口以及类的声明。由于缺省方法的出现，在接口方法的具体实现上使用 Override，可以确保签名正确，这是一个很好的实践。如果知道接口没有缺省方法，可以选择省略接口方法的具体实现上的 Override 注解，以减少混乱。

但是在抽象类或者接口中，还是值得标注所有你想要的方法，来覆盖超类或者超接口方法，无论它们是具体的还是抽象的。例如，Set 接口没有给 Collection 接口添加新方法，因此它应该在它的所有方法声明中包括 Override 注解，以确保它不会意外地给 Collection 接口添加任何新方法。

总而言之，如果在你想要的每个方法声明中使用 Override 注解来覆盖超类声明，编译器就可以替你防止大量的错误，但有一个例外。在具体的类中，不必标注你确信覆盖了抽象方法声明的方法（虽然这么做也没有什么坏处）。

第 41 条: 用标记接口定义类型

标记接口（marker interface）是不包含方法声明的接口，它只是指明（或者"标明"）一个类实现了具有某种属性的接口。例如，考虑 Serializable 接口（详见第 12 章）。通过实现这个接口，类表明它的实例可以被写到 ObjectOutputStream 中（或者"被序列化"）。

你可能听说过标记注解（详见第 39 条）使得标记接口过时了。这种断言是不正确的。标记接口有两点胜过标记注解。首先，也是最重要的一点是，标记接口定义的类型是由被标记类的实例实现的；标记注解则没有定义这样的类型。标记接口类型的存在，允许你在编译时就能捕捉到在使用标记注解的情况下要到运行时才能捕捉到的错误。

Java 的序列化设施（详见第 6 章）利用 Serializable 标记接口表明一个类型是可以序列化的。ObjectOutputStream.writeObject 方法将传入的对象序列化，其参数必须是可序列化的。该方法的参数类型应该为 Serializable，如果试着序列化一个不恰当的对象，（通过类型检查）在编译时就会被发现。编译时的错误侦测是标记接口的目的，但遗憾的是，ObjectOutputStream.write API 并没有利用 Serializable 接口的优势：其参数声明为 Object 类型，因此，如果尝试序列化一个不可序列化的对象，将直到程序运行时才会失败。

标记接口胜过标记注解的另一个优点是，它们可以被更加精确地进行锁定。如果注解类型用目标 ElementType.TYPE 声明，它就可以被应用于任何类或者接口。假设有一个标记只适用于特殊接口的实现。如果将它定义成一个标记接口，就可以用它将唯一的接口扩展成它适用的接口，确保所有被标记的类型也都是该唯一接口的子类型。

Set 接口可以说就是这种有限制的标记接口（restricted marker interface）。它只适用于 Collection 子类型，但是它不会添加除了 Collection 定义之外的方法。一般情况下，不把它当作是标记接口，因为它改进了几个 Collection 方法的合约，包括 add、equals 和 hashCode。但是很容易想象只适用于某种特殊接口的子类型的标记接口，它没有改进接口的任何方法的合约。这种标记接口可以描述整个对象的某个约束条件，或者表明实例能够利用其他某个类的方法进行处理（就像 Serializable 接口表明实例可以通过 ObjectOutputStream 进行处理一样）。

标记注解胜过标记接口的最大优点在于，它们是更大的注解机制的一部分。因此，标记注解在那些支持注解作为编程元素之一的框架中同样具有一致性。

那么什么时候应该使用标记注解，什么时候应该使用标记接口呢？很显然，如果标记是应用于任何程序元素而不是类或者接口，就必须使用注解，因为只有类和接口可以用来实现或者扩展接口。如果标记只应用于类和接口，就要问问自己：我要编写一个还是多个只接受有这种标记的方法呢？如果是这种情况，就应该优先使用标记接口而非注解。这样你就可以用接口作为相关方法的参数类型，它可以真正为你提供编译时进行类型检查的好处。如果你确信自己永远不需要编写一个只接受带有标记的对象，那么或许最好使用标记注解。此外，如果标记是广泛使用注解的框架的一个组成部分，则显然应该选择标记注解。

　　总而言之，标记接口和标记注解都各有用处。如果想要定义一个任何新方法都不会与之关联的类型，标记接口就是最好的选择。如果想要标记程序元素而非类和接口，或者标记要适合于已经广泛使用了注解类型的框架，那么标记注解就是正确的选择。如果你发现自己在编写的是目标为 ElementType.TYPE 的标记注解类型，就要花点时间考虑清楚，它是否真的应该为注解类型，想想标记接口是否会更加合适。

　　从某种意义上说，本条目与第 22 条中"如果不想定义类型就不要使用接口"的说法相反。本条目最接近的意思是说："如果想要定义类型，一定要使用接口。"

Effective

Lambda 和 Stream

在 Java 8 中，增加了函数接口（functional interface）、Lambda 和方法引用（method reference），使得创建函数对象（function object）变得很容易。与此同时，还增加了 Stream API，为处理数据元素的序列提供了类库级别的支持。在本章中，将讨论如何最佳地利用这些机制。

第 42 条：Lambda 优先于匿名类

根据以往的经验，是用带有单个抽象方法的接口（或者，几乎都不是抽象类）作为函数类型（function type）。它们的实例称作函数对象（function object），表示函数或者要采取的动作。自从 1997 年发布 JDK 1.1 以来，创建函数对象的主要方式是通过匿名类（anonymous class，详见第 24 条）。下面是一个按照字符串的长度对字符串列表进行排序的代码片段，它用一个匿名类创建了排序的比较函数（加强排列顺序）：

```
// Anonymous class instance as a function object - obsolete!
Collections.sort(words, new Comparator<String>() {
    public int compare(String s1, String s2) {
        return Integer.compare(s1.length(), s2.length());
    }
});
```

匿名类满足了传统的面向对象的设计模式对函数对象的需求，最著名的有策略（Strategy）模式 [Gamma95]。Comparator 接口代表一种排序的抽象策略（abstract strategy）；上述的匿名类则是为字符串排序的一种具体策略（concrete strategy）。但是，匿名类的烦琐使得在 Java 中进行函数编程的前景变得十分黯淡。

在 Java 8 中，形成了"带有单个抽象方法的接口是特殊的，值得特殊对待"的观念。这些接口现在被称作函数接口（functional interface），Java 允许利用 Lambda 表达式（Lambda expression，简称 Lambda）创建这些接口的实例。Lambda 类似于匿名类的函数，但是比它简洁得多。以下是上述代码用 Lambda 代替匿名类之后的样子。样板代码没有了，其行为也十分明确：

```
// Lambda expression as function object (replaces anonymous class)
Collections.sort(words,
        (s1, s2) -> Integer.compare(s1.length(), s2.length()));
```

注意，Lambda 的类型（Comparator<String>）、其参数的类型（s1 和 s2，两个都是 String）及其返回值的类型（int），都没有出现在代码中。编译器利用一个称作类型推导（type inference）的过程，根据上下文推断出这些类型。在某些情况下，编译器无法确定类型，你就必须指定。类型推导的规则很复杂：在 JLS[JLS,18] 中占了整章的篇幅。几乎没有程序员能够详细了解这些规则，但是没关系。删除所有 Lambda 参数的类型吧，除非它们的存在能够使程序变得更加清晰。如果编译器产生一条错误消息，告诉你无法推导出 Lambda 参数的类型，那么你就指定类型。有时候还需要转换返回值或者整个 Lambda 表达式，但是这种情况很少见。

关于类型推导应该增加一条警告。第 26 条告诉你不要使用原生态类型，第 29 条说过要支持泛型类型，第 30 条说过要支持泛型方法。在使用 Lambda 时，这条建议确实非常重要，因为编译器是从泛型获取到得以执行类型推导的大部分类型信息的。如果你没有提供这些信息，编译器就无法进行类型推导，你就必须在 Lambda 中手工指定类型，这样极大地增加了它们的烦琐程度。如果上述代码片段中的变量 words 声明为原生态类型 List，而不是参数化的类型 List<String>，它就不会进行编译。

当然，如果用 Lambda 表达式（详见第 14 条和第 43 条）代替比较器构造方法（comparator construction method），有时这个代码片段中的比较器还会更加简练：

```
Collections.sort(words, comparingInt(String::length));
```

事实上，如果利用 Java 8 在 List 接口中添加的 sort 方法，这个代码片段还可以更加简短一些：

```
words.sort(comparingInt(String::length));
```

Java 中增加了 Lambda 之后，使得之前不能使用函数对象的地方现在也能使用了。例如，以第 34 条中的 `Operation` 枚举类型为例。由于每个枚举的 `apply` 方法都需要不同的行为，我们用了特定于常量的类主体，并覆盖了每个枚举常量中的 `apply` 方法。通过以下代码回顾一下：

```java
// Enum type with constant-specific class bodies & data (Item 34)
public enum Operation {
    PLUS("+") {
        public double apply(double x, double y) { return x + y; }
    },
    MINUS("-") {
        public double apply(double x, double y) { return x - y; }
    },
    TIMES("*") {
        public double apply(double x, double y) { return x * y; }
    },
    DIVIDE("/") {
        public double apply(double x, double y) { return x / y; }
    };

    private final String symbol;
    Operation(String symbol) { this.symbol = symbol; }
    @Override public String toString() { return symbol; }

    public abstract double apply(double x, double y);
}
```

由第 34 条可知，枚举实例域优先于特定于常量的类主体。Lambda 使得利用前者实现特定于常量的行为变得比用后者来得更加容易了。只要给每个枚举常量的构造器传递一个实现其行为的 Lambda 即可。构造器将 Lambda 保存在一个实例域中，`apply` 方法再将调用转给 Lambda。由此得到的代码比原来的版本更简单，也更加清晰：

```java
// Enum with function object fields & constant-specific behavior
public enum Operation {
    PLUS  ("+", (x, y) -> x + y),
    MINUS ("-", (x, y) -> x - y),
    TIMES ("*", (x, y) -> x * y),
    DIVIDE("/", (x, y) -> x / y);

    private final String symbol;
    private final DoubleBinaryOperator op;

    Operation(String symbol, DoubleBinaryOperator op) {
        this.symbol = symbol;
        this.op = op;
    }

    @Override public String toString() { return symbol; }

    public double apply(double x, double y) {
        return op.applyAsDouble(x, y);
    }
}
```

注意，这里给 Lambda 使用了 `DoubleBinaryOperator` 接口，代表枚举常量的行为。这是在 `java.util.function`（详见第 44 条）中预定义的众多函数接口之一。它表示一个带有两个 `double` 参数的函数，并返回一个 `double` 结果。

看看基于 Lambda 的 `Operation` 枚举，你可能会想，特定于常量的方法主体已经形同虚设了，但是实际并非如此。与方法和类不同的是，Lambda 没有名称和文档；如果一个计算本身不是自描述的，或者超出了几行，那就不要把它放在一个 Lambda 中。对于 Lambda 而言，一行是最理想的，三行是合理的最大极限。如果违背了这个规则，可能对程序的可读性造成严重的危害。如果 Lambda 很长或者难以阅读，要么找一种方法将它简化，要么重构程序来消除它。而且，传入枚举构造器的参数是在静态的环境中计算的。因而，枚举构造器中的 Lambda 无法访问枚举的实例成员。如果枚举类型带有难以理解的特定于常量的行为，或者无法在几行之内实现，又或者需要访问实例域或方法，那么特定于常量的类主体仍然是首选。

同样地，你可能会认为，在 Lambda 时代，匿名类已经过时了。这种想法比较接近事实，但是仍有一些工作用 Lambda 无法完成，只能用匿名类才能完成。Lambda 限于函数接口。如果想创建抽象类的实例，可以用匿名类来完成，而不是用 Lambda。同样地，可以用匿名类为带有多个抽象方法的接口创建实例。最后一点，Lambda 无法获得对自身的引用。在 Lambda 中，关键字 `this` 是指外围实例，这个通常正是你想要的。在匿名类中，关键字 `this` 是指匿名类实例。如果需要从函数对象的主体内部访问它，就必须使用匿名类。

Lambda 与匿名类共享你无法可靠地通过实现来序列化和反序列化的属性。因此，尽可能不要（除非迫不得已）序列化一个 Lambda（或者匿名类实例）。如果想要可序列化的函数对象，如 `Comparator`，就使用私有静态嵌套类（详见第 24 条）的实例。

总而言之，从 Java 8 开始，Lambda 就成了表示小函数对象的最佳方式。千万不要给函数对象使用匿名类，除非必须创建非函数接口的类型的实例。同时，还要记住，Lambda 使得表示小函数对象变得如此轻松，因此打开了之前从未实践过的在 Java 中进行函数编程的大门。

第 43 条：方法引用优先于 Lambda

与匿名类相比，Lambda 的主要优势在于更加简洁。Java 提供了生成比 Lambda 更简洁函数对象的方法：方法引用（method reference）。以下代码片段的源程序是用来保持从任意键到 `Integer` 值的一个映射。如果这个值为该键的实例数目，那么这段程序就是一个多集合的实现。这个代码片段的作用是，当这个键不在映射中时，将数字 1 和键关联起来；或者当这个键已经存在，就负责递增该关联值：

```
map.merge(key, 1, (count, incr) -> count + incr);
```

注意，这行代码中使用了 merge 方法，这是 Java 8 版本在 Map 接口中添加的。如果指定的键没有映射，该方法就会插入指定值；如果有映射存在，merge 方法就会将指定的函数应用到当前值和指定值上，并用结果覆盖当前值。这行代码代表了 merge 方法的典型用例。

这样的代码读起来清晰明了，但仍有些样板代码。参数 count 和 incr 没有添加太多价值，却占用了不少空间。实际上，Lambda 要告诉你的就是，该函数返回的是它两个参数的和。从 Java 8 开始，Integer（以及所有其他的数字化基本包装类型都）提供了一个名为 sum 的静态方法，它的作用也同样是求和。我们只要传入一个对该方法的引用，就可以更轻松地得到相同的结果：

```
map.merge(key, 1, Integer::sum);
```

方法带的参数越多能用方法引用消除的样板代码就越多。但在有些 Lambda 中，即便它更长，但你所选择的参数名称提供了非常有用的文档信息，也会使得 Lambda 的可读性更强，并且比方法引用更易于维护。

只要方法引用能做的事，就没有 Lambda 不能完成的（只有一种情况例外，有兴趣的读者请参见 JLS, 9.9-2）。也就是说，使用方法引用通常能够得到更加简短、清晰的代码。如果 Lambda 太长，或者过于复杂，还有另一种选择：从 Lambda 中提取代码，放到一个新的方法中，并用该方法的一个引用代替 Lambda。你可以给这个方法起一个有意义的名字，并用自己满意的方式编写进入文档。

如果是用 IDE 编程，则可以在任何可能的地方都用方法引用代替 Lambda。通常（但并非总是）应该让 IDE 把握机会好好表现一下。有时候，Lambda 也会比方法引用更加简洁明了。这种情况大多是当方法与 Lambda 处在同一个类中的时候。比如下面的代码片段，假定发生在一个名为 GoshThisClassNameIsHumongous 的类中：

```
service.execute(GoshThisClassNameIsHumongous::action);
```

Lambda 版本的代码如下：

```
service.execute(() -> action());
```

这个代码片段使用了方法引用，但是它既不比 Lambda 更简短，也不比它更清晰，因此应该优先考虑 Lambda。类似的还有 Function 接口，它用一个静态工厂方法返回 id 函数 Function.identity()。如果它不用这个方法，而是在行内编写同等的 Lambda 表达式：x -> x，一般会比较简洁明了。

许多方法引用都会引用静态方法，但有 4 种方法引用不引用静态方法。其中两个是有限制（bound）和无限制（unbound）的实例方法引用。在有限制的引用中，接收对象是在方法引用中指定的。有限制的引用本质上类似于静态引用：函数对象与被引用方法带有相同的参数。在无限制的引用中，接收对象是在运用函数对象时，通过在该方法的声明函数前面额外添加一个参数来指定的。无限制的引用经常用在流管道（Stream pipeline）（详见第 45 条）中作为映射和过滤函数。最后，还有两种构造器（constructor）引用，分别针对类和数组。构造器引用是充当工厂对象。这五种方法引用概括如下：

方法引用类型	范　　例	Lambda 等式
静态	Integer::parseInt	str -> Integer.parseInt(str)
有限制	Instant.now()::isAfter	Instant then = Instant.now(); t -> then.isAfter(t)
无限制	String::toLowerCase	str -> str.toLowerCase()
类构造器	TreeMap<K,V>::new	( ) -> new TreeMap<K,V>
数组构造器	int[]::new	len -> new int[len]

总而言之，方法引用常常比 Lambda 表达式更加简洁明了。只要方法引用更加简洁、清晰，就用方法引用；如果方法引用并不简洁，就坚持使用 Lambda。

第 44 条：坚持使用标准的函数接口

在 Java 具有 Lambda 表达式之后，编写 API 的最佳实践也做了相应的改变。例如在模板方法（Template Method）模式 [Gamma95] 中，用一个子类覆盖基本类型方法（primitive method），来限定其超类的行为，这是最不讨人喜欢的。现在的替代方法是提供一个接受函数对象的静态工厂或者构造器，便可达到同样的效果。在大多数情况下，需要编写更多的构造器和方法，以函数对象作为参数。需要非常谨慎地选择正确的函数参数类型。

以 LinkedHashMap 为例。每当有新的键添加到映射中时，put 就会调用其受保护的 removeEldestEntry 方法。如果覆盖该方法，便可以用这个类作为缓存。当该方法返回 true，映射就会删除最早传入该方法的条目。下列覆盖代码允许映射增长到 100 个条目，然后每添加一个新的键，就会删除最早的那个条目，始终保持最新的 100 个条目：

```
protected boolean removeEldestEntry(Map.Entry<K,V> eldest) {
    return size() > 100;
}
```

这个方法很好用，但是用 Lambda 可以完成得更漂亮。假如现在编写 LinkedHash-

Map，它会有一个带函数对象的静态工厂或者构造器。看一下 removeEldestEntry 的声明，你可能会以为该函数对象应该带一个 Map.Entry<K,V>，并且返回一个 boolean，但实际并非如此：removeEldestEntry 方法会调用 size()，获取映射中的条目数量，这是因为 removeEldestEntry 是映射中的一个实例方法。传到构造器的函数对象则不是映射中的实例方法，无法捕捉到，因为调用其工厂或者构造器时，这个映射还不存在。所以，映射必须将它自身传给函数对象，因此必须传入映射及其最早的条目作为 remove 方法的参数。声明一个这样的函数接口的代码如下：

```
// Unnecessary functional interface; use a standard one instead.
@FunctionalInterface interface EldestEntryRemovalFunction<K,V>{
    boolean remove(Map<K,V> map, Map.Entry<K,V> eldest);
}
```

这个接口可以正常工作，但是不应该使用，因为没必要为此声明一个新的接口。java.util.function 包已经为此提供了大量标准的函数接口。只要标准的函数接口能够满足需求，通常应该优先考虑，而不是专门再构建一个新的函数接口。这样会使 API 更加容易学习，通过减少它的概念内容，显著提升互操作性优势，因为许多标准的函数接口都提供了有用的默认方法。如 Predicate 接口提供了合并断言的方法。对于上述 LinkedHashMap 范例，应该优先使用标准的 BiPredicate<Map<K,V>, Map.Entry<K,V>> 接口，而不是定制 EldestEntryRemovalFunction 接口。

java.util.Function 中共有 43 个接口。别指望能够全部记住它们，但是如果能记住其中 6 个基础接口，必要时就可以推断出其余接口了。基础接口作用于对象引用类型。Operator 接口代表其结果与参数类型一致的函数。Predicate 接口代表带有一个参数并返回一个 boolean 的函数。Function 接口代表其参数与返回的类型不一致的函数。Supplier 接口代表没有参数并且返回（或"提供"）一个值的函数。最后，Consumer 代表的是带有一个函数但不返回任何值的函数，相当于消费掉了其参数。这 6 个基础函数接口概述如下：

接　　口	函数签名	范　　例
UnaryOperator<T>	T apply(T t)	String::toLowerCase
BinaryOperator<T>	T apply(T t1, T t2)	BigInteger::add
Predicate<T>	boolean test(T t)	Collection::isEmpty
Function<T,R>	R apply(T t)	Arrays::asList
Supplier<T>	T get()	Instant::now
Consumer<T>	void accept(T t)	System.out::println

这 6 个基础接口各自还有 3 种变体，分别可以作用于基本类型 int、long 和 double。它们的命名方式是在其基础接口名称前面加上基本类型而得。因此，以带有 int 的 predicate

口为例，其变体名称应该是 IntPredicate，一个二元运算符，它带有两个 long 值参数并返回一个 long 值 LongBinaryOperator。这些变体接口的类型都不是参数化的，除 Function 变体外，后者是以返回类型作为参数。例如，LongFunction<int[]> 表示带有一个 long 参数，并返回一个 int[] 数组。

Function 接口还有 9 种变体，用于结果类型为基本类型的情况。源类型和结果类型始终不一样，因为从类型到自身的函数就是 UnaryOperator。如果源类型和结果类型均为基本类型，就是在 Function 前面添加格式如 *ScrToResult*，如 LongToIntFunction（有 6 种变体）。如果源类型为基本类型，结果类型是一个对象参数，则要在 Function 前添加 <Src>ToObj，如 DoubleToObjFunction（有 3 种变体）。

这三种基础函数接口还有带两个参数的版本，如 BiPredicate<T,U>、BiFunction <T,U,R> 和 BiConsumer<T,U>。还有 BiFunction 变体用于返回三个相关的基本类型：ToIntBiFunction<T,U>、ToLongBiFunction<T,U> 和 ToDoubleBiFunction<T,U>。Consumer 接口也有带两个参数的变体版本，它们带一个对象引用和一个基本类型：Obj-DoubleConsumer<T>、ObjIntConsumer<T> 和 ObjLongConsumer<T>。总之，这些基础接口有 9 种带两个参数的版本。

最后，还有 BooleanSupplier 接口，它是 Supplier 接口的一种变体，返回 boolean 值。这是在所有的标准函数接口名称中唯一显式提到 boolean 类型的，但 boolean 返回值是通过 Predicate 及其 4 种变体来支持的。BooleanSupplier 接口和上述段落中提及的 42 个接口，总计 43 个标准函数接口。显然，这是个大数目，但是它们之间并非纵横交错。另一方面，你需要的函数接口都替你写好了，它们的名称都是循规蹈矩的，需要的时候并不难找到。

现有的大多数标准函数接口都只支持基本类型。千万不要用带包装类型的基础函数接口来代替基本函数接口。虽然可行，但它破坏了第 61 条的规则"基本类型优于装箱基本类型"。使用装箱基本类型进行批量操作处理，最终会导致致命的性能问题。

现在知道了，通常应该优先使用标准的函数接口，而不是用自己编写的接口。但什么时候应该自己编写接口呢？当然，是在如果没有任何标准的函数接口能够满足你的需求之时，如需要一个带有三个参数的 predicate 接口，或者需要一个抛出受检异常的接口时，当然就需要自己编写啦。但是也有这样的情况：有结构相同的标准函数接口可用，却还是应该自己编写函数接口。

还是以咱们的老朋友 Comparator<T> 为例吧。它与 ToIntBiFunction<T,T> 接口在结构上一致，虽然前者被添加到类库中时，后一个接口已经存在，但如果用后者就错了。Comparator 之所以需要有自己的接口，有三个原因。首先，每当在 API 中使用时，其名称提供了良好的文档信息，并且被大量使用。其次，Comparator 接口对于如何构成一个有效的实例，有着严格的条件限制，这构成了它的总则（general contract）。实现该接口相当于承诺遵守其契约。第三，这个接口配置了大量很好用的缺省方法，可以对比较器进行转换和合并。

如果你所需要的函数接口与 Comparator 一样具有一项或者多项以下特征，则必须认真考虑自己编写专用的函数接口，而不是使用标准的函数接口：

❑ 通用，并且将受益于描述性的名称。

❑ 具有与其关联的严格的契约。

❑ 将受益于定制的缺省方法。

如果决定自己编写函数接口，一定要记住，它是一个接口，因而设计时应当万分谨慎（详见第 21 条）。

注意，EldestEntryRemovalFunction 接口（详见第 199 页）是用 @Functional-Interface 注解进行标注的。这个注解类型本质上与 @Override 类似。这是一个标注了程序员设计意图的语句，它有三个目的：告诉这个类及其文档的读者，这个接口是针对Lambda 设计的；这个接口不会进行编译，除非它只有一个抽象方法；避免后续维护人员不小心给该接口添加抽象方法。必须始终用 @FunctionalInterface 注解对自己编写的函数接口进行标注。

最后一点是关于函数接口在 API 中的使用。不要在相同的参数位置，提供不同的函数接口来进行多次重载的方法，否则可能在客户端导致歧义。这不仅仅是理论上的问题。比如ExecutorService 的 submit 方法就可能带有 Callable<T> 或者 Runnable，并且还可以编写一个客户端程序，要求进行一次转换，以显示正确的重载（详见第 52 条）。避免这个问题的最简单方式是，不要编写在同一个参数位置使用不同函数接口的重载。这是该建议的一个特例，详情请见第 52 条。

总而言之，既然 Java 有了 Lambda，就必须时刻谨记用 Lambda 来设计 API。输入时接受函数接口类型，并在输出时返回之。一般来说，最好使用 java.util.function.Function 中提供的标准接口，但是必须警惕在相对罕见的几种情况下，最好还是自己编写专用的函数接口。

第 45 条：谨慎使用 Stream

在 Java 8 中增加了 Stream API，简化了串行或并行的大批量操作。这个 API 提供了两个关键抽象：Stream（流）代表数据元素有限或无限的顺序，Stream pipeline（流管道）则代表这些元素的一个多级计算。Stream 中的元素可能来自任何位置。常见的来源包括集合、数组、文件、正则表达式模式匹配器、伪随机数生成器，以及其他 Stream。Stream 中的数据元素可以是对象引用，或者基本类型值。它支持三种基本类型：int、long 和 double。

一个 Stream pipeline 中包含一个源 Stream，接着是 0 个或者多个中间操作（intermediate operation）和一个终止操作（terminal operation）。每个中间操作都会通过某种方式对 Stream 进行转换，例如将每个元素映射到该元素的函数，或者过滤掉不满足某些条件的所有元素。所有的中间操作都是将一个 Stream 转换成另一个 Stream，其元素类型可能与输入的 Stream 一样，也可能不同。终止操作会在最后一个中间操作产生的 Stream 上执行一个最终的计算，例如将其元素保存到一个集合中，并返回某一个元素，或者打印出所有元素等。

Stream pipeline 通常是 lazy 的：直到调用终止操作时才会开始计算，对于完成终止操作不需要的数据元素，将永远都不会被计算。正是这种 lazy 计算，使无限 Stream 成为可能。注意，没有终止操作的 Stream pipeline 将是一个静默的无操作指令，因此千万不能忘记终止操作。

Stream API 是流式（fluent）的：所有包含 pipeline 的调用可以链接成一个表达式。事实上，多个 pipeline 也可以链接在一起，成为一个表达式。

在默认情况下，Stream pipeline 是按顺序运行的。要使 pipeline 并发执行，只需在该 pipeline 的任何 Stream 上调用 parallel 方法即可，但是通常不建议这么做（详见第 48 条）。

Stream API 包罗万象，足以用 Stream 执行任何计算，但是“可以”并不意味着“应该”。如果使用得当，Stream 可以使程序变得更加简洁、清晰；如果使用不当，会使程序变得混乱且难以维护。对于什么时候应该使用 Stream，并没有硬性的规定，但是可以有所启发。

以下面的程序为例，它的作用是从词典文件中读取单词，并打印出单词长度符合用户指定的最低值的所有换位词。记住，包含相同的字母，但是字母顺序不同的两个词，称作换位词（anagram）。该程序会从用户指定的词典文件中读取每一个词，并将符合条件的单词放入一个映射中。这个映射键是按字母顺序排列的单词，因此“staple”的键是“aelpst”，“petals”的键也是“aelpst”：这两个词就是换位词，所有换位词的字母排列形式是一样的（有时候也叫 alphagram）。映射值是包含了字母排列形式一致的所有单词。词典读取完成之后，每一个列表就是一个完整的换位词组。随后，程序会遍历映射的 values()，预览并打印出单词长度符合极限值的所有列表。

```java
// Prints all large anagram groups in a dictionary iteratively
public class Anagrams {
    public static void main(String[] args) throws IOException {
        File dictionary = new File(args[0]);
        int minGroupSize = Integer.parseInt(args[1]);

        Map<String, Set<String>> groups = new HashMap<>();
        try (Scanner s = new Scanner(dictionary)) {
            while (s.hasNext()) {
                String word = s.next();
                groups.computeIfAbsent(alphabetize(word),
                    (unused) -> new TreeSet<>()).add(word);
```

```
        }
    }

    for (Set<String> group : groups.values())
        if (group.size() >= minGroupSize)
            System.out.println(group.size() + ": " + group);
}

private static String alphabetize(String s) {
    char[] a = s.toCharArray();
    Arrays.sort(a);
    return new String(a);
}
}
```

这个程序中有一个步骤值得注意。被插入到映射中的每一个单词都以粗体显示，这是使用了 Java 8 中新增的 computeIfAbsent 方法。这个方法会在映射中查找一个键：如果这个键存在，该方法只会返回与之关联的值。如果键不存在，该方法就会对该键运用指定的函数对象算出一个值，将这个值与键关联起来，并返回计算得到的值。computeIfAbsent 方法简化了将多个值与每个键关联起来的映射实现。

下面举个例子，它也能解决上述问题，只不过大量使用了 Stream。注意，它的所有程序都是包含在一个表达式中，除了打开词典文件的那部分代码之外。之所以要在另一个表达式中打开词典文件，只是为了使用 try-with-resources 语句，它可以确保关闭词典文件：

```
// Overuse of streams - don't do this!
public class Anagrams {
  public static void main(String[] args) throws IOException {
    Path dictionary = Paths.get(args[0]);
    int minGroupSize = Integer.parseInt(args[1]);

    try (Stream<String> words = Files.lines(dictionary)) {
      words.collect(
        groupingBy(word -> word.chars().sorted()
                      .collect(StringBuilder::new,
                          (sb, c) -> sb.append((char) c),
                          StringBuilder::append).toString()))
        .values().stream()
        .filter(group -> group.size() >= minGroupSize)
        .map(group -> group.size() + ": " + group)
        .forEach(System.out::println);
    }
  }
}
```

如果你发现这段代码好难懂，别担心，你并不是唯一有此想法的人。它虽然简短，但是难以读懂，对于那些使用 Stream 还不熟练的程序员而言更是如此。滥用 Stream 会使程序代码更难以读懂和维护。

好在还有一种舒适的中间方案。下面的程序解决了同样的问题，它使用了 Stream，但是没有过度使用。结果，与原来的程序相比，这个版本变得既简短又清晰：

```
// Tasteful use of streams enhances clarity and conciseness
public class Anagrams {
    public static void main(String[] args) throws IOException {
        Path dictionary = Paths.get(args[0]);
        int minGroupSize = Integer.parseInt(args[1]);

        try (Stream<String> words = Files.lines(dictionary)) {
            words.collect(groupingBy(word -> alphabetize(word)))
                .values().stream()
                .filter(group -> group.size() >= minGroupSize)
                .forEach(g -> System.out.println(g.size() + ": " + g));
        }
    }

    // alphabetize method is the same as in original version
}
```

即使你之前没怎么接触过 Stream，这段程序也不难理解。它在 try-with-resources 块中打开词典文件，获得一个包含了文件中所有代码的 Stream。Stream 变量命名为 words，是建议 Stream 中的每个元素均为单词。这个 Stream 中的 pipeline 没有中间操作；它的终止操作将所有的单词集合到一个映射中，按照它们的字母排序形式对单词进行分组（详见第 46 条）。这个映射与前面两个版本中的是完全相同的。随后，在映射的 values() 视图中打开了一个新的 Stream<List<String>>。当然，这个 Stream 中的元素都是换位词分组。Stream 进行了过滤，把所有单词长度小于 minGroupSize 的单词都去掉了，最后，通过终止操作的 forEach 打印出剩下的分组。

注意，Lambda 参数的名称都是经过精心挑选的。实际上参数应当以 group 命名，只是这样得到的代码行对于书本而言太宽了。在没有显式类型的情况下，仔细命名 Lambda 参数，这对于 Stream pipeline 的可读性至关重要。

还要注意单词的字母排序是在一个单独的 alphabetize 方法中完成的。给操作命名，并且不要在主程序中保留实现细节，这些都增强了程序的可读性。在 Stream pipeline 中使用 helper 方法，对于可读性而言，比在迭代化代码中使用更为重要，因为 pipeline 缺乏显式的类型信息和具名临时变量。

可以重新实现 alphabetize 方法来使用 Stream，只是基于 Stream 的 alphabetize 方法没那么清晰，难以正确编写，速度也可能变慢。这些不足是因为 Java 不支持基本类型的 char Stream（这并不意味着 Java 应该支持 char Stream；也不可能支持）。为了证明用 Stream 处理 char 值的各种危险，请看以下代码：

```
"Hello world!".chars().forEach(System.out::print);
```

或许你以为它会输出 Hello world!，但是运行之后发现，它输出的是 72101108108111 3211911111410810033。这是因为 "Hello world!".chars() 返回的 Stream 中的元素，并不是 char 值，而是 int 值，因此调用了 print 的 int 覆盖。名为 chars 的方法，却返回 int

值的 Stream，这固然会造成困扰。修正方法是利用转换强制调用正确的覆盖：

```
"Hello world!".chars().forEach(x -> System.out.print((char) x));
```

但是，最好避免利用 Stream 来处理 char 值。

　　刚开始使用 Stream 时，可能会冲动到恨不得将所有的循环都转换成 Stream，但是切记，千万别冲动。这可能会破坏代码的可读性和易维护性。一般来说，即使是相当复杂的任务，最好也结合 Stream 和迭代来一起完成，如上面的 Anagrams 程序范例所示。因此，重构现有代码来使用 Stream，并且只在必要的时候才在新代码中使用。

　　如本条目中的范例程序所示，Stream pipeline 利用函数对象（一般是 Lambda 或者方法引用）来描述重复的计算，而迭代版代码则利用代码块来描述重复的计算。下列工作只能通过代码块，而不能通过函数对象来完成：

- ❏ 从代码块中，可以读取或者修改范围内的任意局部变量；从 Lambda 则只能读取 final 或者有效的 final 变量 [JLS 4.12.4]，并且不能修改任何 local 变量。
- ❏ 从代码块中，可以从外围方法中 return、break 或 continue 外围循环，或者抛出该方法声明要抛出的任何受检异常；从 Lambda 中则完全无法完成这些事情。

如果某个计算最好要利用上述这些方法来描述，它可能并不太适合 Stream。反之，Stream 可以使得完成这些工作变得易如反掌：

- ❏ 统一转换元素的序列
- ❏ 过滤元素的序列
- ❏ 利用单个操作（如添加、连接或者计算其最小值）合并元素的顺序
- ❏ 将元素的序列存放到一个集合中，比如根据某些公共属性进行分组
- ❏ 搜索满足某些条件的元素的序列

如果某个计算最好是利用这些方法来完成，它就非常适合使用 Stream。

　　利用 Stream 很难完成的一件事情就是，同时从一个 pipeline 的多个阶段去访问相应的元素：一旦将一个值映射到某个其他值，原来的值就丢失了。一种解决办法是将每个值都映射到包含原始值和新值的一个对象对（pair object），不过这并非万全之策，当 pipeline 的多个阶段都需要这些对象对时尤其如此。这样得到的代码将是混乱、繁杂的，违背了 Stream 的初衷。最好的解决办法是，当需要访问较早阶段的值时，将映射颠倒过来。

　　例如，编写一个打印出前 20 个梅森素数（Mersenne primes）的程序。解释一下，梅森素数是一个形式为 2^p-1 的数字。如果 p 是一个素数，相应的梅森数字也是素数；那么它就是一个梅森素数。作为 pipeline 的第一个 Stream，我们想要的是所有素数。下面的方法将返回（无限）Stream。假设使用的是静态导入，便于访问 BigInteger 的静态成员：

```
static Stream<BigInteger> primes() {
    return Stream.iterate(TWO, BigInteger::nextProbablePrime);
}
```

方法的名称（primes）是一个复数名词，它描述了 Stream 的元素。强烈建议返回 Stream 的所有方法都采用这种命名惯例，因为可以增强 Stream pipeline 的可读性。该方法使用静态工厂 Stream.iterate，它有两个参数：Stream 中的第一个元素，以及从前一个元素中生成下一个元素的一个函数。下面的程序用于打印出前 20 个梅森素数。

```
public static void main(String[] args) {
    primes().map(p -> TWO.pow(p.intValueExact()).subtract(ONE))
        .filter(mersenne -> mersenne.isProbablePrime(50))
        .limit(20)
        .forEach(System.out::println);
}
```

这段程序是对上述内容的简单编码示范：它从素数开始，计算出相应的梅森素数，过滤掉所有不是素数的数字（其中 50 是个神奇的数字，它控制着这个概率素性测试），限制最终得到的 Stream 为 20 个元素，并打印出来。

现在假设想要在每个梅森素数之前加上其指数（p）。这个值只出现在第一个 Stream 中，因此在负责输出结果的终止操作中是访问不到的。所幸将发生在第一个中间操作中的映射颠倒过来，便可以很容易地计算出梅森数字的指数。该指数只不过是一个以二进制表示的位数，因此终止操作可以产生所要的结果：

```
.forEach(mp -> System.out.println(mp.bitLength() + ": " + mp));
```

现实中有许多任务并不明确要使用 Stream，还是用迭代。例如有个任务是要将一副新纸牌初始化。假设 Card 是一个不变值类，用于封装 Rank 和 Suit，这两者都是枚举类型。这项任务代表了所有需要计算从两个集合中选择所有元素对的任务。数学上称之为两个集合的笛卡尔积。这是一个迭代化实现，嵌入了一个 for-each 循环，大家对此应当都非常熟悉了：

```
// Iterative Cartesian product computation
private static List<Card> newDeck() {
    List<Card> result = new ArrayList<>();
    for (Suit suit : Suit.values())
        for (Rank rank : Rank.values())
            result.add(new Card(suit, rank));
    return result;
}
```

这是一个基于 Stream 的实现，利用了中间操作 flatMap。这个操作是将 Stream 中的每个元素都映射到一个 Stream 中，然后将这些新的 Stream 全部合并到一个 Stream（或者将它们扁平化）。注意，这个实现中包含了一个嵌入式的 Lambda，如以下粗体部分所示：

```
// Stream-based Cartesian product computation
private static List<Card> newDeck() {
    return Stream.of(Suit.values())
        .flatMap(suit ->
            Stream.of(Rank.values())
                .map(rank -> new Card(suit, rank)))
        .collect(toList());
}
```

这两种 newDeck 版本哪一种更好？这取决于个人偏好，以及编程环境。第一种版本比较简单，可能感觉比较自然，大部分 Java 程序员都能够理解和维护，但是有些程序员可能会觉得第二种版本（基于 Stream 的）更舒服。这个版本可能更简洁一点，如果已经熟练掌握 Stream 和函数编程，理解起来也不难。如果不确定要用哪个版本，或许选择迭代化版本会更加安全一些。如果更喜欢 Stream 版本，并相信后续使用这些代码的其他程序员也会喜欢，就应该使用 Stream 版本。

总之，有些任务最好用 Stream 完成，有些则要用迭代。而有许多任务则最好是结合使用这两种方法来一起完成。具体选择用哪一种方法，并没有硬性、速成的规则，但是可以参考一些有意义的启发。在很多时候，会很清楚应该使用哪一种方法；有些时候，则不太明显。如果实在不确定用 Stream 还是用迭代比较好，那么就两种都试试，看看哪一种更好用吧。

第 46 条：优先选择 Stream 中无副作用的函数

如果刚接触 Stream，可能比较难以掌握其中的窍门。就算只是用 Stream pipeline 来表达计算就困难重重。当你好不容易成功了，运行程序之后，却可能感到这么做并没有享受到多大益处。Stream 并不只是一个 API，它是一种基于函数编程的模型。为了获得 Stream 带来的描述性和速度，有时还有并行性，必须采用范型以及 API。

Stream 范型最重要的部分是把计算构造成一系列变型，每一级结果都尽可能靠近上一级结果的纯函数（pure function）。纯函数是指其结果只取决于输入的函数：它不依赖任何可变的状态，也不更新任何状态。为了做到这一点，传入 Stream 操作的任何函数对象，无论是中间操作还是终止操作，都应该是无副作用的。

有时会看到如下代码片段，它构建了一张表格，显示这些单词在一个文本文件中出现的频率：

```
// Uses the streams API but not the paradigm--Don't do this!
Map<String, Long> freq = new HashMap<>();
try (Stream<String> words = new Scanner(file).tokens()) {
    words.forEach(word -> {
        freq.merge(word.toLowerCase(), 1L, Long::sum);
    });
}
```

以上代码有什么问题吗？它毕竟使用了 Stream、Lambda 和方法引用，并且得出了正确的答案。简而言之，这根本不是 Stream 代码；只不过是伪装成 Stream 代码的迭代式代码。它并没有享受到 Stream API 带来的优势，代码反而更长了点，可读性也差了点，并且比相应的迭代化代码更难维护。因为这段代码利用一个改变外部状态（频率表）的 Lambda，完成了在终止操作的 forEach 中的所有工作。forEach 操作的任务不只展示由 Stream 执行的计算结果，这在代码中并非好事，改变状态的 Lambda 也是如此。那么这段代码应该是什么样的呢？

```
// Proper use of streams to initialize a frequency table
Map<String, Long> freq;
try (Stream<String> words = new Scanner(file).tokens()) {
    freq = words
        .collect(groupingBy(String::toLowerCase, counting()));
}
```

这个代码片段的作用与前一个例子一样，只是正确使用了 Stream API，变得更加简洁、清晰。那么为什么有人会以其他的方式编写呢？这是为了使用他们已经熟悉的工具。Java 程序员都知道如何使用 for-each 循环，终止操作的 forEach 也与之类似。但 forEach 操作是终止操作中最没有威力的，也是对 Stream 最不友好的。它是显式迭代，因而不适合并行。forEach 操作应该只用于报告 Stream 计算的结果，而不是执行计算。有时候，也可以将 forEach 用于其他目的，比如将 Stream 计算的结果添加到之前已经存在的集合中去。

改进过的代码使用了一个收集器（collector），为了使用 Stream，这是必须了解的一个新概念。Collectors API 很吓人：它有 39 种方法，其中有些方法还带有 5 个类型参数！好消息是，你不必完全搞懂这个 API 就能享受它带来的好处。对于初学者，可以忽略 Collector 接口，并把收集器当作封装缩减策略的一个黑盒子对象。在这里，缩减的意思是将 Stream 的元素合并到单个对象中去。收集器产生的对象一般是一个集合（即名称收集器）。

将 Stream 的元素集中到一个真正的 Collection 里去的收集器比较简单。有三个这样的收集器：toList()、toSet() 和 toCollection(collectionFactory)。它们分别返回一个列表、一个集合和程序员指定的集合类型。了解了这些，就可以编写 Stream pipeline，从频率表中提取排名前十的单词列表了：

```
// Pipeline to get a top-ten list of words from a frequency table
List<String> topTen = freq.keySet().stream()
    .sorted(comparing(freq::get).reversed())
    .limit(10)
    .collect(toList());
```

注意，这里没有给 toList 方法配上它的 Collectors 类。静态导入 Collectors 的所有成员是惯例也是明智的，因为这样可以提升 Stream pipeline 的可读性。

　　这段代码中唯一有技巧的部分是传给 sorted 的比较器 comparing(freq::get).reversed()。comparing 方法是一个比较器构造方法（详见第 14 条），它带有一个键提取函数。函数读取一个单词，"提取"实际上是一个表查找：有限制的方法引用 freq::get 在频率表中查找单词，并返回该单词在文件中出现的次数。最后，在比较器上调用 reversed，按频率高低对单词进行排序。后面的事情就简单了，只要限制 Stream 为 10 个单词，并将它们集中到一个列表中即可。

　　上一段代码是利用 Scanner 的 Stream 方法来获得 Stream。这个方法是在 Java 9 中增加的。如果使用的是更早的版本，可以把实现 Iterator 的扫描器，翻译成使用了类似于第 47 条中适配器的 Stream（streamOf（Iterable\<E\>））。

　　Collectors 中的另外 36 种方法又是什么样的呢？它们大多数是为了便于将 Stream 集合到映射中，这远比集中到真实的集合中要复杂得多。每个 Stream 元素都有一个关联的键和值，多个 Stream 元素可以关联同一个键。

　　最简单的映射收集器是 toMap(keyMapper,valueMapper)，它带有两个函数，其中一个是将 Stream 元素映射到键，另一个是将它映射到值。我们采用第 34 条 fromString 实现中的收集器，将枚举的字符串形式映射到枚举本身：

```
// Using a toMap collector to make a map from string to enum
private static final Map<String, Operation> stringToEnum =
    Stream.of(values()).collect(
        toMap(Object::toString, e -> e));
```

　　如果 Stream 中的每个元素都映射到一个唯一的键，那么这个形式简单的 toMap 是很完美的。如果多个 Stream 元素映射到同一个键，pipeline 就会抛出一个 IllegalState-Exception 异常将它终止。

　　toMap 更复杂的形式，以及 groupingBy 方法，提供了更多处理这类冲突的策略。其中一种方式是除了给 toMap 方法提供了键和值映射器之外，还提供一个合并函数（merge function）。合并函数是一个 BinaryOperator\<V\>，这里的 V 是映射的值类型。合并函数将与键关联的任何其他值与现有值合并起来，因此，假如合并函数是乘法，得到的值就是与该值映射的键关联的所有值的积。

　　带有三个参数的 toMap 形式，对于完成从键到与键关联的被选元素的映射也是非常有用的。假设有一个 Stream，代表不同歌唱家的唱片，我们想得到一个从歌唱家到最畅销唱片之间的映射。下面这个收集器就可以完成这项任务。

```
// Collector to generate a map from key to chosen element for key
Map<Artist, Album> topHits = albums.collect(
    toMap(Album::artist, a->a, maxBy(comparing(Album::sales))));
```

注意，这个比较器使用了静态工厂方法 maxBy，这是从 BinaryOperator 静态导入的。该方法将 Comparator<T> 转换成一个 BinaryOperator<T>，用于计算指定比较器产生的最大值。在这个例子中，比较器是由比较器构造器方法 comparing 返回的，它有一个键提取函数 Album::sales。这看起来有点绕，但是代码的可读性良好。不严格地说，它的意思是"将唱片的 Stream 转换成一个映射，将每个歌唱家映射到销量最佳的唱片"。这就非常接近问题陈述了。

带有三个参数的 toMap 形式还有另一种用途，即生成一个收集器，当有冲突时强制"保留最后更新"（last-write-wins）。对于许多 Stream 而言，结果是不确定的，但如果与映射函数的键关联的所有值都相同，或者都是可接受的，那么下面这个收集器的行为就正是你所要的：

```
// Collector to impose last-write-wins policy
toMap(keyMapper, valueMapper, (oldVal, newVal) -> new?Val)
```

toMap 的第三个也是最后一种形式是，带有第四个参数，这是一个映射工厂，在使用时要指定特殊的映射实现，如 EnumMap 或者 TreeMap。

toMap 的前三种版本还有另外的变换形式，命名为 toConcurrentMap，能有效地并行运行，并生成 ConcurrentHashMap 实例。

除了 toMap 方法，Collectors API 还提供了 groupingBy 方法，它返回收集器以生成映射，根据分类函数将元素分门别类。分类函数带有一个元素，并返回其所属的类别。这个类别就是元素的映射键。groupingBy 方法最简单的版本是只有一个分类器，并返回一个映射，映射值为每个类别中所有元素的列表。下列代码就是在第 45 条的 Anagram 程序中用于生成映射（从按字母排序的单词，映射到字母排序相同的单词列表）的收集器：

```
words.collect(groupingBy(word -> alphabetize(word)))
```

如果要让 groupingBy 返回一个收集器，用它生成一个值而不是列表的映射，除了分类器之外，还可以指定一个下游收集器（downstream collector）。下游收集器从包含某个类别中所有元素的 Stream 中生成一个值。这个参数最简单的用法是传入 toSet()，结果生成一个映射，这个映射值为元素集合而非列表。

另一种方法是传入 toCollection(collectionFactory)，允许创建存放各元素类别的集合。这样就可以自由选择自己想要的任何集合类型了。带两个参数的 groupingBy 版本的另一种简单用法是，传入 counting() 作为下游收集器。这样会生成一个映射，它将每个类别与该类别中的元素数量关联起来，而不是包含元素的集合。这正是在本条目开头处频率表范例中见到的：

```
Map<String, Long> freq = words
        .collect(groupingBy(String::toLowerCase, counting()));
```

groupingBy 的第三个版本，除了下游收集器之外，还可以指定一个映射工厂。注意，这个方法违背了标准的可伸缩参数列表模式：参数 mapFactory 要在 downStream 参数之前，而不是在它之后。groupingBy 的这个版本可以控制所包围的映射，以及所包围的集合，因此，比如可以定义一个收集器，让它返回值为 TreeSets 的 TreeMap。

groupingByConcurrent 方法提供了 groupingBy 所有三种重载的变体。这些变体可以有效地并发运行，生成 ConcurrentHashMap 实例。还有一种比较少用到的 groupingBy 变体叫作 partitioningBy。除了分类方法之外，它还带一个断言（predicate），并返回一个键为 Boolean 的映射。这个方法有两个重载，其中一个除了带有断言之外，还带有下游收集器。

counting 方法返回的收集器仅用作下游收集器。通过在 Stream 上的 count 方法，直接就有相同的功能，因此压根没有理由使用 collect(counting())。这个属性还有 15 种 Collectors 方法。其中包含 9 种方法其名称以 summing、averaging 和 summarizing 开头（相应的 Stream 基本类型上就有相同的功能）。它们还包括 reducing、filtering、mapping、flatMapping 和 collectingAndThen 方法。大多数程序员都能安全地避开这里的大多数方法。从设计的角度来看，这些收集器试图部分复制收集器中 Stream 的功能，以便下游收集器可以成为 "ministream"。

目前已经提到了 3 个 Collectors 方法。虽然它们都在 Collectors 中，但是并不包含集合。前两个是 minBy 和 maxBy，它们有一个比较器，并返回由比较器确定的 Stream 中的最少元素或者最多元素。它们是 Stream 接口中 min 和 max 方法的粗略概括，也是 BinaryOperator 中同名方法返回的二进制操作符，与收集器相类似。回顾一下在最畅销唱片范例中用过的 BinaryOperator.maxBy 方法。

最后一个 Collectors 方法是 joining，它只在 CharSequence 实例的 Stream 中操作，例如字符串。它以参数的形式返回一个简单地合并元素的收集器。其中一种参数形式带有一个名为 delimiter（分界符）的 CharSequence 参数，它返回一个连接 Stream 元素并在相邻元素之间插入分隔符的收集器。如果传入一个逗号作为分隔符，收集器就会返回一个用逗号隔开的值字符串（但要注意，如果 Stream 中的任何元素中包含逗号，这个字符串就会引起歧义）。这三种参数形式，除了分隔符之外，还有一个前缀和一个后缀。最终的收集器生成的字符串，会像在打印集合时所得到的那样，如 [came, saw, conquered]。

总而言之，编写 Stream pipeline 的本质是无副作用的函数对象。这适用于传入 Stream 及相关对象的所有函数对象。终止操作中的 forEach 应该只用来报告由 Stream 执行的计算结果，而不是让它执行计算。为了正确地使用 Stream，必须了解收集器。最重要的收集器工厂是 toList、toSet、toMap、groupingBy 和 joining。

第 47 条：Stream 要优先用 Collection 作为返回类型

许多方法都返回元素的序列。在 Java 8 之前，这类方法明显的返回类型是集合接口 Collection、Set 和 List；Iterable；以及数组类型。一般来说，很容易确定要返回这其中哪一种类型。标准是一个集合接口。如果某个方法只为 for-each 循环或者返回序列而存在，无法用它来实现一些 Collection 方法（一般是 contains(Object)），那么就用 Iterable 接口吧。如果返回的元素是基本类型值，或者有严格的性能要求，就使用数组。在 Java 8 中增加了 Stream，本质上导致给序列化返回的方法选择适当返回类型的任务变得更复杂了。

或许你曾听说过，现在 Stream 是返回元素序列最明显的选择了，但如第 45 条所述，Stream 并没有淘汰迭代：要编写出优秀的代码必须巧妙地将 Stream 与迭代结合起来使用。如果一个 API 只返回一个 Stream，那些想要用 for-each 循环遍历返回序列的用户肯定要失望了。因为 Stream 接口只在 Iterable 接口中包含了唯一一个抽象方法，Stream 对于该方法的规范也适用于 Iterable 的。唯一可以让程序员避免用 for-each 循环遍历 Stream 的是 Stream 无法扩展 Iterable 接口。

遗憾的是，这个问题还没有适当的解决办法。乍看之下，好像给 Stream 的 iterator 方法传入一个方法引用可以解决。这样得到的代码可能有点杂乱、不清晰，但也不算难以理解：

```
// Won't compile, due to limitations on Java's type inference
for (ProcessHandle ph : ProcessHandle.allProcesses()::iterator) {
    // Process the process
}
```

遗憾的是，如果想要编译这段代码，就会得到一条报错的信息：

```
Test.java:6: error: method reference not expected here
for (ProcessHandle ph : ProcessHandle.allProcesses()::iterator) {
                        ^
```

为了使代码能够进行编译，必须将方法引用转换成适当参数化的 Iterable：

```
// Hideous workaround to iterate over a stream
for (ProcessHandle ph : (Iterable<ProcessHandle>)
                        ProcessHandle.allProcesses()::iterator)
```

这个客户端代码可行，但是实际使用时过于杂乱、不清晰。更好的解决办法是使用适配器方法。JDK 没有提供这样的方法，但是编写起来很容易，使用在上述代码中内嵌的相同方法即可。注意，在适配器方法中没有必要进行转换，因为 Java 的类型引用在这里正好派上了用场：

```
// Adapter from  Stream<E> to Iterable<E>
public static <E> Iterable<E> iterableOf(Stream<E> stream) {
    return stream::iterator;
}
```

有了这个适配器，就可以利用 for-each 语句遍历任何 Stream：

```
for(ProcessHandle p:iterableOf(ProcessHandle.allProcesses())){
    // Process the process
}
```

注意，第 34 条中 Anagrams 程序的 Stream 版本是使用 `Files.lines` 方法读取词典，而迭代版本则使用了扫描器（scanner）。`Files.lines` 方法优于扫描器，因为后者默默地吞掉了在读取文件过程中遇到的所有异常。最理想的方式是在迭代版本中也使用 `Files.lines`。这是程序员在特定情况下所做的一种妥协，比如当 API 只有 Stream 能访问序列，而他们想通过 for-each 语句遍历该序列的时候。

反过来说，想要利用 Stream pipeline 处理序列的程序员，也会被只提供 `Iterable` 的 API 搞得束手无策。同样地，JDK 没有提供适配器，但是编写起来也很容易：

```
// Adapter from Iterable<E> to Stream<E>
public static <E> Stream<E> streamOf(Iterable<E> iterable) {
    return StreamSupport.stream(iterable.spliterator(), false);
}
```

如果在编写一个返回对象序列的方法时，就知道它只在 Stream pipeline 中使用，当然就可以放心地返回 Stream 了。同样地，当返回序列的方法只在迭代中使用时，则应该返回 `Iterable`。但如果是用公共的 API 返回序列，则应该为那些想要编写 Stream pipeline，以及想要编写 foreach 语句的用户分别提供，除非有足够的理由相信大多数用户都想要使用相同的机制。

`Collection` 接口是 `Iterable` 的一个子类型，它有一个 `stream` 方法，因此提供了迭代和 stream 访问。对于公共的、返回序列的方法，`Collection` 或者适当的子类型通常是最佳的返回类型。数组也通过 `Arrays.asList` 和 `Stream.of` 方法提供了简单的迭代和 stream 访问。如果返回的序列足够小，容易存储，或许最好返回标准的集合实现，如 `ArrayList` 或者 `HashSet`。但是千万别在内存中保存巨大的序列，将它作为集合返回即可。

如果返回的序列很大，但是能被准确表述，可以考虑实现一个专用的集合。假设想要返回一个指定集合的幂集（power set），其中包括它所有的子集。{a,b,c} 的幂集是 {{}，{a}，{b}，{c}，{a, b}，{a, c}，{b, c}，{a, b, c}}。如果集合中有 n 个元素，它的幂集就有 $2n$ 个。因此，不必考虑将幂集保存在标准的集合实现中。但是，有了 `AbstractList` 的协助，为此实现定制集合就很容易了。

技巧在于，用幂集中每个元素的索引作为位向量，在索引中排第 n 位，表示源集合中第

n 位元素存在或者不存在。实质上，在二进制数 0 至 2n-1 和有 n 位元素的集合的幂集之间，有一个自然映射。代码如下：

```java
// Returns the power set of an input set as custom collection
public class PowerSet {
    public static final <E> Collection<Set<E>> of(Set<E> s) {
        List<E> src = new ArrayList<>(s);
        if (src.size() > 30)
            throw new IllegalArgumentException("Set too big " + s);
        return new AbstractList<Set<E>>() {
            @Override public int size() {
                return 1 << src.size(); // 2 to the power srcSize
            }

            @Override public boolean contains(Object o) {
                return o instanceof Set && src.containsAll((Set)o);
            }

            @Override public Set<E> get(int index) {
                Set<E> result = new HashSet<>();
                for (int i = 0; index != 0; i++, index >>= 1)
                    if ((index & 1) == 1)
                        result.add(src.get(i));
                return result;
            }
        };
    }
}
```

注意，如果输入值集合中超过 30 个元素，`PowerSet.of` 会抛出异常。这正是用 `Collection` 而不是用 `Stream` 或 `Iterable` 作为返回类型的缺点：`Collection` 有一个返回 `int` 类型的 `size` 方法，它限制返回的序列长度为 `Integer.MAX_VALUE` 或者 $2^{31}-1$。如果集合更大，甚至无限大，`Collection` 规范确实允许 `size` 方法返回 $2^{31}-1$，但这并非是最令人满意的解决方案。

为了在 `AbstractCollection` 上编写一个 `Collection` 实现，除了 `Iterable` 必需的那一个方法之外，只需要再实现两个方法：`contains` 和 `size`。这些方法经常很容易编写出高效的实现。如果不可行，或许是因为没有在迭代发生之前先确定序列的内容，返回 `Stream` 或者 `Iterable`，感觉哪一种更自然即可。如果能选择，可以尝试着分别用两个方法返回。

有时候在选择返回类型时，只需要看是否易于实现即可。例如，要编写一个方法，用它返回一个输入列表的所有（相邻的）子列表。它只用三行代码来生成这些子列表，并将它们放在一个标准的集合中，但存放这个集合所需的内存是源列表大小的平方。这虽然没有幂集那么糟糕，但显然也是无法接受的。像给幂集实现定制的集合那样，确实很烦琐，这个可能还更甚，因为 JDK 没有提供基本的 `Iterator` 实现来支持。

但是，实现输入列表的所有子列表的 Stream 是很简单的，尽管它确实需要有点洞察力。我们把包含列表第一个元素的子列表称作列表的前缀。例如，(a,b,c) 的前缀就是 (a)、(a,b) 和 (a,b,c)。同样地，把包含最后一个元素的子列表称作后缀，因此 (a,b,c) 的后缀就是（a,b,c）、（b,c）和（c）。考验洞察力的是，列表的子列表不过是前缀的后缀（或者说后缀的前缀）和空列表。这一发现直接带来了一个清晰且相当简洁的实现：

```
// Returns a stream of all the sublists of its input list
public class SubLists {
    public static <E> Stream<List<E>> of(List<E> list) {
        return Stream.concat(Stream.of(Collections.emptyList()),
            prefixes(list).flatMap(SubLists::suffixes));
    }

    private static <E> Stream<List<E>> prefixes(List<E> list) {
        return IntStream.rangeClosed(1, list.size())
            .mapToObj(end -> list.subList(0, end));
    }
    private static <E> Stream<List<E>> suffixes(List<E> list) {
        return IntStream.range(0, list.size())
            .mapToObj(start -> list.subList(start, list.size()));
    }
}
```

注意，它用 Stream.concat 方法将空列表添加到返回的 Stream。另外还用 flatMap 方法（详见第 45 条）生成了一个包含了所有前缀的所有后缀的 Stream。最后，通过映射 IntStream.range 和 intStream.rangeClosed 返回的连续 int 值的 Stream，生成了前缀和后缀。通俗地讲，这一术语的意思就是指数为整数的标准 for 循环的 Stream 版本。因此，这个子列表实现本质上与明显的嵌套式 for 循环相类似：

```
for (int start = 0; start < src.size(); start++)
    for (int end = start + 1; end <= src.size(); end++)
        System.out.println(src.subList(start, end));
```

这个 for 循环也可以直接翻译成一个 Stream。这样得到的结果比前一个实现更加简洁，但是可读性稍微差了一点。它本质上与第 45 条中笛卡尔积的 Stream 代码相类似：

```
// Returns a stream of all the sublists of its input list
public static <E> Stream<List<E>> of(List<E> list) {
    return IntStream.range(0, list.size())
        .mapToObj(start ->
            IntStream.rangeClosed(start + 1, list.size())
                .mapToObj(end -> list.subList(start, end)))
        .flatMap(x -> x);
}
```

像前面的 for 循环一样，这段代码也没有发出空列表。为了修正这个错误，也应该使用 concat，如前一个版本中那样，或者用 rangeClosed 调用中的（int）Math.signum（start）代替 1。

子列表的这些 Stream 实现都很好，但这两者都需要用户在任何更适合迭代的地方，采用 Stream-to-Iterable 适配器，或者用 Stream。Stream-to-Iterable 适配器不仅打乱了客户端代码，在我的机器上循环的速度还降低了 2.3 倍。专门构建的 Collection 实现（此处没有展示）相当烦琐，但是运行速度在我的机器上比基于 Stream 的实现快了约 1.4 倍。

总而言之，在编写返回一系列元素的方法时，要记住有些用户可能想要当作 Stream 处理，而其他用户可能想要使用迭代。要尽量两边兼顾。如果可以返回集合，就返回集合。如果集合中已经有元素，或者序列中的元素数量很少，足以创建一个新的集合，那么就返回一个标准的集合，如 ArrayList。否则，就要考虑实现一个定制的集合，如幂集（power set）范例中所示。如果无法返回集合，就返回 Stream 或者 Iterable，感觉哪一种更自然即可。如果在未来的 Java 发行版本中，Stream 接口声明被修改成扩展了 Iterable 接口，就可以放心地返回 Stream 了，因为它们允许进行 Stream 处理和迭代。

第 48 条：谨慎使用 Stream 并行

在主流的编程语言中，Java 一直走在简化并发编程任务的最前沿。1996 年 Java 发布时，就通过同步和 wait/notify 内置了对线程的支持。Java 5 引入了 java.util.concurrent 类库，提供了并行集合（concurrent collection）和执行者框架（executor framework）。Java 7 引入了 fork-join 包，这是一个处理并行分解的高性能框架。Java 8 引入了 Stream，只需要调用一次 parallel 方法就可以实现并行处理。在 Java 中编写并发程序变得越来越容易，但是要编写出正确又快速的并发程序，则一向没那么简单。安全性和活性失败是并发编程中需要面对的问题，Stream pipeline 并行也不例外。

请看摘自第 45 条的这段程序：

```java
// Stream-based program to generate the first 20 Mersenne primes
public static void main(String[] args) {
    primes().map(p -> TWO.pow(p.intValueExact()).subtract(ONE))
        .filter(mersenne -> mersenne.isProbablePrime(50))
        .limit(20)
        .forEach(System.out::println);
}

static Stream<BigInteger> primes() {
    return Stream.iterate(TWO, BigInteger::nextProbablePrime);
}
```

在我的机器上，这段程序会立即开始打印素数，完成运行花了 12.5 秒。假设我天真地想通过在 Stream pipeline 上添加一个 parallel() 调用来提速。你认为这样会对其性能产生什么样的影响呢？运行速度会稍微快一点点吗？还是会慢一点点？遗憾的是，其结果是根本不打印任何内容了，CPU 的使用率却定在 90% 一动不动了（活性失败）。程序最后可能会终止，但是我不想一探究竟，半个小时后就强行把它终止了。

这是怎么回事呢？简单地说，Stream 类库不知道如何并行这个 pipeline，以及如何探索失败。即便在最佳环境下，如果源头是来自 Stream.iterate，或者使用了中间操作的 limit，那么并行 pipeline 也不可能提升性能。这个 pipeline 必须同时满足这两个条件。更糟糕的是，默认的并行策略在处理 limit 的不可预知性时，是假设额外多处理几个元素，并放弃任何不需要的结果，这些都不会影响性能。在这种情况下，它查找每个梅森素数时，所花费的时间大概是查找之前元素的两倍。因而，额外多计算一个元素的成本，大概相当于计算所有之前元素总和的时间，这个貌似无伤大雅的 pipeline，却使得自动并行算法濒临崩溃。这个故事的寓意很简单：千万不要任意地并行 Stream pipeline。它造成的性能后果有可能是灾难性的。

总之，在 Stream 上通过并行获得的性能，最好是通过 ArrayList、HashMap、HashSet 和 ConcurrentHashMap 实例，数组，int 范围和 long 范围等。这些数据结构的共性是，都可以被精确、轻松地分成任意大小的子范围，使并行线程中的分工变得更加轻松。Stream 类库用来执行这个任务的抽象是分割迭代器（spliterator），它是由 Stream 和 Iterable 中的 spliterator 方法返回的。

这些数据结构共有的另一项重要特性是，在进行顺序处理时，它们提供了优异的引用局部性（locality of reference）：序列化的元素引用一起保存在内存中。被那些引用访问到的对象在内存中可能不是一个紧挨着一个，这降低了引用的局部性。事实证明，引用局部性对于并行批处理来说至关重要：没有它，线程就会出现闲置，需要等待数据从内存转移到处理器的缓存。具有最佳引用局部性的数据结构是基本类型数组，因为数据本身是相邻地保存在内存中的。

Stream pipeline 的终止操作本质上也影响了并发执行的效率。如果大量的工作在终止操作中完成，而不是全部工作在 pipeline 中完成，并且这个操作是固有的顺序，那么并行 pipeline 的效率就会受到限制。并行的最佳终止操作是做减法（reduction），用一个 Stream 的 reduce 方法，将所有从 pipeline 产生的元素都合并在一起，或者预先打包像 min、max、count 和 sum 这类方法。骤死式操作（short-circuiting operation）如 anyMatch、allMatch 和 noneMatch 也都可以并行。由 Stream 的 collect 方法执行的操作，都是可变的减法，不是并行的最好选择，因为合并集合的成本非常高。

如果是自己编写 Stream、Iterable 或者 Collection 实现，并且想要得到适当的并行性能，就必须覆盖 spliterator 方法，并广泛地测试结果 Stream 的并行性能。编写高质量的分割迭代器很困难，并且超出了本书的讨论范畴。

并行 Stream 不仅可能降低性能，包括活性失败，还可能导致结果出错，以及难以预计的行为（如安全性失败）。安全性失败可能是因为并行的 pipeline 使用了映射、过滤器或者程序员自己编写的其他函数对象，并且没有遵守它们的规范。Stream 规范对于这些函数对象有着严格的要求条件。例如，传到 Stream 的 reduce 操作的收集器函数和组合器函数，必须是有关联、互不干扰，并且是无状态的。如果不满足这些条件（在第 46 条中提到了一些），但是按序列运行 pipeline，可能会得到正确的结果；如果并发运行，则可能会突发性失败。

以上值得注意的是，并行的梅森素数程序虽然运行完成了，但是并没有按正确的顺序（升序）打印出素数。为了保存序列化版本程序显示的顺序，必须用 forEachOrdered 代替终止操作的 forEach，它可以确保按 encounter 顺序遍历并行的 Stream。

假如在使用的是一个可以有效分割的源 Stream，一个可并行的或者简单的终止操作，以及互不干扰的函数对象，那么将无法获得通过并行实现的提速，除非 pipeline 完成了足够的实际工作，抵消了与并行相关的成本。据不完全估计，Stream 中的元素数量，是每个元素所执行的代码行数的很多倍，至少是十万倍 [Lea 14]。

切记：并行 Stream 是一项严格的性能优化。对于任何优化都必须在改变前后对性能进行测试，以确保值得这么做（详见第 67 条）。最理想的是在现实的系统设置中进行测试。一般来说，程序中所有的并行 Stream pipeline 都是在一个通用的 fork-join 池中运行的。只要有一个 pipeline 运行异常，都会损害到系统中其他不相关部分的性能。

听起来貌似在并行 Stream pipeline 时怪事连连，其实正是如此。我有个朋友，他发现在大量使用 Stream 的几百万行代码中，只有少数几个并行 Stream 是有效的。这并不意味着应该避免使用并行 Stream。在适当的条件下，给 Stream pipeline 添加 parallel 调用，确实可以在多处理器核的情况下实现近乎线性的倍增。某些域如机器学习和数据处理，尤其适用于这样的提速。

简单举一个并行 Stream pipeline 有效的例子。假设下面这个函数是用来计算 $\pi(n)$，素数的数量少于或者等于 n：

```java
// Prime-counting stream pipeline - benefits from parallelization
static long pi(long n) {
    return LongStream.rangeClosed(2, n)
        .mapToObj(BigInteger::valueOf)
        .filter(i -> i.isProbablePrime(50))
        .count();
}
```

在我的机器上，这个函数花 31 秒完成了计算 $\pi(10^8)$。只要添加一个 parallel() 调用，就把调用时间减少到了 9.2 秒：

```java
// Prime-counting stream pipeline - parallel version
static long pi(long n) {
    return LongStream.rangeClosed(2, n)
        .parallel()
        .mapToObj(BigInteger::valueOf)
        .filter(i -> i.isProbablePrime(50))
        .count();
}
```

换句话说，并行计算在我的四核机器上添加了 `parallel()` 调用后，速度加快了 3.7 倍。值得注意的是，这并不是在实践中计算 n 值很大时的 $\pi(n)$ 的方法。还有更加高效的算法，如著名的 Lehmer 公式。

如果要并行一个随机数的 Stream，应该从 `SplittableRandom` 实例开始，而不是从 `ThreadLocalRandom`（或实际上已经过时的 `Random`）开始。`SplittableRandom` 正是专门为此设计的，还有线性提速的可能。`ThreadLocalRandom` 则只用于单线程，它将自身当作一个并行的 Stream 源运用到函数中，但是没有 `SplittableRandom` 那么快。`Random` 在每个操作上都进行同步，因此会导致滥用，扼杀了并行的优势。

总而言之，尽量不要并行 Stream pipeline，除非有足够的理由相信它能保证计算的正确性，并且能加快程序的运行速度。如果对 Stream 进行不恰当的并行操作，可能导致程序运行失败，或者造成性能灾难。如果确信并行是可行的，并发运行时一定要确保代码正确，并在真实环境下认真地进行性能测量。如果代码正确，这些实验也证明它有助于提升性能，只有这时候，才可以在编写代码时并行 Stream。

Effective

方　法

本章要讨论方法设计的几个方面：如何处理参数和返回值，如何设计方法签名，如何为方法编写文档。本章大部分内容既适用于构造器，也适用于普通的方法。与第 4 章一样，本章的焦点也集中在可用性、健壮性和灵活性上。

第 49 条：检查参数的有效性

大多数方法和构造器对于传递给它们的参数值都会有某些限制。例如，索引值必须是非负数，对象引用不能为 null，等等，这些都是很常见的。你应该在文档中清楚地指明这些限制，并且在方法体的开头处检查参数，以强制施加这些限制。它是"发生错误之后应该尽快检测出错误"这一普遍原则的一种特例。如果不能做到这一点，检测到错误的可能性就比较小，即使检测到错误了，也比较难以确定错误的根源。

如果传递无效的参数值给方法，这个方法在执行之前先对参数进行了检查，那么它很快就会失败，并且清楚地出现适当的异常（exception）。如果这个方法没有检查它的参数，就有可能发生几种情形。该方法可能在处理过程中失败，并且产生令人费解的异常。更糟糕的是，该方法可以正常返回，但是会悄悄地计算出错误的结果。最糟糕的是，该方法可以正常返回，但是却使得某个对象处于被破坏的状态，将来在某个不确定的时候，在某个不相关的点上会引发出错误。换句话说，没有验证参数的有效性，可能导致违背失败原子性（failure atomicity），详见第 76 条。

对于公有的和受保护的方法，要用 Javadoc 的 **@throws** 标签（tag）在文档中说明违反参数值限制时会抛出的异常（详见第 74 条）。这样的异常通常为 **IllegalArgumentException**、**IndexOutOfBoundsException** 或 **NullPointerException**（详见第 72 条）。一旦在文档中记录了对于方法参数的限制，并且记录了一旦违反这些限制将要抛出的异常，强加这些限制就是非常简单的事情了。下面是一个典型的例子：

```
/**
 * Returns a BigInteger whose value is (this mod m).  This method
 * differs from the remainder method in that it always returns a
 * non-negative BigInteger.
 *
 * @param  m the modulus, which must be positive
 * @return this mod m
 * @throws ArithmeticException if m is less than or equal to 0
 */
public BigInteger mod(BigInteger m) {
    if (m.signum() <= 0)
        throw new ArithmeticException("Modulus <= 0: " + m);
    ... // Do the computation
}
```

注意，文档注释中并没有说"如果 m 为 null，mod 就抛出 NullPointerException"，而是作为调用 m.signum() 的副产物，即使方法正是这么做的。这个异常的文档是建立在外围 BigInteger 类的类级文档注释中。类级注释运用到该类的所有公有方法中的所有参数。这样可以很好地避免分别在每个方法中给每个 NullPointerException 建立文档而引起的混乱。它可以结合 @Nullable 或者类似的注解一起使用，表示某个特殊的参数可以为 null，不过这个实践不是标准的，有多个注解可以完成这个作用。

在 Java 7 中增加的 Objects.requireNonNull 方法比较灵活且方便，因此不必再手工进行 null 检查。只要你愿意，还可以指定自己的异常详情。这个方法会返回其输入，因此可以在使用一个值的同时执行 null 检查：

```
// Inline use of Java's null-checking facility
this.strategy = Objects.requireNonNull(strategy, "strategy");
```

也可以忽略返回值，并在必要的地方，用 Objects.requireNonNull 作为独立的 null 检查。

在 Java 9 中增加了检查范围的设施：java.util.Objects。这个设施包含三个方法：checkFromIndexSize、checkFromToIndex 和 checkIndex。这个设施不像检查 null 的方法那么灵活。它不允许指定自己的异常详情，而是专门设计用于列表和数组索引的。它不处

理关闭的范围（包含其两个端点）。但是如果它所做的正是你需要的，那么就是一个有用的
工具。

对于未被导出的方法（unexported method），作为包的创建者，你可以控制这个方法将在
哪些情况下被调用，因此你可以，也应该确保只将有效的参数值传递进来。因此，非公有的
方法通常应该使用断言（assertion）来检查它们的参数，具体做法如下所示：

```java
// Private helper function for a recursive sort
private static void sort(long a[], int offset, int length) {
    assert a != null;
    assert offset >= 0 && offset <= a.length;
    assert length >= 0 && length <= a.length - offset;
    ... // Do the computation
}
```

从本质上讲，这些断言是在声称被断言的条件将会为真，无论外围包的客户端如何使
用它。不同于一般的有效性检查，断言如果失败，将会抛出 AssertionError。不同于一
般的有效性检查，如果它们没有起到作用，本质上也不会有成本开销，除非通过将 -ea（或
者 -enableassertions）标记（flag）传递给 Java 解释器，来启用它们。关于断言的更多信
息，请见 Sun 的教程 [Asserts]。

对于有些参数，方法本身没有用到，却被保存起来供以后使用，检验这类参数的有效性
尤为重要。比如，以第 20 条中的静态工厂方法为例，它的参数为一个 int 数组，并返回该
数组的 List 视图。如果这个方法的客户端要传递 null，该方法将会抛出一个 NullPointer-
Exception，因为该方法包含一个显式的条件检查（调用 Objects.requireNonNull）。如果
省略了这个条件检查，它就会返回一个指向新建 List 实例的引用，一旦客户端企图使用这
个引用，立即就会抛出 NullPointerException。到那时，要想找到 List 实例的来源可能
就非常困难了，从而使得调试工作更加复杂。

如前所述，有些参数被方法保存起来供以后使用，构造器正是代表了这种原则的一种特
例。检查构造器参数的有效性是非常重要的，这样可以避免构造出来的对象违反了这个类的
约束条件。

在方法执行它的计算任务之前，应该先检查它的参数，这一规则也有例外。一个很重要
的例外是，在某些情况下，有效性检查工作非常昂贵，或者根本是不切实际的，而且有效性
检查已隐含在计算过程中完成。例如，以为对象列表排序的方法 Collections.sort(List)
为例，列表中的所有对象都必须是可以相互比较的。在为列表排序的过程中，列表中的每个
对象将与其他某个对象进行比较。如果这些对象不能相互比较，其中的某个比较操作就会抛
出 ClassCastException，这正是 sort 方法应该做的事情。因此，提前检查列表中的元素
是否可以相互比较，这并没有多大意义。然而，请注意，不加选择地使用这种方法将会导致
失去失败原子性（failure atomicity），详见第 76 条。

有时候，某些计算会隐式地执行必要的有效性检查，但是如果检查不成功，就会抛出错误的异常。换句话说，由于无效的参数值而导致计算过程抛出的异常，与文档中标明这个方法将抛出的异常并不相符。在这种情况下，应该使用第 73 条中讲述的异常转换（exception translation）技术，将计算过程中抛出的异常转换为正确的异常。

请不要由本条目的内容得出这样的结论：对参数的任何限制都是件好事。相反，在设计方法时，应该使它们尽可能通用，并符合实际的需要。假如方法对于它能接受的所有参数值都能够完成合理的工作，对参数的限制就应该是越少越好。然而，通常情况下，有些限制对于被实现的抽象来说是固有的。

简而言之，每当编写方法或者构造器的时候，应该考虑它的参数有哪些限制。应该把这些限制写到文档中，并且在这个方法体的开头处，通过显式的检查来实施这些限制。养成这样的习惯是非常重要的。只要有效性检查有一次失败，你为必要的有效性检查所付出的努力便都可以连本带利地得到偿还了。

第 50 条：必要时进行保护性拷贝

Java 用起来如此舒适的一个因素在于，它是一门安全的语言（safe language）。这意味着，它对于缓冲区溢出、数组越界、非法指针以及其他的内存破坏错误都自动免疫，而这些错误却困扰着诸如 C 和 C++ 这样的不安全语言。在一门安全语言中，在设计类的时候，可以确切地知道，无论系统的其他部分发生什么问题，这些类的约束都可以保持为真。对于那些"把所有内存当作一个巨大的数组来对待"的语言来说，这是不可能的。

即使在安全的语言中，如果不采取一点措施，还是无法与其他的类隔离开来。假设类的客户端会尽其所能来破坏这个类的约束条件，因此你必须保护性地设计程序。实际上，只有当有人试图破坏系统的安全性时，才可能发生这种情形；更有可能的是，对你的 API 产生误解的程序员，所导致的各种不可预期的行为，只好由类来处理。无论是哪种情况，编写一些面对客户的不良行为时仍能保持健壮性的类，这是非常值得投入时间去做的事情。

如果没有对象的帮助，另一个类不可能修改对象的内部状态，但是对象很容易在无意识的情况下提供这种帮助。例如，以下面的类为例，它声称可以表示一段不可变的时间周期：

```java
// Broken "immutable" time period class
public final class Period {
    private final Date start;
    private final Date end;

    /**
     * @param  start the beginning of the period
     * @param  end the end of the period; must not precede start
     * @throws IllegalArgumentException if start is after end
```

```
 * @throws NullPointerException if start or end is null
 */
public Period(Date start, Date end) {
    if (start.compareTo(end) > 0)
        throw new IllegalArgumentException(
            start + " after " + end);
    this.start = start;
    this.end   = end;
}

public Date start() {
    return start;
}
public Date end() {
    return end;
}

...  // Remainder omitted
}
```

乍看之下，这个类似乎是不可变的，并且强加了约束条件：周期的起始时间（start）不能在结束时间（end）之后。然而，因为 Date 类本身是可变的，因此很容易违反这个约束条件：

```
// Attack the internals of a Period instance
Date start = new Date();
Date end = new Date();
Period p = new Period(start, end);
end.setYear(78);  // Modifies internals of p!
```

从 Java 8 开始，修正这个问题最明显的方式是使用 Instant（或 LocalDateTime，或者 ZonedDateTime）代替 Date，因为 Instant（以及另一个 java.time 类）是不可变的（详见第 17 条）。Date 已经过时了，不应该在新代码中使用。也就是说，问题依然存在：有时候，还是需要在 API 和内部表达式中使用可变的值类型，本条目中讨论的方法正适用于这些情况。

为了保护 Period 实例的内部信息避免受到这种攻击，对于构造器的每个可变参数进行保护性拷贝（defensive copy）是必要的，并且使用备份对象作为 Period 实例的组件，而不使用原始的对象：

```
// Repaired constructor - makes defensive copies of parameters
public Period(Date start, Date end) {
    this.start = new Date(start.getTime());
    this.end   = new Date(end.getTime());

    if (this.start.compareTo(this.end) > 0)
      throw new IllegalArgumentException(
          this.start + " after " + this.end);
}
```

用了新的构造器之后，上述的攻击对于 Period 实例不再有效。注意，保护性拷贝是在检查参数的有效性（详见第 49 条）之前进行的，并且有效性检查是针对拷贝之后的对象，而不是针对原始的对象。虽然这样做看起来有点不太自然，却是必要的。这样做可以避免在"危险阶段"（window of vulnerability）期间从另一个线程改变类的参数，这里的危险阶段是指从检查参数开始，直到拷贝参数之间的时间段。在计算机安全社区中，这被称作 Time-Of-Check/Time-Of-Use 或者 TOCTOU 攻击 [Viega01]。

同时也请注意，我们没有用 Date 的 clone 方法来进行保护性拷贝。因为 Date 是非 final 的，不能保证 clone 方法一定返回类为 java.util.Date 的对象：它有可能返回专门出于恶意的目的而设计的不可信子类的实例。例如，这样的子类可以在每个实例被创建的时候，把指向该实例的引用记录到一个私有的静态列表中，并且允许攻击者访问这个列表。这将使得攻击者可以自由地控制所有的实例。为了阻止这种攻击，对于参数类型可以被不可信任方子类化的参数，请不要使用 clone 方法进行保护性拷贝。

虽然替换构造器就可以成功地避免上述的攻击，但是改变 Period 实例仍然是有可能的，因为它的访问方法提供了对其可变内部成员的访问能力：

```java
// Second attack on the internals of a Period instance
Date start = new Date();
Date end = new Date();
Period p = new Period(start, end);
p.end().setYear(78);  // Modifies internals of p!
```

为了防御这第二种攻击，只需修改这两个访问方法，使它返回可变内部域的保护性拷贝：

```java
// Repaired accessors - make defensive copies of internal fields
public Date start() {
    return new Date(start.getTime());
}

public Date end() {
    return new Date(end.getTime());
}
```

采用了新的构造器和新的访问方法之后，Period 真正是不可变的了。不管程序员是多么恶意，或者多么不合格，都绝对不会违反"周期的起始时间不能晚于结束时间"这个约束条件。确实如此，因为除了 Period 类自身之外，其他任何类都无法访问 Period 实例中的任何一个可变域。这些域被真正封装在对象的内部。

访问方法与构造器不同，它们在进行保护性拷贝的时候允许使用 clone 方法。之所以如此，是因为我们知道，Period 内部的 Date 对象的类型是 java.util.Date，而不可能是其他某个潜在的不可信子类。也就是说，基于第 13 条中所阐述的原因，一般情况下，最好使用构造器或者静态工厂。

参数的保护性拷贝并不仅仅针对不可变类。每当编写方法或者构造器时，如果它允许客户提供的对象进入到内部数据结构中，则有必要考虑一下，客户提供的对象是否有可能是可变的。如果是，就要考虑你的类是否能够容忍对象进入数据结构之后发生变化。如果答案是否定的，就必须对该对象进行保护性拷贝，并且让拷贝之后的对象而不是原始对象进入到数据结构中。例如，如果你正在考虑使用由客户提供的对象引用作为内部 Set 实例的元素，或者作为内部 Map 实例的键（key），就应该意识到，如果这个对象在插入之后再被修改，Set 或者 Map 的约束条件就会遭到破坏。

在内部组件被返回给客户端之前，对它们进行保护性拷贝也是同样的道理。不管类是否为不可变的，在把一个指向内部可变组件的引用返回给客户端之前，也应该加倍认真地考虑。解决方案是，应该返回保护性拷贝。记住长度非零的数组总是可变的。因此，在把内部数组返回给客户端之前，总要进行保护性拷贝。另一种解决方案是，给客户端返回该数组的不可变视图（immutable view）。这两种方法在第 15 条中都已经演示过了。

可以肯定地说，上述的真正启示在于，只要有可能都应该使用不可变的对象作为对象内部的组件，这样就不必再为保护性拷贝（详见第 17 条）操心。在前面的 Period 例子中，使用了 Instant（或 LocalDateTime，或者 ZonedDateTime），除非使用 Java 8 之前的版本。如果使用的是较早的版本，一种选择是保存 Date.getTime() 返回的 long 基本类型，而不是使用 Date 对象引用。

保护性拷贝可能会带来相关的性能损失，这种说法并不总是正确的。如果类信任它的调用者不会修改内部的组件，可能因为类及其客户端都是同一个包的双方，那么不进行保护必拷贝也是可以的。在这种情况下，类的文档中就必须清楚地说明，调用者绝不能修改受到影响的参数或者返回值。

即使跨越包的作用范围，也并不总是适合在将可变参数整合到对象中之前，对它进行保护性拷贝。有一些方法和构造器的调用，要求参数所引用的对象必须有个显式的交接（handoff）过程。当客户端调用这样的方法时，它承诺以后不再直接修改该对象。如果方法或者构造器期望接管一个由客户端提供的可变对象，它就必须在文档中明确地指明这一点。

如果类所包含的方法或者构造器的调用需要移交对象的控制权，这个类就无法让自身抵御恶意的客户端。只有当类和它的客户端之间有着互相的信任，或者破坏类的约束条件不会伤害到除了客户端之外的其他对象时，这种类才是可以接受的。后一种情形的例子是包装类模式（详见第 18 条）。根据包装类的本质特征，客户端只需在对象被包装之后直接访问它，就可以破坏包装类的约束条件，但是，这么做往往只会伤害到客户端自己。

简而言之，如果一个类包含有从客户端得到或者返回到客户端的可变组件，这个类就必须保护性地拷贝这些组件。如果拷贝的成本受到限制，并且类信任它的客户端不会不恰当地修改组件，就可以在文档中指明客户端的职责是不得修改受到影响的组件，以此来代替保护性拷贝。

第 51 条：谨慎设计方法签名

本条目是若干 API 设计技巧的总结，它们都还不足以单独开设一个条目。综合来说，这些设计技巧将有助于使你的 API 更易于学习和使用，并且比较不容易出错。

谨慎地选择方法的名称。方法的名称应该始终遵循标准的命名习惯（详见第 68 条）。首要目标应该是选择易于理解的，并且与同一个包中的其他名称风格一致的名称。第二个目标应该是选择与大众认可的名称（如果存在的话）相一致的名称。如果还有疑问，请参考 Java 类库的 API。尽管 Java 类库的 API 中也有大量不一致的地方，考虑到这些 Java 类库的规模和范围，这是不可避免的，但它们还是得到了相当程度的认可。

不要过于追求提供便利的方法。每个方法都应该尽其所能。方法太多会使类难以学习、使用、文档化、测试和维护。对于接口而言，这无疑是正确的，方法太多会使接口实现者和接口用户的工作变得复杂起来。对于类和接口所支持的每个动作，都提供一个功能齐全的方法。只有当一项操作被经常用到的时候，才考虑为它提供快捷方式（shorthand）。如果不能确定，最好不要提供快捷方式。

避免过长的参数列表。目标是四个参数或者更少。大多数程序员都无法记住更长的参数列表。如果你编写的许多方法都超过了这个限制，你的 API 就不太便于使用，除非用户不停地参考它的文档。现代的 IDE 通过智能提示会有所帮助，但最好还是使用简短的参数列表。相同类型的长参数序列格外有害。API 的用户不仅无法记住参数的顺序，而且，当他们不小心弄错了参数顺序时，程序仍然可以编译和运行，只不过这些程序不会按照作者的意图进行工作。

有三种技巧可以缩短过长的参数列表。第一种是把一个方法分解成多个方法，每个方法只需要这些参数的一个子集。如果不小心，这样做会导致方法过多。但是通过提升它们的正交性（orthogonality），还可以减少（reduce）方法的数目。例如，考虑 `java.util.List` 接口。它并没有提供在子列表（sublist）中查找元素的第一个索引和最后一个索引的方法，这两个方法都需要三个参数。相反，它提供了 `subList` 方法，这个方法带有两个参数，并返回子列表的一个视图（view）。这个方法可以与 `indexOf` 或者 `lastIndexOf` 方法结合起来，获得期望的功能，而这两个方法都分别只有一个参数。而且，`subList` 方法也可以与其他任何"针对 `List` 实例进行操作"的方法结合起来，在子列表上执行任意的计算。这样得到的 API 就有很高的功能 – 权重（power-to-weight）比。

缩短长参数列表的第二种技巧是创建辅助类（helper class），用来保存参数的分组。这些辅助类一般为静态成员类（详见第 24 条）。如果一个频繁出现的参数序列可以被看作是代表了某个独特的实体，则建议使用这种方法。例如，假设你正在编写一个表示纸牌游戏的类，你会发现经常要传递一个双参数的序列来表示纸牌的点数和花色。如果增加辅助类来表示一张纸牌，并且把每个参数序列都换成这个辅助类的单个参数，那么这个纸牌游戏类的 API 以及它的内部表示都可能会得到改进。

结合了前两种技巧特征的第三种技巧是，从对象构建到方法调用都采用 Builder 模式（详见第 2 条）。如果方法带有多个参数，尤其是当它们中有些是可选的时候，最好定义一个对象来表示所有参数，并允许客户端在这个对象上进行多次"setter"（设置）调用，每次调用都设置一个参数，或者设置一个较小的相关的集合。一旦设置了需要的参数，客户端就调用对象的"执行"（execute）方法，它对参数进行最终的有效性检查，并执行实际的计算。

对于参数类型，要优先使用接口而不是类（详见第 64 条）。只要有适当的接口可用来定义参数，就优先使用这个接口，而不是使用实现该接口的类。例如，没有理由在编写方法时使用 HashMap 类来作为输入，相反应当使用 Map 接口作为参数。这使你可以传入一个 Hashtable、HashMap、TreeMap、TreeMap 的子映射表（submap），或者任何有待于将来编写的 Map 实现。如果使用的是类而不是接口，则限制了客户端只能传入特定的实现，如果碰巧输入的数据是以其他的形式存在，就会导致不必要的、可能非常昂贵的拷贝操作。

对于 boolean 参数，要优先使用两个元素的枚举类型。它使代码更易于阅读和编写，尤其是当你在使用支持自动完成功能的 IDE 时。它也使以后更易于添加其他的选项。例如，你可能会有一个 Thermometer 类型，它带有一个静态工厂方法，而这个静态工厂方法的签名需要带有这个枚举的值：

```
public enum TemperatureScale { FAHRENHEIT, CELSIUS }
```

Thermometer.newInstance(TemperatureScale.CELSIUS) 不仅比 Thermometer.newInstance(true) 更有用，而且你还可以在未来的发行版本中将 KELVIN 添加到 TemperatureScale 中，无须为 Thermometer 添加新的静态工厂。你还可以将温度范围的依赖重构到枚举常量的方法中（详见第 34 条）。例如，每个范围常量都可以有一个方法，它带有一个 double 值，并将它规格化成摄氏度。

第 52 条：慎用重载

下面这个程序的意图是好的，它试图根据一个集合是 Set、List，还是其他的集合类型，来对它进行分类：

```
// Broken! - What does this program print?
public class CollectionClassifier {
    public static String classify(Set<?> s) {
        return "Set";
    }
```

```java
    public static String classify(List<?> lst) {
        return "List";
    }

    public static String classify(Collection<?> c) {
        return "Unknown Collection";
    }

    public static void main(String[] args) {
        Collection<?>[] collections = {
            new HashSet<String>(),
            new ArrayList<BigInteger>(),
            new HashMap<String, String>().values()
        };

        for (Collection<?> c : collections)
            System.out.println(classify(c));
    }
}
```

你可能期望这个程序会打印出 Set，紧接着是 List，以及 Unknown Collection，但实际上不是这样。它打印了三次 Unknown Collection。为什么会这样呢？因为 classify 方法被重载（overloaded）了，而要调用哪个重载方法是在编译时做出决定的。对于 for 循环中的全部三次迭代，参数的编译时类型都是相同的：Collection<?>。每次迭代的运行时类型都是不同的，但这并不影响对重载方法的选择。因为该参数的编译时类型为 Collection<?>，所以，唯一合适的重载方法是 classify(Collection<?>)，在循环的每次迭代中，都会调用这个重载方法。

这个程序的行为有悖常理，因为对于重载方法的选择是静态的，而对于被覆盖的方法的选择则是动态的。选择被覆盖的方法的正确版本是在运行时进行的，选择的依据是被调用方法所在对象的运行时类型。这里重新说明一下，当一个子类包含的方法声明与其祖先类中的方法声明具有同样的签名时，方法就被覆盖了。如果实例方法在子类中被覆盖了，并且这个方法是在该子类的实例上被调用的，那么子类中的覆盖方法（overriding method）将会执行，而不管该子类实例的编译时类型到底是什么。为了进行更具体的说明，以下面的程序为例：

```java
class Wine {
    String name() { return "wine"; }
}

class SparklingWine extends Wine {
    @Override String name() { return "sparkling wine"; }
}

class Champagne extends SparklingWine {
    @Override String name() { return "champagne"; }
}

public class Overriding {
```

```
public static void main(String[] args) {
    List<Wine> wineList = List.of(
        new Wine(), new SparklingWine(), new Champagne());

    for (Wine wine : wineList)
        System.out.println(wine.name());
}
}
```

name 方法是在类 Wine 中被声明的，但是在类 SparklingWine 和 Champagne 中被覆盖。正如你所预期的那样，这个程序打印出 wine、sparkling wine 和 champagne，尽管在循环的每次迭代中，实例的编译时类型都为 Wine。当调用被覆盖的方法时，对象的编译时类型不会影响到哪个方法将被执行；"最为具体的"（most specific）那个覆盖版本总是会得到执行。这与重载的情形相比，对象的运行时类型并不影响"哪个重载版本将被执行"；选择工作是在编译时进行的，完全基于参数的编译时类型。

在 CollectionClassifier 示例中，该程序的意图是：期望编译器根据参数的运行时类型自动将调用分发给适当的重载方法，以此来识别出参数的类型，就好像 Wine 的例子中的 name 方法所做的那样。方法重载机制完全没有提供这样的功能。假设需要有个静态方法，这个程序的最佳修正方案是，用单个方法来替换这三个重载的 classify 方法，并在这个方法中做一个显式的 instanceof 测试：

```
public static String classify(Collection<?> c) {
    return c instanceof Set  ? "Set" :
            c instanceof List ? "List" : "Unknown Collection";
}
```

因为覆盖机制是标准规范，而重载机制是例外，所以，覆盖机制满足了人们对于方法调用行为的期望。正如 CollectionClassifier 例子所示，重载机制很容易使这些期望落空。如果编写出来的代码的行为可能使程序员感到困惑，那么它就是很糟糕的实践。对于 API 来说尤其如此。如果 API 的普通用户根本不知道"对于一组给定的参数，其中的哪个重载方法将会被调用"，那么使用这样的 API 就很可能导致错误。这些错误要等到运行时发生了怪异的行为之后才会显现出来，导致许多程序员无法诊断出这样的错误。因此，应该避免胡乱地使用重载机制。

到底是什么造成胡乱使用重载机制呢？这个问题仍有争议。安全而保守的策略是，永远不要导出两个具有相同参数数目的重载方法。如果方法使用可变参数，除第 53 条中所述的情形之外，保守的策略是根本不要重载它。如果你遵守这些限制，程序员永远也不会陷入"对于任何一组实际的参数，哪个重载方法才是适用的"这样的疑问中。这项限制并不麻烦，因为你始终可以给方法起不同的名称，而不使用重载机制。

例如，以 ObjectOutputStream 类为例。对于每个基本类型，以及几种引用类型，它的 write 方法都有一种变形。这些变形方法并不是重载 write 方法，而是具有诸如 write-Boolean(boolean)、writeInt(int) 和 writeLong(long) 这样的签名。与重载方案相比较，这种命名模式带来的好处是，可以提供相应名称的读方法，比如 readBoolean()、readInt() 和 readLong()。实际上，ObjectInputStream 类正是提供了这样的读方法。

对于构造器，你没有选择使用不同名称的机会；一个类的多个构造器总是重载的。在许多情况下，可以选择导出静态工厂，而不是构造器（详见第 1 条）。对于构造器，还不用担心重载和覆盖的相互影响，因为构造器不可能被覆盖。或许你有可能导出多个具有相同参数数目的构造器，所以有必要了解一下如何安全地做到这一点。

如果对于"任何一组给定的实际参数将应用于哪个重载方法上"始终非常清楚，那么导出多个具有相同参数数目的重载方法就不可能使程序员感到混淆。对于每一对重载方法，至少有一个对应的参数在两个重载方法中具有"根本不同"（radically different）的类型，就属于这种不会感到混淆的情形了。如果显然不可能把一种类型的实例转换为另一种类型，这两种类型就是根本不同的。在这种情况下，一组给定的实际参数应用于哪个重载方法上就完全由参数的运行时类型来决定，不可能受到其编译时类型的影响，所以主要的混淆根源就消除了。例如，ArrayList 有一个构造器带一个 int 参数，另一个构造器带一个 Collection 参数。难以想象在任何情况下，这两个构造器被调用时哪一个会产生混淆。

在 Java 5 发行版本之前，所有的基本类型都根本不同于所有的引用类型，但是当自动装箱出现之后，就不再如此了，它会导致真正的麻烦。以下面这个程序为例：

```java
public class SetList {
    public static void main(String[] args) {
        Set<Integer> set = new TreeSet<>();
        List<Integer> list = new ArrayList<>();

        for (int i = -3; i < 3; i++) {
            set.add(i);
            list.add(i);
        }
        for (int i = 0; i < 3; i++) {
            set.remove(i);
            list.remove(i);
        }
        System.out.println(set + " " + list);
    }
}
```

首先，程序将 -3 至 2 之间的整数添加到了排好序的集合和列表中，然后在集合和列表中都进行 3 次相同的 remove 调用。如果像大多数人一样，希望程序从集合和列表中去除非整数值（0、1 和 2），并打印出 [-3，-2，-1] [-3，-2，-1]。事实上，程序从集合中去除了非整数，还从列表中去除了奇数值，打印出 [-3，-2，-1] [-2，0，2]。我们将这种行为称之为混乱，已是保守的说法。

实际发生的情况是：set.remove(i) 调用选择重载方法 remove(E)，这里的 E 是集合（Integer）的元素类型，将 i 从 int 自动装箱到 Integer 中。这是你所期待的行为，因此程序不会从集合中去除正值。另一方面，list.remove(i) 调用选择重载方法 remove(int i)，它从列表的指定位置上去除元素。如果从列表 [-3，-2，-1，0，1，2] 开始，去除第零个元素，接着去除第一个、第二个，得到的是 [-2，0，2]，这个秘密被揭开了。为了解决这个问题，要将 list.remove 的参数转换成 Integer，迫使选择正确的重载方法。另一种方法是调用 Integer.valueOf(i)，并将结果传给 list.remove。这两种方法都如我们所料，打印出 [-3，-2，-1][-3，-2，-1]：

```
for (int i = 0; i < 3; i++) {
    set.remove(i);
    list.remove((Integer) i);  // or remove(Integer.valueOf(i))
}
```

前一个范例中所示的混乱行为在这里也出现了，因为 List<E> 接口有两个重载的 remove 方法：remove(E) 和 remove(int)。当它在 Java 5 发行版本中被泛型化之前，List 接口有一个 remove(Object) 而不是 remove(E)，相应的参数类型：Object 和 int，则根本不同。但是自从有了泛型和自动装箱之后，这两种参数类型就不再根本不同了。换句话说，Java 语言中添加了泛型和自动装箱之后，破坏了 List 接口。幸运的是，Java 类库中几乎再没有 API 受到同样的破坏，但是这种情形清楚地说明了，自动装箱和泛型成了 Java 语言的组成部分之后，谨慎重载显得更加重要了。

在 Java 8 中增加了 lambda 和方法引用之后，进一步增加了重载造成混淆的可能。比如，以下面这两个代码片段为例：

```
new Thread(System.out::println).start();

ExecutorService exec = Executors.newCachedThreadPool();
exec.submit(System.out::println);
```

Thread 构造器调用和 submit 方法调用看起来很相似，但前者会进行编译，而后者不会。参数都是一样的（System.out::println），构造器和方法都有一个带有 Runnable 的重载。这里发生了什么呢？令人感到意外的是：submit 方法有一个带有 Callable<T> 的重载，而 Thread 构造器则没有。也许你会认为这应该没什么区别，因为所有的 println 重载都返回 void，因此这个方法引用或许不会是一个 Callable。这种想法是完美的，但重载方案的算法却不是这么做的。也许同样令人感到惊奇的是，如果 println 方法也没有被重载，submit 方法调用则是合法的。这是被引用的方法（println）的重载，与被调用方法

（submit）的结合，阻止了重载方案算法按你预期的方式完成。

从技术的角度来看，问题在于，`System.out::println` 是一个不精确的方法引用（inexact method reference)[JLS, 15.13.1]，而且"某些包含隐式类型 lambda 表达式或者不精确方法引用的参数表达式会被可用性测试忽略，因为它们的含义要到选择好目标类型之后才能确定 [JLS,15.12.2]"。如果你不理解这段话的意思也没关系，这是针对编译器作者而言的。重点是在同一个参数位置，重载带有不同函数接口的方法或者构造器会造成混淆。因此，不要在相同的参数位置调用带有不同函数接口的方法。按照本条目的说法，不同的函数接口并非根本不同。如果传入命令行参数：`-Xlint:overloads`，Java 编译器会对这种有问题的重载发出警告。

数组类型和 `Object` 之外的类截然不同。数组类型和 `Serializable` 与 `Cloneable` 之外的接口也截然不同。如果两个类都不是对方的后代，这两个独特的类就是不相关的（unrelated）[JLS，5.5]。例如，`String` 和 `Throwable` 就是不相关的。任何对象都不可能是两个不相关的类的实例，因此不相关的类也是根本不同的。

还有其他一些"类型对"的例子也是不能相互转换的 [JLS, 5.1.12]，但是，一旦超出了上述这些简单的情形，大多数程序员要想搞清楚"一组实际的参数应用于哪个重载方法上"就会非常困难。确定选择哪个重载方法的规则是非常复杂的，这些规则在每个发行版本中都变得越来越复杂。很少有程序员能够理解其中的所有微妙之处。

有时候，尤其在更新现有类的时候，可能会被迫违反本条目的指导原则。例如，自从 Java4 发行版本以来，`String` 类就已经有一个 `contentEquals`（`StringBuffer`）方法。在 Java 5 发行版本中，新增了一个称作 `CharSequence` 的接口，用来为 `StringBuffer`、`StringBuilder`、`String`、`CharBuffer` 以及其他类似的类型提供公共接口。在 Java 平台中增加 `CharSequence` 的同时，`String` 也配备了重载的 `contentEquals` 方法，即 `content-Equals`（`CharSequence`）方法。

尽管这样的重载显然违反了本条目的指导原则，但是只要当这两个重载方法在同样的参数上被调用时，它们执行的是相同的功能，重载就不会带来危害。程序员可能并不知道哪个重载函数会被调用，但只要这两个方法返回相同的结果就行。确保这种行为的标准做法是，让更具体化的重载方法把调用转发给更一般化的重载方法：

```java
// Ensuring that 2 methods have identical behavior by forwarding
public boolean contentEquals(StringBuffer sb) {
    return contentEquals((CharSequence) sb);
}
```

虽然 Java 平台类库很大程度上遵循了本条目中的建议，但是也有诸多的类违背了。例如，`String` 类导出两个重载的静态工厂方法：`valueOf(char[])` 和 `valueOf(Object)`，当这两个方法被传递了同样的对象引用时，它们所做的事情完全不同。没有正当的理由可以解释这一点，它应该被看作是一种反常行为，有可能会造成真正的混淆。

简而言之，"能够重载方法"并不意味着就"应该重载方法"。一般情况下，对于多个具有相同参数数目的方法来说，应该尽量避免重载方法。在某些情况下，特别是涉及构造器的时候，要遵循这条建议也许是不可能的。在这种情况下，至少应该避免这样的情形：同一组参数只需经过类型转换就可以被传递给不同的重载方法。如果不能避免这种情形，例如，因为正在改造一个现有的类以实现新的接口，就应该保证：当传递同样的参数时，所有重载方法的行为必须一致。如果不能做到这一点，程序员就很难有效地使用被重载的方法或者构造器，同时也不能理解它为什么不能正常地工作。

第 53 条：慎用可变参数

可变参数方法一般称作 variable arity method（可匹配不同长度的变量的方法）[JLS, 8.4.1]，它接受 0 个或者多个指定类型的参数。可变参数机制首先会创建一个数组，数组的大小为在调用位置所传递的参数数量，然后将参数值传到数组中，最后将数组传递给方法。

例如，下面就是一个可变参数方法，带有 int 参数的一个序列，并返回它们的总和。正如你所期望的，sum(1, 2, 3) 的值为 6，sum( ) 的值为 0：

```
// Simple use of varargs
static int sum(int... args) {
    int sum = 0;
    for (int arg : args)
        sum += arg;
    return sum;
}
```

有时候，必须编写需要一个或者多个某种类型参数的方法，而不是需要 0 个或者多个。例如，假设想要编写一个函数来计算多个参数的最小值。如果客户端没有传递参数，那么这个函数的定义就不太好了。你可以在运行时检查数组长度：

```
// The WRONG way to use varargs to pass one or more arguments!
static int min(int... args) {
    if (args.length == 0)
        throw new IllegalArgumentException("Too few arguments");
    int min = args[0];
    for (int i = 1; i < args.length; i++)
        if (args[i] < min)
            min = args[i];
    return min;
}
```

这种解决方案有几个问题。其中最严重的问题是，如果客户端调用这个方法时，并没有传递参数进去，它就会在运行时而不是编译时发生失败。另一个问题是，这段代码很不美观。你必须在 args 中包含显式的有效性检查，除非将 min 初始化为 Integer.MAX_VALUE，否则将无法使用 for-each 循环，这样的代码也不美观。

幸运的是，有一种更好的方法可以实现想要的效果。声明该方法带有两个参数，一个是指定类型的正常参数，另一个是这种类型的可变参数。这种解决方案解决了前一个示例中的所有不足：

```java
// The right way to use varargs to pass one or more arguments
static int min(int firstArg, int... remainingArgs) {
    int min = firstArg;
    for (int arg : remainingArgs)
        if (arg < min)
            min = arg;
    return min;
}
```

如你所见，当你真正需要让一个方法带有不定数量的参数时，可变参数就非常有效。可变参数是为 printf 而设计的，该方法是与可变参数同时添加到 Java 平台中的，为了核心的反射机制（详见第 65 条），被改造成利用可变参数。printf 和反射机制都从可变参数中获得了极大的益处。

在重视性能的情况下，使用可变参数机制要特别小心。每次调用可变参数方法都会导致一次数组分配和初始化。如果凭经验确定无法承受这一成本，但又需要可变参数的灵活性，还有一种模式可以让你如愿以偿。假设确定对某个方法 95% 的调用会有 3 个或者更少的参数，就声明该方法的 5 个重载，每个重载方法带有 0 至 3 个普通参数，当参数的数目超过 3 个时，就使用一个可变参数方法：

```java
public void foo() { }
public void foo(int a1) { }
public void foo(int a1, int a2) { }
public void foo(int a1, int a2, int a3) { }
public void foo(int a1, int a2, int a3, int... rest) { }
```

现在你知道了，当参数的数目超过 3 个时，所有调用中只有 5% 需要创建数组。就像大多数的性能优化一样，这种方法通常不太恰当，但是一旦真正需要它时，它可就帮上大忙了。

EnumSet 类对它的静态工厂使用了这种方法，最大限度地减少创建枚举集合的成本。当时这么做是有必要的，因为枚举集合为位域提供了在性能方面有竞争力的替代方法，这是很重要的（详见第 36 条）。

简而言之，在定义参数数目不定的方法时，可变参数方法是一种很方便的方式。在使用可变参数之前，要先包含所有必要的参数，并且要关注使用可变参数所带来的性能影响。

第 54 条：返回零长度的数组或者集合，而不是 null

像下面这样的方法并不少见：

```
// Returns null to indicate an empty collection. Don't do this!
private final List<Cheese> cheesesInStock = ...;

/**
 * @return a list containing all of the cheeses in the shop,
 *     or null if no cheeses are available for purchase.
 */
public List<Cheese> getCheeses() {
    return cheesesInStock.isEmpty() ? null
        : new ArrayList<>(cheesesInStock);
}
```

把没有奶酪（cheese）可买的情况当作是一种特例，这是不合常理的。这样做会要求客户端中必须有额外的代码来处理 null 返回值，例如：

```
List<Cheese> cheeses = shop.getCheeses();
if (cheeses != null && cheeses.contains(Cheese.STILTON))
    System.out.println("Jolly good, just the thing.");
```

对于一个返回 null 而不是零长度数组或者集合的方法，几乎每次用到该方法时都需要这种曲折的处理方式。这样做很容易出错，因为编写客户端程序的程序员可能会忘记写这种专门的代码来处理 null 返回值。这样的错误也许几年都不会被注意到，因为这样的方法通常返回一个或者多个对象。返回 null 而不是零长度的容器，也会使返回该容器的方法实现代码变得更加复杂。

有时候会有人认为：null 返回值比零长度集合或者数组更好，因为它避免了分配零长度的容器所需要的开销。这种观点是站不住脚的，原因有两点。第一，在这个级别上担心性能问题是不明智的，除非分析表明这个方法正是造成性能问题的真正源头（详见第 67 条）。第二，不需要分配零长度的集合或者数组，也可以返回它们。下面是返回可能的零长度集合的一段典型代码。一般情况下，这些都是必须的：

```
//The right way to return a possibly empty collection
public List<Cheese> getCheeses() {
    return new ArrayList<>(cheesesInStock);
}
```

万一有证据表示分配零长度的集合损害了程序的性能，可以通过重复返回同一个不可变的零长度集合，避免了分配的执行，因为不可变对象可以被自由共享（详见第 17 条）。下面的代码正是这么做的，它使用了 Collections.emptyList 方法。如果返回的是集合，最好使用 Collections.emptySet；如果返回的是映射，最好使用 Collections.emptyMap。但是要记住，这是一个优化，并且几乎用不上。如果你认为确实需要，必须在行动前后分别测试测量性能，确保这么做确实是有帮助的：

```
// Optimization - avoids allocating empty collections
public List<Cheese> getCheeses() {
    return cheesesInStock.isEmpty() ? Collections.emptyList()
        : new ArrayList<>(cheesesInStock);
}
```

数组的情形与集合的情形一样，它永远不会返回 null，而是返回零长度的数组。一般来说，应该只返回一个正确长度的数组，这个长度可以为零。注意，我们将一个零长度的数组传递给了 toArray 方法，以指明所期望的返回类型，即 Cheese[]：

```
//The right way to return a possibly empty array
public Cheese[] getCheeses() {
    return cheesesInStock.toArray(new Cheese[0]);
}
```

如果确信分配零长度的数组会伤害性能，可以重复返回同一个零长度的数组，因为所有零长度的数组都是不可变的：

```
// Optimization - avoids allocating empty arrays
private static final Cheese[] EMPTY_CHEESE_ARRAY = new Cheese[0];

public Cheese[] getCheeses() {
    return cheesesInStock.toArray(EMPTY_CHEESE_ARRAY);
}
```

在优化性能的版本中，我们将同一个零长度的数组传进了每一次的 toArray 调用，每当 cheesesInStock 为空时，就会从 getCheese 返回这个数组。千万不要指望通过预先分配传入 toArray 的数组来提升性能。研究表明，这样只会适得其反 [Shipilёv16]：

```
// Don't do this - preallocating the array harms performance!
return cheesesInStock.toArray(new Cheese[cheesesInStock.size()]);
```

简而言之，永远不要返回 null，而不返回一个零长度的数组或者集合。如果返回 null，那样会使 API 更难以使用，也更容易出错，而且没有任何性能优势。

第 55 条：谨慎返回 optional

在 Java 8 之前，要编写一个在特定环境下无法返回任何值的方法时，有两种方法：要么抛出异常，要么返回 null（假设返回类型是一个对象引用类型）。但这两种方法都不够完美。异常应该根据异常条件保留起来（详见第 69 条）。由于创建异常时会捕捉整个堆栈轨迹，因此抛出异常的开销很高。返回 null 没有这些缺点，但它有自身的不足。如果方法返回 null，客户端就必须包含特殊的代码来处理返回 null 的可能性，除非程序员能证明不可能返回 null。如果客户端疏忽了，没有检查 null 返回值，并将 null 返回值保存在某个数据结构中，那么未来在与这个问题毫不相关的某处代码中，随时有可能发生 NullPointerException 异常。

在 Java 8 中，还有第三种方法可以编写不能返回值的方法。Optional<T> 类代表的是一个不可变的容器，它可以存放单个非 null 的 T 引用，或者什么内容都没有。不包含任何内容的 optional 称为空（empty）。非空的 optional 中的值称作存在（present）。optional 本质上是一个不可变的集合，最多只能存放一个元素。Optional<T> 没有实现 Collection<T> 接口，但原则上是可以的。

理论上能返回 T 的方法，实践中也可能无法返回，因此在某些特定的条件下，可以改为声明返回 Optional<T>。它允许方法返回空的结果，表明无法返回有效的结果。返回 Optional 的方法比抛出异常的方法使用起来更灵活，也更容易，并且比返回 null 的方法更不容易出错。

在第 30 条展示过下面这个方法，用来根据元素的自然顺序，计算集合中的最大值。

```java
// Returns maximum value in collection - throws exception if empty
public static <E extends Comparable<E>> E max(Collection<E> c) {
    if (c.isEmpty())
        throw new IllegalArgumentException("Empty collection");

    E result = null;
    for (E e : c)
        if (result == null || e.compareTo(result) > 0)
            result = Objects.requireNonNull(e);

    return result;
}
```

如果指定的集合为空，这个方法就会抛出 IllegalArgumentException。在第 30 条中说过，更好的替代方法是返回 Optional<E>。下面就是修改之后的代码：

```java
// Returns maximum value in collection as an Optional<E>
public static <E extends Comparable<E>>
        Optional<E> max(Collection<E> c) {
    if (c.isEmpty())
        return Optional.empty();

    E result = null;
    for (E e : c)
        if (result == null || e.compareTo(result) > 0)
            result = Objects.requireNonNull(e);

    return Optional.of(result);
}
```

如上所示，返回 optional 是很简单的事。只要用适当的静态工厂创建 optional 即可。在这个程序中，我们使用了两个 optional：Optional.empty() 返回一个空的 optional，Optional.of(value) 返回一个包含了指定非 null 值的 optional。将 null 传入 Optional.of(value) 是一个编程错误。如果这么做，该方法将会抛出 NullPointerException。Optional.ofNullable(value) 方法接受可能为 null 的值，当传入 null 值时就返回一个空的 optional。永远不要通过返回 Optional 的方法返回 null：因为它彻底违背了 optional 的本意。

Stream 的许多终止操作都返回 optional。如果重新用 stream 编写 max 方法，让 stream 的 max 操作替我们完成产生 optional 的工作（虽然还是需要传入一个显式的比较器）：

```java
// Returns max val in collection as Optional<E> - uses stream
public static <E extends Comparable<E>>
        Optional<E> max(Collection<E> c) {
    return c.stream().max(Comparator.naturalOrder());
}
```

那么，如何选择是返回 optional，还是返回 null，或是抛出异常呢？Optional 本质上与受检异常（详见第 71 条）相类似，因为它们强迫 API 用户面对没有返回值的现实。抛出未受检的异常，或者返回 null，都允许用户忽略这种可能性，从而可能带来灾难性的后果。但是，抛出受检异常需要在客户端添加额外的样板代码。

如果方法返回 optional，客户端必须做出选择：如果该方法不能返回值时应该采取什么动作。你可以指定一个缺省值：

```java
// Using an optional to provide a chosen default value
String lastWordInLexicon = max(words).orElse("No words...");
```

或者抛出任何适当的异常。注意此处传入的是一个异常工厂，而不是真正的异常。这避免了创建异常的开销，除非它真正抛出异常：

```java
// Using an optional to throw a chosen exception
Toy myToy = max(toys).orElseThrow(TemperTantrumException::new);
```

如果你能够证明 optional 为非空，就不必指定如果 optional 为空要采取什么动作，直接从 optional 获得值即可；但是如果你的判断错了，代码就会抛出一个 NoSuchElement-Exception：

```java
// Using optional when you know there's a return value
Element lastNobleGas = max(Elements.NOBLE_GASES).get();
```

有时候，获取缺省值的开销可能很高，除非十分必要，否则还是希望能够避免这一开销。对于这类情况，Optional 提供了一个带有 Supplier<T> 的方法，只在必要的时候才调用它。这个方法叫 orElseGet，但或许应该叫 orElseCompute，因为它与三个名称以 compute 开头的 Map 方法密切相关。有几个 Optional 方法可以用来处理更加特殊用例的情况：filter、map、flatMap 和 ifPresent。Java 9 又在其中新增了两个方法 or 和 ifPresentOrElse。如果上述基本方法不适用，可以查看文档寻找更高级的方法，看看它们是否能够完成你所需的任务。

万一这些方法都无法满足需求，Optional 还提供了 isPresent() 方法，它可以被当作是一个安全阀。当 optional 中包含一个值时，它返回 true；当 optional 为空时，返回 false。该方法可用于对 optional 结果执行任意的处理，但要确保正确使用。isPresent 的许多用法都可以用上述任意一种方法取代。这样得到的代码一般会更加简短、清晰，也更符合习惯用法。

例如，以下代码片段用于打印出一个进程的父进程 ID，当该进程没有父进程时打印 N/A。这里使用了在 Java 9 中引入的 ProcessHand 类：

```
Optional<ProcessHandle> parentProcess = ph.parent();
System.out.println("Parent PID: " + (parentProcess.isPresent() ?
    String.valueOf(parentProcess.get().pid()) : "N/A"));
```

上述代码片段可以用以下的代码代替，这里使用了 Optional 的 map 函数：

```
System.out.println("Parent PID: " +
  ph.parent().map(h -> String.valueOf(h.pid())).orElse("N/A"));
```

当用 Stream 编程时，经常会遇到 Stream<Optional<T>>，为了推动进程还需要一个包含了非空 optional 中所有元素的 Stream<T>。如果使用的是 Java 8 版本，可以像这样弥补差距：

```
streamOfOptionals
    .filter(Optional::isPresent)
    .map(Optional::get)
```

在 Java 9 中，Optional 还配有一个 stream() 方法。这个方法是一个适配器，如果 optional 中有一个值，它就将 Optional 变成包含一个元素的 Stream；如果 optional 为空，则其中不包含任何元素。这个方法结合 Stream 的 flatMap 方法（详见第 45 条），可以简洁地取代上述代码片段，如下：

```
streamOfOptionals.
    .flatMap(Optional::stream)
```

但是并非所有的返回类型都受益于 optional 的处理方法。容器类型包括集合、映射、Stream、数组和 optional，都不应该被包装在 optional 中。不要返回空的 `Optional<List<T>>`，而应该只返回一个空的 `List<T>`（详见第 54 条）。返回空的容器可以让客户端免于处理一个 optional。`ProcessHandle` 类确实有 `arguments` 方法，它返回 `Optional<String[]>`，但是应该把这个方法看作是一个不该被模仿的异常。

那么何时应该声明一个方法来返回 `Optional<T>` 而不是返回 T 呢？规则是：如果无法返回结果并且当没有返回结果时客户端必须执行特殊的处理，那么就应该声明该方法返回 `Optional<T>`。也就是说，返回 `Optional<T>` 并非不需要任何成本。

`Optional` 是一个必须进行分配和初始化的对象，从 optional 读取值时需要额外的开销。这使得 optional 不适用于一些注重性能的情况。一个特殊的方法是否属于此类，只能通过仔细的测量来确定才行（详见第 67 条）。

返回一个包含了基本包装类型的 optional，比返回一个基本类型的开销更高，因为 optional 有两级包装，不是 0 级。因此，类库设计师认为必须为基本类型 `int`、`long` 和 `double` 提供类似 `Optional<T>` 的方法。这些 optional 类型为：`OptionalInt`、`OptionalLong` 和 `OptionalDouble`。这些包含了 `Optional<T>` 中大部分但并非全部的方法。因此，永远不应该返回基本包装类型的 optional，"小型的基本类型"（`Boolean`、`Byte`、`Character`、`Short` 和 `Float`）除外。

到目前为止，我们已经讨论了返回 optional，以及返回之后对它们的处理方法。之所以还没有讨论到其他可能的用途，是因为 optional 的大部分其他用途都还受到质疑。例如，永远不应该用 optional 作为映射值。如果这么做，有两种方式来表达一个键的逻辑缺失：要么这个键可以不出现在映射中，要么它可以存在，并映射到一个空的 optional。这些既增加了无谓的复杂度，并极有可能造成混淆和出错。更通俗地说，几乎永远都不适合用 optional 作为键、值，或者集合或数组中的元素。

这里留下了一个尚未解答的问题：适合将 optional 保存在实例域中吗？这个答案散发着"恶臭的气息"：它建议使用包含 optional 域的子类。不过有时候它又是有道理的。以第 2 条中的 `NutritionFacts` 类为例，`NutritionFacts` 实例中包含了许多不必要的域。你不可能给这些域中每一个可能的合并都提供一个子类。而且，这些域有基本类型，导致不方便直接描述这种缺失。`NutritionFacts` 最好的 API 会从 `get` 方法处为每个 optional 域获得一个 optional，因此将那些 optional 作为域保存在对象中的做法会变得很有意义。

总而言之，如果发现自己在编写的方法始终无法返回值，并且相信该方法的用户每次在调用它时都要考虑到这种可能性，那么或许就应该返回一个 optional。但是，应当注意到与返回 optional 相关的真实的性能影响；对于注重性能的方法，最好是返回一个 null，或者抛出异常。最后，尽量不要将 optional 用作返回值以外的任何其他用途。

第 56 条：为所有导出的 API 元素编写文档注释

如果要想使一个 API 真正可用，就必须为其编写文档。传统意义上的 API 文档是手工生成的，所以保持文档与代码同步是一件很烦琐的事情。Java 编程环境提供了一种被称为 Javadoc 的实用工具，从而使这项任务变得很容易。Javadoc 利用特殊格式的文档注释（documentationcomment，通常被写作 doc comment），根据源代码自动产生 API 文档。

虽然文档注释还没有正式成为 Java 编程语言的一部分，但它们已经构成了每个程序员都应该知道的事实 API。这些规范的内容在如何编写文档注释（How to Write Doc Comments）的网页上进行了说明 [Javadoc-guide]。虽然这个网页在 Java 4 发行版本之后还没有进行更新，但它仍然是个很有价值的资源。在 Java 9 中新增了一个重要的文档标签：{@index}；在 Java 8 中增加了一个文档标签：{@implSpec}；在 Java 5 中新增了两个文档标签：{@literal} 和 {@code}。这些标签在之前提到过的网页上已经没有了，但会在本条目中讨论到。

为了正确地编写 API 文档，必须在每个被导出的类、接口、构造器、方法和域声明之前增加一个文档注释。如果类是可序列化的，也应该对它的序列化形式编写文档（详见第 87 条）。如果没有文档注释，Javadoc 所能够做的也就是重新生成该声明，作为受影响的 API 元素的唯一文档。使用没有文档注释的 API 是非常痛苦的，也很容易出错。公有的类不能使用缺省构造器，因为无法为它们提供文档注释。为了编写出可维护的代码，还应该为那些没有被导出的类、接口、构造器、方法和域编写文档注释。

方法的文档注释应该简洁地描述出它和客户端之间的约定。除了专门为继承而设计的类中的方法（详见第 19 条）之外，这个约定应该说明这个方法做了什么，而不是说明它是如何完成这项工作的。文档注释应该列举出这个方法的所有前提条件（precondition）和后置条件（postcondition），所谓前提条件是指为了使客户能够调用这个方法，而必须要满足的条件；所谓后置条件是指在调用成功完成之后，哪些条件必须要满足。一般情况下，前提条件是由 @throws 标签针对未受检的异常所隐含描述的；每个未受检的异常都对应一个前提违例（precondition violation）。同样地，也可以在一些受影响的参数的 @param 标记中指定前提条件。

除了前提条件和后置条件之外，每个方法还应该在文档中描述它的副作用（side effect）。所谓副作用是指系统状态中可以观察到的变化，它不是为了获得后置条件而明确要求的变化。例如，如果方法启动了后台线程，文档中就应该说明这一点。

为了完整地描述方法的约定，方法的文档注释应该让每个参数都有一个 @param 标签，以及一个 @return 标签（除非这个方法的返回类型为 void），以及对于该方法抛出的每个异常，无论是受检的还是未受检的都应有一个 @throws 标签（详见第 74 条）。如果 @return 标签中的文本与方法的描述一致，就允许省略，具体取决于你所遵循的编码标准。

按照惯例，跟在 @param 标签或者 @return 标签后面的文字应该是一个名词短语，描述了这个参数或者返回值所表示的值。在极少数情况下，也会用算术表达式来代替名词短语，详情请参考 BigInteger 的例子。跟在 @throws 标签之后的文字应该包含单词"if"（如果），紧接着是一个名词短语，它描述了这个异常将在什么样的条件下抛出。按照惯例，@param、@return 或者 @throws 标签后面的短语或者子句都不用句点来结束。下面这个简短的文档注释演示了所有这些习惯做法：

```
/**
 * Returns the element at the specified position in this list.
 *
 * <p>This method is <i>not</i> guaranteed to run in constant
 * time. In some implementations it may run in time proportional
 * to the element position.
 *
 * @param  index index of element to return; must be
 *         non-negative and less than the size of this list
 * @return the element at the specified position in this list
 * @throws IndexOutOfBoundsException if the index is out of range
 *         ({@code index < 0 || index >= this.size()})
 */
E get(int index);
```

注意，这份文档注释中使用了 HTML 标签（<p> 和 <i>）。Javadoc 工具会把文档注释翻译成 HTML，文档注释中包含的任意 HTML 元素都会出现在结果 HTML 文档中。有时程序员还会把 HTML 表格嵌入到它们的文档注释中，但是这种做法并不多见。

还要注意，@throws 子句的代码片段中到处使用了 Javadoc 的 {@code} 标签。它有两个作用：造成该代码片段以 code font（代码字体）呈现，并限制 HTML 标记和嵌套的 Javadoc 标签在代码片段中进行处理。后一种属性正是允许我们在代码片段中使用小于号（<），虽然它是一个 HTML 元字符。为了将一个多行的代码示例包含在文档注释中，要使用包在 HTML 的 <pre> 标签里面的 Javadoc 标签 {@code}。换句话说，是先在多行的代码示例前使用字符 <pre>{@code，然后在代码后面加上 }</pre>。这样就可以在代码中保留换行，不需要对 HTML 元字符进行转义，但 @ 符号并非如此，如果代码使用了注释就必须进行转义。

最后，要注意这个文档注释中用到了词语"this list"。按惯例，当"this"一词被用在实例方法的文档注释中时，它应该始终是指方法调用所在的对象。

如第 15 条所述，在专门为了继承设计类时，必须在文档中注释它的自用模式（self-use pattern），便于程序员了解覆盖其方法的语义。这些自用模式应该利用 Java 8 中增加的 @implSpec 标签进行文档注释。回顾一下，普通的文档注释是描述方法及其客户端之间的约定；相反，@implSpec 注释则是描述方法及其子类之间的约定，如果子类继承了该方法，或者通过 super 调用了方法，则允许子类依赖实现行为。下面是具体的用法范例：

```
/**
 * Returns true if this collection is empty.
 *
 * @implSpec
 * This implementation returns {@code this.size() == 0}.
 *
 * @return true if this collection is empty
 */
public boolean isEmpty() { ... }
```

从 Java 9 开始，Javadoc 工具仍然忽略 @implSpec 标签，除非传入命令行参数：-tag "implSpec:a:Implementation Requirements:"。希望这一点能在后续的发行版本中得到改进。

不要忘记，为了产生包含 HTML 元字符的文档，比如小于号（<）、大于号（>）以及“与”号（&），必须采取特殊的动作。让这些字符出现在文档中的最佳办法是用 {@literal} 标签将它们包围起来，这样就限制了 HTML 标记和嵌套的 Javadoc 标签的处理。除了它不以代码字体渲染文本之外，其他方面都和 {@code} 标签一样。例如，这个 Javadoc 片段：

```
 * A geometric series converges if {@literal |r| < 1}.
```

它产生了文档：“A geometric series converges if |r| < 1.”{@literal} 标签也可以只是括住小于号，而不是整个不等式，所产生的文档是一样的，但是在源代码中见到的文档注释的可读性就会更差。这说明了一条通则：文档注释在源代码和产生的文档中都应该是易于阅读的。如果无法让两者都易读，产生的文档的可读性要优先于源代码的可读性。

每个文档注释的第一句话（如下所示）成了该注释所在元素的概要描述（summary description）。例如，本条目之前的文档注释中的概要描述为“返回这个列表中指定位置上的元素”。概要描述必须独立地描述目标元素的功能。为了避免混淆，同一个类或者接口中的两个成员或者构造器，不应该具有同样的概要描述。特别要注意重载的情形，在这种情况下，往往很自然地在描述中使用同样的第一句话（但在文档注释中这是不可接受的）。

注意所期待的概要描述中是否包括句点，因为句点会过早地终止这个描述。例如，一个以“A college degree, such as B.S., M.S. or Ph.D.”开头的文档注释，会产生这样的概要描述：“A college degree, such as B.S, M.S.”问题在于，概要描述会在后面紧接着的空格、跳格或者行终结符的第一个句点处（或者在第一个块标签处）结束 [Javadoc-ref]。此处，缩写“M.S.”中的第二个句点后面紧接着用了一个空格。最好的解决方法是，用 {@literal} 标签将讨厌的句点以及所有关联的文本都包起来，使得源代码中的句点后面不再是空格：

```
/**
 * A college degree, such as B.S., {@literal M.S.} or Ph.D.
 */
public class Degree { ... }
```

说概要描述是文档注释中的第一个句子（sentence），这似乎有点误导人。规范指出，概要描述很少是个完整的句子。对于方法和构造器而言，概要描述应该是个完整的动词短语（包含任何对象），它描述了该方法所执行的动作。例如：

- `ArrayList(int initialCapacity)`: 用指定的初始容量构造一个空的列表。
- `Collection.size()`: 返回该集合中元素的数目。

如这些示例所示，使用第三人称时态（returns the number）比使用第二人称（return the number）更加确切。

对于类、接口和域，概要描述应该是一个名词短语，它描述了该类或者接口的实例，或者域本身所代表的事物。例如：

- `Instant`: 时间轴上的一个瞬时点。
- `Math.PI`（圆周长度与直径的比值）的 double 值。

Java 9 在 Javadoc 生成的 HTML 中添加了客户端索引。这个索引简化了在大型 API 文档集中进行搜索的任务，它采用了页面右上角的搜索框的形式。当你在搜索框中输入时，会出现一个下拉菜单，上面显示出相匹配的页面。像类、方法和域这类 API 元素，会被自动索引。有时候，会想要索引一些对于 API 比较重要的其他条件。为此，增加了 {@index} 标签。如果要索引文档注释中出现的某一个条件，只需将它包在这个标签中即可，如下面这个代码片段所示：

```
* This method complies with the {@index IEEE 754} standard.
```

需要特别小心文档注释中的泛型、枚举和注解。当为泛型或者方法编写文档时，确保要在文档中说明所有的类型参数。

```
/**
 * An object that maps keys to values.  A map cannot contain
 * duplicate keys; each key can map to at most one value.
 *
 * (Remainder omitted)
 *
 * @param <K> the type of keys maintained by this map
 * @param <V> the type of mapped values
 */
public interface Map<K, V> { ... }
```

当为枚举类型编写文档时，要确保在文档中说明常量，以及类型，还有任何公有的方法。注意，如果文档注释很简短，可以将整个注释放在一行上：

```
/**
 * An instrument section of a symphony orchestra.
 */
public enum OrchestraSection {
    /** Woodwinds, such as flute, clarinet, and oboe. */
    WOODWIND,
```

```
    /** Brass instruments, such as french horn and trumpet. */
    BRASS,

    /** Percussion instruments, such as timpani and cymbals. */
    PERCUSSION,

    /** Stringed instruments, such as violin and cello. */
    STRING;
}
```

为注解类型编写文档时，要确保在文档中说明所有成员，以及类型本身。带有名词短语的文档成员，就当成域一样对待。对于该类型的概要描述，要使用一个动词短语，说明当程序元素具有这种类型的注解时它表示什么意思：

```
/**
 * Indicates that the annotated method is a test method that
 * must throw the designated exception to pass.
 */
@Retention(RetentionPolicy.RUNTIME)
@Target(ElementType.METHOD)
public @interface ExceptionTest {
    /**
     * The exception that the annotated test method must throw
     * in order to pass. (The test is permitted to throw any
     * subtype of the type described by this class object.)
     */
    Class<? extends Throwable> value();
}
```

包级私有的文档注释应该放在一个称作 `package-info.java` 的文件中。除了这些注释之外，`package-info.java` 中还必须包含包声明，还可以包含这个声明中的注解。同样地，如果选择使用模块系统（详见第 15 条），应该将模块级的注释放在 `module-info.java` 文件中。

API 有两个特征在文档中经常被忽视，即线程安全性和可序列化性。类或者静态方法是否线程安全，应该在文档中对它的线程安全级别进行说明，如第 82 条所述。如果类是可序列化的，就应该在文档中说明它的序列化形式，如第 87 条所述。

Javadoc 具有 "继承" 方法注释的能力。如果一个 API 元素没有文档注释，Javadoc 将会搜索最为适用的文档注释，接口的文档注释将优先于超类的文档注释。搜索算法的细节可以在《TheJavadoc Reference Guide》[Javadoc-ref] 中找到。也可以利用 {@inheritDoc} 标签从超类型中继承文档注释的部分内容。这意味着类还可以重用它所实现的接口的文档注释，而不需要拷贝这些注释。这项机制有可能减轻维护多个几乎相同的文档注释的负担，但使用它需要一些小技巧，并具有一些局限性。关于这一点的详情超出了本书的范围，在此不做讨论。

关于文档注释有一点需要特别注意。虽然为所有导出的 API 元素提供文档注释是必要的，但是这样做并非一劳永逸。对于由多个相互关联的类组成的复杂 API，通常有必要用一个外部文档来描述该 API 的总体结构，对文档注释进行补充。如果有这样的文档，相关的类或者包文档注释就应该包含一个对这个外部文档的链接。

Javadoc 遵循本条目提出的许多建议进行自动检测。在 Java 7 中，需要用命令行参数 -Xdoclint 实现这种行为。在 Java 8 和 Java 9 中，检测功能是默认打开的。像 checkstyle 这样的 IDE 插件，会进一步根据这些建议完成检测 [Burn01]。通过运行一个 HTML 有效性检查器（HTML validity checker）来检测由 Javadoc 产生的 HTML 文件，也可以降低文档注释中出错的可能性。这样可以检测出 HTML 标签的许多不正确用法，以及应该被转义的 HTML 元字符。Internet 上有几个这类检查器可供下载，并且也可以利用 W3C Markup Validation Service[W3C-validator] 来进行在线检验 HTML。在验证产生的 HTML 时，要记住，从 Java 9 开始，Javadoc 都可以生成 HTML 5，以及 HTML 4.01，虽然它默认是生成 HTML 4.01。如果要用 Javadoc 生成 HTML 5，可以使用命令行参数 -html5。

本条目中所述的内容涵盖了基本的惯例。虽然到目前为止，已经过去了 15 年，编写文档注解最权威的指导仍然是《How to Write Doc Comments》[Javadoc-guide]。

如果遵循本条目中的指导，生成的文档应该能够清晰地描述你的 API。但唯一确定了解的方式，就是去阅读由 Javadoc 工具生成的网页。每一个将被其他人使用的 API 都值得你这么做。正如测试程序几乎无疑会导致对代码做出修改一样，阅读文档一般至少也会导致对文档注释进行些许的修改。

简而言之，要为 API 编写文档，文档注释是最好、最有效的途径。对于所有可导出的 API 元素来说，使用文档注释应该被看作是强制性的要求。要采用一致的风格来遵循标准的约定。记住，在文档注释内部出现任何 HTML 标签都是允许的，但是 HTML 元字符必须要经过转义。

Effective

CHAPTER9 · 第 9 章

通 用 编 程

本章主要讨论 Java 语言的细枝末节，包含局部变量的处理、控制结构、类库的用法、各种数据类型的用法，以及两种不是由语言本身提供的机制（反射机制和本地方法）的用法。最后讨论了优化和命名惯例。

第 57 条：将局部变量的作用域最小化

本条目与第 15 条本质上是类似的。将局部变量的作用域最小化，可以增强代码的可读性和可维护性，并降低出错的可能性。

较早的编程语言（如 C 语言）要求局部变量必须在代码块的开头进行声明，出于习惯，有些程序员目前还是继续这样做。这个习惯应该改正。在此提醒，Java 允许你在任何可以出现语句的地方声明变量。

要使局部变量的作用域最小化，最有力的方法就是在第一次要使用它的地方进行声明。如果变量在使用之前进行声明，这只会造成混乱——对于试图理解程序功能的读者来说，这又多了一种只会分散他们注意力的因素。等要用到该变量时，读者可能已经记不起该变量的类型或者初始值了。

过早地声明局部变量不仅会使它的作用域过早地扩展，而且结束得过晚。局部变量的作用域从它被声明的点开始扩展，一直到外围块的结束处。如果变量是在"使用它的块"之外被声明的，当程序退出该块之后，该变量仍是可见的。如果变量在它的目标使用区域之前或者之后被意外地使用，后果将可能是灾难性的。

几乎每一个局部变量的声明都应该包含一个初始化表达式。如果你还没有足够的信息来对一个变量进行有意义的初始化，就应该推迟这个声明，直到可以初始化为止。这条规则有个例外的情况与 try-catch 语句有关。如果一个变量被一个方法初始化，而这个方法可能会抛出一个受检异常，该变量就必须在 try 块的内部被初始化。如果变量的值必须在 try 块的外部用到，它就必须在 try 块之前被声明，但是在 try 块之前，它还不能被"有意义地初始化"。请参照第 65 条中的例子。

循环中提供了特殊的机会来将变量的作用域最小化。无论是传统的 for 循环，还是 for-each 形式的 for 循环，都允许声明循环变量（loop variable），它们的作用域被限定在正好需要的范围之内。（这个范围包括循环体，以及循环体之前的初始化、测试、更新部分。）因此，如果在循环终止之后不再需要循环变量的内容，for 循环就优先于 while 循环。

例如，下面是一种遍历集合的首选做法（详见第 58 条）：

```
// Preferred idiom for iterating over a collection or array
for (Element e : c) {
    ... // Do Something with e
}
```

如果需要访问迭代器，可能要调用它的 remove 方法，首选做法是利用传统的 for 循环代替 for-each 循环：

```
// Idiom for iterating when you need the iterator
for (Iterator<Element> i = c.iterator(); i.hasNext(); ) {
    Element e = i.next();
    ... // Do something with e and i
}
```

为了弄清楚为什么这些 for 循环比 while 循环更好，请参考下面的代码片段，它包含两个 while 循环，以及一个 Bug：

```
Iterator<Element> i = c.iterator();
while (i.hasNext()) {
    doSomething(i.next());
}
...

Iterator<Element> i2 = c2.iterator();
while (i.hasNext()) {                    // BUG!
    doSomethingElse(i2.next());
}
```

第二个循环中包含一个"剪切 – 粘贴"错误：本来是要初始化一个新的循环变量 i2，却使用了旧的循环变量 i，遗憾的是，这时 i 仍然还在有效范围之内。结果代码仍然可以通过编译，运行的时候也不会抛出异常，但是它所做的事情却是错误的。第二个循环并没有在 c2 上迭代，而是立即终止，造成 c2 为空的假象。因为这个程序的错误是悄然发生的，所以可能在很长时间内都不会被发现。

如果类似的"剪切－粘贴"错误发生在前面任何一种 for 循环中，结果代码根本就不能通过编译。在第二个循环开始之前，第一个循环的元素（或者迭代器）变量已经不在它的作用域范围之内了。下面就是一个传统 for 循环的例子：

```java
for (Iterator<Element> i = c.iterator(); i.hasNext(); ) {
    Element e = i.next();
    ... // Do something with e and i
}
...

// Compile-time error - cannot find symbol i
for (Iterator<Element> i2 = c2.iterator(); i.hasNext(); ) {
    Element e2 = i2.next();
    ... // Do something with e2 and i2
}
```

如果使用 for 循环，犯这种"剪切－粘贴"错误的可能性就会大大降低，因为通常没有必要在两个循环中使用不同的变量名。循环是完全独立的，所以重用元素（或者迭代器）变量的名称不会有任何危害。实际上，这也是很流行的做法。

使用 for 循环与使用 while 循环相比还有另外一个优势：更简短，从而增强了可读性。

下面是另外一种对局部变量的作用域进行最小化的循环做法：

```java
for (int i = 0, n = expensiveComputation(); i < n; i++) {
    ... // Do something with i;
}
```

关于这种做法要关注的重点是，它具有两个循环变量 i 和 n，二者具有完全相同的作用域。第二个变量 n 被用来保存第一个变量的极限值，从而避免在每次迭代中执行冗余计算。通常，如果循环测试中涉及方法调用，并且可以保证在每次迭代中都会返回同样的结果，就应该使用这种做法。

最后一种"将局部变量的作用域最小化"的方法是使方法小而集中。如果把两个操作（activity）合并到同一个方法中，与其中一个操作相关的局部变量就有可能会出现在执行另一个操作的代码范围之内。为了防止这种情况发生，只需将这个方法分成两个：每个操作用一个方法来完成。

第 58 条：for-each 循环优先于传统的 for 循环

如第 45 条所述，有些任务最好结合 Stream 来完成，有些最好结合迭代完成。下面是用

一个传统的 `for` 循环遍历集合的例子：

```
// Not the best way to iterate over a collection!
for (Iterator<Element> i = c.iterator(); i.hasNext(); ) {
    Element e = i.next();
    ... // Do something with e
}
```

用传统的 `for` 循环遍历数组的做法如下：

```
// Not the best way to iterate over an array!
for (int i = 0; i < a.length; i++) {
    ... // Do something with a[i]
}
```

这些做法都比 while 循环（详见第 57 条）更好，但是它们并不完美。迭代器和索引变量都会造成一些混乱——而你需要的只是元素而已。而且，它们也代表着出错的可能。迭代器在每个循环中出现三次，索引变量在每个循环中出现四次，其中有两次让你很容易出错。一旦出错，就无法保证编译器能够发现错误。最后一点是，这两个循环是截然不同的，容器的类型转移了不必要的注意力，并且为修改该类型增加了一些困难。

`for-each` 循环（官方称之为"增强的 for 语句"）解决了所有问题。通过完全隐藏迭代器或者索引变量，避免了混乱和出错的可能。这种模式同样适用于集合和数组，同时简化了将容器的实现类型从一种转换到另一种的过程：

```
// The preferred idiom for iterating over collections and arrays
for (Element e : elements) {
    ... // Do something with e
}
```

当见到冒号（:）时，可以把它读作"在……里面"。因此上面的循环可以读作"对于元素 *elements* 中的每一个元素 *e*"。注意，利用 for-each 循环不会有性能损失，甚至用于数组也一样：它们产生的代码本质上与手工编写的一样。

对于嵌套式迭代，`for-each` 循环相对于传统 for 循环的优势还会更加明显。下面就是人们在试图对两个集合进行嵌套迭代时经常会犯的错误：

```
// Can you spot the bug?
enum Suit { CLUB, DIAMOND, HEART, SPADE }
enum Rank { ACE, DEUCE, THREE, FOUR, FIVE, SIX, SEVEN, EIGHT,
            NINE, TEN, JACK, QUEEN, KING }
...
static Collection<Suit> suits = Arrays.asList(Suit.values());
static Collection<Rank> ranks = Arrays.asList(Rank.values());

List<Card> deck = new ArrayList<>();
for (Iterator<Suit> i = suits.iterator(); i.hasNext(); )
    for (Iterator<Rank> j = ranks.iterator(); j.hasNext(); )
        deck.add(new Card(i.next(), j.next()));
```

如果之前没有发现这个 Bug 也不必难过。许多专家级的程序员偶尔也会犯这样的错误。问题在于，在迭代器上对外部的集合（suits）调用了太多次 next 方法。它应该从外部的循环进行调用，以便每种花色调用一次，但它却是从内部循环调用，因此每张牌调用一次。在用完所有花色之后，循环就会抛出 NoSuchElementException 异常。

如果真的那么不幸，并且外部集合的大小是内部集合大小的几倍（可能因为它们是相同的集合），循环就会正常终止，但是不会完成你想要的工作。例如，下面就是一个考虑不周的尝试，想要打印一对骰子的所有可能的滚法：

```java
// Same bug, different symptom!
enum Face { ONE, TWO, THREE, FOUR, FIVE, SIX }
...
Collection<Face> faces = EnumSet.allOf(Face.class);

for (Iterator<Face> i = faces.iterator(); i.hasNext(); )
    for (Iterator<Face> j = faces.iterator(); j.hasNext(); )
        System.out.println(i.next() + " " + j.next());
```

这个程序不会抛出异常，而是只打印 6 个重复的词（从“ONE ONE”到“SIX SIX”），而不是预计的那 36 种组合。

为了修正这些示例中的 Bug，必须在外部循环的作用域中添加一个变量来保存外部元素：

```java
// Fixed, but ugly - you can do better!
for (Iterator<Suit> i = suits.iterator(); i.hasNext(); ) {
    Suit suit = i.next();
    for (Iterator<Rank> j = ranks.iterator(); j.hasNext(); )
        deck.add(new Card(suit, j.next()));
}
```

如果使用的是嵌套式 for-each 循环，这个问题就会完全消失。产生的代码将如你所希望的那样简洁：

```java
// Preferred idiom for nested iteration on collections and arrays
for (Suit suit : suits)
    for (Rank rank : ranks)
        deck.add(new Card(suit, rank));
```

遗憾的是，有三种常见的情况无法使用 for-each 循环：

- 解构过滤——如果需要遍历集合，并删除选定的元素，就需要使用显式的迭代器，以便可以调用它的 remove 方法。使用 Java 8 中增加的 Collection 的 removeIf 方法，常常可以避免显式的遍历。
- 转换——如果需要遍历列表或者数组，并取代它的部分或者全部元素值，就需要列表迭代器或者数组索引，以便设定元素的值。
- 平行迭代——如果需要并行地遍历多个集合，就需要显式地控制迭代器或者索引变量，以便所有迭代器或者索引变量都可以同步前进（就如上述有问题的牌和骰子的示例中无意间所示范的那样）。

如果你发现自己处于以上任何一种情况之下，就要使用普通的 for 循环，并且要警惕本条目中提到的陷阱。

for-each 循环不仅能遍历集合和数组，还能遍历实现 Iterable 接口的任何对象，该接口中只包含单个方法，具体如下：

```
public interface Iterable<E> {
    // Returns an iterator over the elements in this iterable
    Iterator<E> iterator();
}
```

如果不得不从头开始编写自己的 Iterator 实现，其中还是有些技巧的，但是如果编写的是表示一组元素的类型，则应该坚决考虑让它实现 Iterable 接口，甚至可以选择让它不要实现 Collection 接口。这样，你的用户就可以利用 for-each 循环遍历类型，他们会永远心怀感激的。

总而言之，与传统的 for 循环相比，for-each 循环在简洁性、灵活性以及出错预防性方面都占有绝对优势，并且没有性能惩罚的问题。因此，当可以选择的时候，for-each 循环应该优先于 for 循环。

第 59 条：了解和使用类库

假设你希望产生位于 0 和某个上界之间的随机整数。面对这个常见的任务，许多程序员会编写出如下所示的方法：

```
// Common but deeply flawed!
static Random rnd = new Random();

static int random(int n) {
    return Math.abs(rnd.nextInt()) % n;
}
```

这个方法看起来可能不错，但是却有三个缺点。第一个缺点是，如果 n 是一个比较小的 2 的乘方，经过一段相当短的周期之后，它产生的随机数序列将会重复。第二个缺点是，如果 n 不是 2 的乘方，那么平均起来，有些数会比其他的数出现得更为频繁。如果 n 比较大，这个缺点就会非常明显。这可以通过下面的程序直观地体现出来，它会产生 100 万个经过精心指定的范围内的随机数，并打印出有多少个数字落在随机数取值范围的前半部分：

```
public static void main(String[] args) {
    int n = 2 * (Integer.MAX_VALUE / 3);
    int low = 0;
    for (int i = 0; i < 1000000; i++)
        if (random(n) < n/2)
            low++;
    System.out.println(low);
}
```

如果 random 方法工作正常，这个程序打印出来的数将接近于 100 万的一半，但是如果真正运行这个程序，就会发现它打印出来的数接近于 666666。由 random 方法产生的数字有三分之二落在随机数取值范围的前半部分。

random 方法的第三个缺点是，在极少数情况下，它的失败是灾难性的，因为会返回一个落在指定范围之外的数。之所以如此，是因为这个方法试图通过调用 Math.abs，将 rnd.nextInt() 返回的值映射为一个非负整数 int。如果 nextInt() 返回 Integer.MIN_VALUE，那么 Math.abs 也会返回 Integer.MIN_VALUE，假设 n 不是 2 的乘方，那么取模操作符（%）将返回一个负数。这几乎肯定会使程序失败，而且这种失败很难重现。

为了编写能修正这三个缺点的 random 方法，有必要了解关于同余伪随机数生成器、数论和 2 的求补算法的相关知识。幸运的是，你并不需要自己来做这些工作——已经有现成的成果可以为你所用。这一成果被称作 Random.nextInt(int)。你无须关心 nextInt(int) 的实现细节（如果你有强烈的好奇心，可以研究它的文档或者源代码）。具有算法背景的高级工程师已经花了大量的时间来设计、实现和测试这个方法，然后经过这个领域中的专家的审查，以确保它的正确性。之后，标准类库经过了 Beta 测试并正式发行，几年之间已经有成千上万的程序员在使用它。在这个方法中还没有发现过缺陷，但是，如果将来发现有缺陷，在下一个发行版本中就会修正这些缺陷。通过使用标准类库，可以充分利用这些编写标准类库的专家的知识，以及在你之前的其他人的使用经验。

从 Java 7 开始，就不应该再使用 Random 了。现在选择随机数生成器时，大多使用 ThreadLocalRandom。它会产生更高质量的随机数，并且速度非常快。在我的机器上，比 Random 快了 3.6 倍。对于 Fork Join Pool 和并行 Stream，则使用 SplittableRandom。

使用标准类库的第二个好处是，不必浪费时间为那些与工作不太相关的问题提供特别的解决方案。就像大多数程序员一样，应该把时间花在应用程序上，而不是底层的细节上。

使用标准类库的第三个好处是，它们的性能往往会随着时间的推移而不断提高，无须你做任何努力。因为许多人在使用它们，并且是当作工业标准在使用，所以提供这些标准类库的组织有强烈的动机要使它们运行得更快。这些年来，许多 Java 平台类库已经被重新编写了，有时候是重复编写，从而在性能上有了显著的提高。

使用标准类库的第四个好处是，它们会随着时间的推移而增加新的功能。如果类库中漏掉了某些功能，开发者社区就会把这些缺点公示出来，漏掉的功能就会添加到后续的发行版本中。

使用标准类库的最后一个好处是，可以使自己的代码融入主流。这样的代码更易读、更易维护、更易被大多数的开发人员重用。

既然有那么多的优点，使用标准类库机制而不选择专门的实现，这显然是符合逻辑的，然而还是有相当一部分的程序员没有这样做。为什么呢？可能他们并不知道有这些类库机制的存在。在每个重要的发行版本中，都会有许多新的特性被加入到类库中，所以与这些新特性保持同步是值得的。每当 Java 平台有重要的发行时，都会发布一个网页来说明新的特性。这些网页值得好好读一读 [Java8-feat, Java9-feat]。举个例子，假设想要编写一个程序，用它打印出命令行中指定的一条 URL 的内容（Linux 中 curl 命令的作用大体如此）。在 Java 9 之前，这些代码有点烦琐，但是 Java 9 在 InputStream 中增加了 transferTo 方法。下面就是利用这个新方法完成这项任务的完整程序：

```java
// Printing the contents of a URL with transferTo, added in Java 9
public static void main(String[] args) throws IOException {
    try (InputStream in = new URL(args[0]).openStream()) {
        in.transferTo(System.out);
    }
}
```

这些标准类库太庞大了，以至于不可能学完所有的文档 [Java9-api]，但是每个程序员都应该熟悉 java.lang、java.util、java.io 及其子包中的内容。关于其他类库的知识可以根据需要随时学习。总结类库中的机制超出了本条目的范围，几年来它们已经发展得十分庞大了。

其中有几个类库值得一提。Collections Framework（集合框架）和 Stream 类库（详见第 45 条至第 48 条）应该成为每一位程序员基本工具箱中的一部分，同样也应该成为 java.util.concurrent 中并发机制的组成部分。这个包既包含高级的并发工具来简化多线程的编程任务，还包含低级别的并发基本类型，允许专家们自己编写更高级的并发抽象。关于 java.util.concurrent 的高级部分，请参阅第 80 条和第 81 条。

在某些情况下，一个类库工具并不能满足你的需要。你的需求越是特殊，这种情形就越有可能发生。虽然你的第一个念头应该是使用标准类库，但是，如果你在观察了它们在某些领域所提供的功能之后，确定它不能满足需要，你就得使用其他的实现。任何一组类库所提供的功能总是难免会有遗漏。如果你在 Java 类库中找不到所需要的功能，下一个选择应该是在高级的第三方类库中去寻找，比如 Google 优秀的开源 Guava 类库 [Guava]。如果在所有相应的类库中都无法找到你所需的功能，就只能自己实现这些功能了。

总而言之，不要重复发明轮子。如果你要做的事情看起来是十分常见的，有可能类库中已经有某个类完成了这样的工作。如果确实是这样，就使用现成的；如果还不清楚是否存在这样的类，就去查一查。一般而言，类库的代码可能比你自己编写的代码更好一些，并且会随着时间的推移而不断改进。这并不是在质疑你作为一个程序员的能力。从经济角度的分析表明：类库代码受到的关注远远超过大多数普通程序员在同样的功能上所能给予的投入。

第 60 条：如果需要精确的答案，请避免使用 float 和 double

float 和 double 类型主要是为了科学计算和工程计算而设计的。它们执行二进制浮点运算（binary floating-point arithmetic），这是为了在广泛的数值范围上提供较为精确的快速近似计算而精心设计的。然而，它们并没有提供完全精确的结果，所以不应该被用于需要精确结果的场合。float 和 double 类型尤其不适合用于货币计算，因为要让一个 float 或者 double 精确地表示 0.1（或者 10 的任何其他负数次方值）是不可能的。

例如，假设你的口袋中有 \$1.03，花掉了 42¢ 之后还剩下多少钱呢？下面这个很简单的程序片段试图回答这个问题：

```
System.out.println(1.03 - 0.42);
```

遗憾的是，它输出的结果是 0.6100000000000001。这并不是个别的例子。假设你的口袋里有 \$1，你买了 9 个垫圈，每个为 10¢。那么应该找回多少零头呢？

```
System.out.println(1.00 - 9 * 0.10);
```

根据上述程序片段，你得到的是 \$0.09999999999999998。

你可能会认为，只要在打印之前将结果做一下舍入就可以解决这个问题，但遗憾的是，这种做法并不总是可行的。例如，假设你的口袋里有 \$1，你看到货架上有一排美味的糖果，标价分别为 10¢、20¢、30¢，等等，一直到 \$1。你打算从标价为 10¢ 的糖果开始，每种买 1颗，一直到不能支付货架上下一种价格的糖果为止，那么你可以买多少颗糖果？还会找回多少零头？下面是一个简单的程序，用来解决这个问题：

```
// Broken - uses floating point for monetary calculation!
public static void main(String[] args) {
    double funds = 1.00;
    int itemsBought = 0;
    for (double price = 0.10; funds >= price; price += 0.10) {
        funds -= price;
        itemsBought++;
    }
    System.out.println(itemsBought + " items bought.");
    System.out.println("Change: $" + funds);
}
```

如果真正运行这个程序，你会发现可以支付 3 颗糖果，并且还剩下 $0.3999999999999999。这个答案是不正确的！解决这个问题的正确方法是使用 BigDecimal、int 或者 long 进行货币计算。

下面的程序是上一个程序的简单翻版，它使用 BigDecimal 类型代替 double。注意，它使用了 BigDecimal 的 String 构造器，而不是用 double 构造器。为了避免将不正确的值引入到计算中，这是必需的 [Bloch05, Puzzle 2]：

```
public static void main(String[] args) {
    final BigDecimal TEN_CENTS = new BigDecimal(".10");

    int itemsBought = 0;
    BigDecimal funds = new BigDecimal("1.00");
    for (BigDecimal price = TEN_CENTS;
            funds.compareTo(price) >= 0;
            price = price.add(TEN_CENTS)) {
        funds = funds.subtract(price);
        itemsBought++;
    }
    System.out.println(itemsBought + " items bought.");
    System.out.println("Money left over: $" + funds);
}
```

如果运行这个修改过的程序，会发现可以支付 4 颗糖果，还剩下 $0.00。这才是正确的答案。

然而，使用 BigDecimal 有两个缺点：与使用基本运算类型相比，这样做很不方便，而且速度很慢。对于解决这样一个简单的问题，后一种缺点并不要紧，但是前一种缺点可能会让你很不舒服。

除了使用 BigDecimal 之外，还有一种办法是使用 int 或者 long，到底选用 int 还是 long 要取决于所涉及数值的大小，同时要自己处理十进制小数点。在这个示例中，最明显的做法是以分为单位进行计算，而不是以元为单位。下面是这个例子的简单翻版，展示了这种做法：

```
public static void main(String[] args) {
    int itemsBought = 0;
    int funds = 100;
    for (int price = 10; funds >= price; price += 10) {
        funds -= price;
        itemsBought++;
    }
    System.out.println(itemsBought + " items bought.");
    System.out.println("Cash left over: " + funds + " cents");
}
```

总而言之，对于任何需要精确答案的计算任务，请不要使用 float 或者 double。如果你想让系统来处理十进制小数点，并且不介意因为不使用基本类型而带来的不便，就请使用

BigDecimal。使用 BigDecimal 还有一些额外的好处，它允许你完全控制舍入，每当一个操作涉及舍入的时候，你都可以从 8 种舍入模式中选择其一。如果你正通过合法强制的舍入行为进行商务计算，使用 BigDecimal 是非常方便的。如果性能非常关键，并且你又不介意自己处理十进制小数点，而且所涉及的数值又不太大，就可以使用 int 或者 long。如果数值范围没有超过 9 位十进制数字，就可以使用 int；如果不超过 18 位数字，就可以使用 long。如果数值可能超过 18 位数字，就必须使用 BigDecimal。

第 61 条：基本类型优先于装箱基本类型

Java 有一个类型系统由两部分组成，它包含基本类型（primitive），如 int、double 和 boolean，以及引用类型（reference type），如 String 和 List。每个基本类型都有一个对应的引用类型，称作装箱基本类型（boxed primitive）。装箱基本类型中对应于 int、double 和 boolean 的分别是 Integer、Double 和 Boolean。

如第 6 条中提到的，自动装箱（autoboxing）和自动拆箱（auto-unboxing）模糊了但并没有完全抹去基本类型和装箱基本类型之间的区别。这两种类型之间真正是有差别的，要很清楚在使用的是哪种类型，并且要对这两种类型进行谨慎的选择，这些都非常重要。

在基本类型和装箱基本类型之间有三个主要区别。第一，基本类型只有值，而装箱基本类型则具有与它们的值不同的同一性。换句话说，两个装箱基本类型可以具有相同的值和不同的同一性。第二，基本类型只有函数值，而每个装箱基本类型则都有一个非函数值，除了它对应基本类型的所有函数值之外，还有个 null。最后一点区别是，基本类型通常比装箱基本类型更节省时间和空间。如果不小心，这三点区别都会让你陷入麻烦之中。

以下面这个比较器为例，它被设计用来表示 Integer 值的递增数字顺序。（回想一下，比较器的 compare 方法返回的数值到底为负数、零还是正数，要取决于它的第一个参数是小于、等于还是大于它的第二个参数。）在实践中并不需要你编写这个在 Integer 中实现自然顺序的比较器，因为这是不需要比较器就可以得到的，但它展示了一个有趣的例子：

```
// Broken comparator - can you spot the flaw?
Comparator<Integer> naturalOrder =
    (i, j) -> (i < j) ? -1 : (i == j ? 0 : 1);
```

这个比较器表面看起来似乎不错，它可以通过许多测试。例如，它可以通过 Collections. sort 正确地给一个有 100 万个元素的列表进行排序，无论这个列表中是否包含重复的元素。但是这个比较器有着严重的缺陷。如果你要让自己信服，只要打印 naturalOrder. Compare(newInteger(42), new Integer(42)) 的值便可以分晓。这两个 Integer 实例都表示相同的值（42），因此这个表达式的值应该为 0，但它输出的却是 1，这表明第一个 Integer 值大于第二个。

问题出在哪呢？ naturalOrder 中的第一个测试工作得很好。对表达式 i < j 执行计算会导致被 i 和 j 引用的 Integer 实例被自动拆箱（auto-unboxed）；也就是说，它提取了它们的基本类型值。计算动作要检查产生的第一个 int 值是否小于第二个。但是假设答案是否定的。下一个测试就是执行计算表达式 i == j，它在两个对象引用上执行同一性比较（identity comparison）。如果 i 和 j 引用表示同一个 int 值的不同的 Integer 实例，这个比较操作就会返回 false，比较器会错误地返回 1，表示第一个 Integer 值大于第二个。对装箱基本类型运用 == 操作符几乎总是错误的。

事实上，如果需要用比较器描述一个类型的自然顺序，只要调用 Comparator.natural-Order() 即可，如果自己编写比较器，则应该使用比较器构造方法，或者在基本类型上使用静态比较方法（详见第 14 条）。也就是说，修正这个问题的做法是添加两个局部变量，来保存对应于装箱 Integer 参数的基本类型 int 值，并在这些变量上执行所有的比较操作。这样可以避免大量的同一性比较：

```
Comparator<Integer> naturalOrder = (iBoxed, jBoxed) -> {
    int i = iBoxed, j = jBoxed; // Auto-unboxing
    return i < j ? -1 : (i == j ? 0 : 1);
};
```

接下来，看看下面这个小程序：

```
public class Unbelievable {
    static Integer i;

    public static void main(String[] args) {
        if (i == 42)
            System.out.println("Unbelievable");
    }
}
```

它不会打印出 Unbelievable——但是它的行为也是很奇怪的。它在计算表达式（i == 42）的时候抛出 NullPointerException 异常。问题在于，i 是个 Integer，而不是 int，就像所有的对象引用域一样，它的初始值为 null。当程序计算表达式（i == 42）时，它会将 Integer 与 int 进行比较。几乎在任何一种情况下，当在一项操作中混合使用基本类型和装箱基本类型时，装箱基本类型就会自动拆箱，这种情况无一例外。如果 null 对象引用被自动拆箱，就会抛出一个 NullPointerException 异常。就如这个程序所示，它几乎可以在任何位置发生。修正这个问题很简单，声明 i 是个 int 而不是 Integer 即可。

最后，以第 6 条中的这个程序为例：

```
// Hideously slow program! Can you spot the object creation?
public static void main(String[] args) {
    Long sum = 0L;
    for (long i = 0; i < Integer.MAX_VALUE; i++) {
        sum += i;
    }
    System.out.println(sum);
}
```

这个程序运行起来比预计的要慢一些，因为它不小心将一个局部变量（sum）声明为是装箱基本类型 Long，而不是基本类型 long。程序编译起来没有错误或者警告，变量被反复地装箱和拆箱，导致明显的性能下降。

在本条目中所讨论的这三个程序中，问题是一样的：程序员忽略了基本类型和装箱基本类型之间的区别，并尝到了苦头。在前两个程序中，其结果是彻底的失败；在第三个程序中，则有严重的性能问题。

那么什么时候应该使用装箱基本类型呢？它们有几个合理的用处。第一个是作为集合中的元素、键和值。你不能将基本类型放在集合中，因此必须使用装箱基本类型。这是一种更通用的特例。在参数化类型和方法（详见第 5 章）中，必须使用装箱基本类型作为类型参数，因为 Java 不允许使用基本类型。例如，你不能将变量声明为 ThreadLocal<int> 类型，因此必须使用 ThreadLocal<Integer> 代替。最后，在进行反射的方法调用（详见第 65 条）时，必须使用装箱基本类型。

总而言之，当可以选择的时候，基本类型要优先于装箱基本类型。基本类型更加简单，也更加快速。如果必须使用装箱基本类型，要特别小心！自动装箱减少了使用装箱基本类型的烦琐性，但是并没有减少它的风险。当程序用 == 操作符比较两个装箱基本类型时，它做了个同一性比较，这几乎肯定不是你所希望的。当程序进行涉及装箱和拆箱基本类型的混合类型计算时，它会进行拆箱，当程序进行拆箱时，会抛出 NullPointerException 异常。最后，当程序装箱了基本类型值时，会导致较高的资源消耗和不必要的对象创建。

第 62 条：如果其他类型更适合，则尽量避免使用字符串

字符串被用来表示文本，它在这方面也确实做得很好。因为字符串很通用，并且 Java 语言也支持得很好，所以自然就会有这样一种倾向：即使在不适合使用字符串的场合，人们往往也会使用字符串。本条目就是讨论一些不应该使用字符串的情形。

字符串不适合代替其他的值类型。当一段数据从文件、网络，或者键盘设备，进入程序之后，它通常以字符串的形式存在。有一种自然的倾向是让它继续保留这种形式，但是，只有当这段数据本质上确实是文本信息时，这种想法才是合理的。如果它是数值，就应该被转

换为适当的数值类型，比如 int、float 或者 BigInteger 类型。如果它是个"是－或－否"这种问题的答案，就应该被转换为 boolean 类型。如果存在适当的值类型，不管是基本类型，还是对象引用，大多应该使用这种类型；如果不存在这样的类型，就应该编写一个类型。虽然这条建议是显而易见的，但通常未能得到遵守。

字符串不适合代替枚举类型。正如第 34 条中所讨论的，枚举类型比字符串更加适合用来表示枚举类型的常量。

字符串不适合代替聚合类型。如果一个实体有多个组件，用一个字符串来表示这个实体通常是很不恰当的。例如，下面这行代码来自于真实的系统——标识符的名称已经被修改了，以免发生纠纷：

```
// Inappropriate use of string as aggregate type
String compoundKey = className + "#" + i.next();
```

这种方法有许多缺点。如果用来分隔域的字符也出现在某个域中，结果就会出现混乱。为了访问单独的域，必须解析该字符串，这个过程非常慢，也很烦琐，还容易出错。你无法提供 equals、toString 或者 compareTo 方法，只好被迫接受 String 提供的行为。更好的做法是，简单地编写一个类来描述这个数据集，通常是一个私有的静态成员类（详见第24 条）。

字符串也不适合代替能力表（capabilities）。有时候，字符串被用于对某种功能进行授权访问。例如，考虑设计一个提供线程局部变量（thread-local variable）的机制。这个机制提供的变量在每个线程中都有自己的值。自 Java 1.2 发行版本以来，Java 类库就有提供线程局部变量的机制，但在那之前，程序员必须自己完成。几年前，面对这样的设计任务时，有些人提出了同样的设计方案：利用客户提供的字符串键对每个线程局部变量的内容进行访问授权：

```
// Broken - inappropriate use of string as capability!
public class ThreadLocal {
    private ThreadLocal() { } // Noninstantiable

    // Sets the current thread's value for the named variable.
    public static void set(String key, Object value);

    // Returns the current thread's value for the named variable.
    public static Object get(String key);
}
```

这种方法的问题在于，这些字符串键代表了一个共享的全局命名空间。要使这种方法可行，客户端提供的字符串键必须是唯一的：如果两个客户端各自决定为它们的线程局部变量使用同样的名称，它们实际上就无意中共享了这个变量，这样往往会导致两个客户端都失败，而且安全性也很差。恶意的客户端可能有意地使用与另一个客户端相同的键，以便非法地访问其他客户端的数据。

要修正这个 API 并不难，只要用一个不可伪造的键（有时被称为能力）来代替字符串即可：

```
public class ThreadLocal {
    private ThreadLocal() { }  // Noninstantiable

    public static class Key {  // (Capability)
        Key() { }
    }

    // Generates a unique, unforgeable key
    public static Key getKey() {
        return new Key();
    }

    public static void set(Key key, Object value);
    public static Object get(Key key);
}
```

这样虽然解决了基于字符串的 API 的两个问题，但是你还可以做得更好。你实际上不再需要静态方法，它们可以被代之以键（Key）中的实例方法，这样这个键就不再是键，而是线程局部变量了。此时，这个不可被实例化的顶层类也不再做任何实质性的工作，因此可以删除这个顶层类，并将嵌套类命名为 ThreadLocal：

```
public final class ThreadLocal {
    public ThreadLocal();
    public void set(Object value);
    public Object get();
}
```

这个 API 不是类型安全的，因为当你从线程局部变量得到它时，必须将值从 Object 转换成它实际的值。不可能使原始的基于 String 的 API 为类型安全的，要使基于 Key 的 API 为类型安全的也很困难，但是通过将 ThreadLocal 类泛型化（详见第 29 条），使这个 API 变成类型安全的就是很简单的事情了：

```
public final class ThreadLocal<T> {
    public ThreadLocal();
    public void set(T value);
    public T get();
}
```

粗略地讲，这正是 java.lang.ThreadLocal 提供的 API。除了解决了基于字符串的 API 的问题之外，与前面的两个基于键的 API 相比，它还更快速、更美观。

总而言之，如果可以使用更加合适的数据类型，或者可以编写更加适当的数据类型，就应该避免用字符串来表示对象。若使用不当，字符串会比其他的类型更加笨拙、更不灵活、速度更慢，也更容易出错。经常被错误地用字符串来代替的类型包括基本类型、枚举类型和聚合类型。

第 63 条：了解字符串连接的性能

字符串连接操作符（+）是把多个字符串合并为一个字符串的便利途径。要想产生单独一行的输出，或者构造一个字符串来表示一个较小的、大小固定的对象，使用连接操作符是非常合适的，但是它不适合运用在大规模的场景中。为连接 n 个字符串而重复地使用字符串连接操作符，需要 n 的平方级的时间。这是由于字符串不可变（详见第 17 条）而导致的不幸结果。当两个字符串被连接在一起时，它们的内容都要被拷贝。

例如，下面的方法通过重复地为每个项目连接一行，构造出一个代表该账单声明的字符串：

```
// Inappropriate use of string concatenation - Performs poorly!
public String statement() {
    String result = "";
    for (int i = 0; i < numItems(); i++)
        result += lineForItem(i);  // String concatenation
    return result;
}
```

如果项目的数量巨大，这个方法的执行时间就难以估算。为了获得可以接受的性能，请用 StringBuilder 代替 String，来存储构造过程中的账单声明：

```
public String statement() {
    StringBuilder b = new StringBuilder(numItems() * LINE_WIDTH);
    for (int i = 0; i < numItems(); i++)
        b.append(lineForItem(i));
    return b.toString();
}
```

从 Java 6 以来，已经做了大量的工作使字符串连接变得更加快速，但是上述两种做法的性能差别还是很大：如果 numItems 返回 100，并且 lineForItem 返回一个固定长度为 80 个字符的字符串，在我的机器上，第二种做法比第一种做法要快 6.5 倍。因为第一种做法的开销随项目数量而呈平方级增加，项目的数量越大，性能的差别就会越明显。注意，第二种做法预先分配了一个 StringBuilder，使它大到足以容纳整个结果字符串，因此不需要自动扩展。即使使用了默认大小的 StringBuilder，它也仍然比第一种做法快 5.5 倍。

原则很简单：不要使用字符串连接操作符来合并多个字符串，除非性能无关紧要。否则，应该使用 StringBuilder 的 append 方法。另一种做法是使用字符数组，或者每次只处理一个字符串，而不是将它们组合起来。

第 64 条：通过接口引用对象

第 51 条建议：应该使用接口而不是类作为参数类型。更通俗来讲，应该优先使用接口而不是类来引用对象。如果有合适的接口类型存在，那么对于参数、返回值、变量和域来说，就都应该使用接口类型进行声明。只有当你利用构造器创建某个对象的时候，才真正需要引用这个对象的类。为了更具体地说明这一点，以 LinkedHashSet 的情形为例，它是 Set 接口的一个实现。在声明变量的时候应该养成这样的习惯：

```java
// Good - uses interface as type
Set<Son> sonSet = new LinkedHashSet<>();
```

而不是像这样的声明：

```java
// Bad - uses class as type!
LinkedHashSet<Son> sonSet = new LinkedHashSet<>();
```

如果养成了用接口作为类型的习惯，程序将会更加灵活。当你决定更换实现时，所要做的就只是改变构造器中类的名称（或者使用一个不同的静态工厂）。例如，第一个声明可以被改变为：

```java
Set<Son> sonSet = new HashSet<>();
```

周围的所有代码都可以继续工作。周围的代码并不知道原来的实现类型，所以它们对于这种变化并不在意。

有一点值得注意：如果原来的实现提供了某种特殊的功能，而这种功能并不是这个接口的通用约定所要求的，并且周围的代码又依赖于这种功能，那么很关键的一点是，新的实现也要提供同样的功能。例如，如果第一个声明周围的代码依赖于 LinkedHashSet 的同步策略，那么在声明中用 HashSet 代替 LinkedHashSet 就是不正确的，因为 HashSet 不能保证相关的迭代顺序。

为什么要改变实现类型呢？因为第二个实现提供了比第一个更好的性能，或者因为它提供了你所期待的而原来的实现缺乏的功能。比如，假设有一个域中包含了一个 HashMap 实例。如果将它改成 EnumMap，则可以提供更好的性能，并且迭代顺序与键的自然顺序一致，但是如果键的类型为枚举类型，你就只能使用 EnumMap。如果将 HashMap 改成 Linkded-HashMap，则能提供可以预估的迭代顺序，以及可以与 HashMap 比拟的性能，对于键类型没有任何特殊的要求。

你可能会觉得，用变量的实现类型来声明变量，也是可以接受，因为可以同时改变声明类型和实现类型，但是不能确保修改后的程序可以编译。如果客户端代码使用了没有出现在新实现中的原始实现类型中的方法，或者客户端代码将该实例传到了需要原始实现类型的方法中，那么代码在完成这样的修改之后将不再进行编译。用接口类型声明变量要"保持诚实"。

如果没有合适的接口存在，完全可以用类而不是接口来引用对象。以值类（value class）为例，比如 String 和 BigInteger。记住，值类很少会用多个实现编写。它们经常是 final 的，并且很少有对应的接口。使用这种值类作为参数、变量、域或者返回类型是再合适不过的了。

不存在适当接口类型的第二种情形是，对象属于一个框架，而框架的基本类型是类，不是接口。如果对象属于这种基于类的框架（class-based framework），就应该用相关的基类（base class）(往往是抽象类) 来引用这个对象，而不是用它的实现类。许多 java.io 类，比如 OutputStream 就属于这种情形。

不存在适当接口类型的最后一种情形是，类实现了接口但它也提供了接口中不存在的额外方法——例如 PriorityQueue 有一个没有出现在 Queue 接口中的 comparator 方法。如果程序依赖于这些额外的方法，这种类就应该只被用来引用它的实例，永远也不应该被用作参数类型。

以上这些例子并不全面，而只是代表了一些"适合于用类来引用对象"的情形。实际上，给定的对象是否具有适当的接口应该是很显然的。如果是，用接口引用对象就会使程序更加灵活。如果没有适合的接口，就用类层次结构中提供了必要功能的最小的具体类来引用对象吧。

第 65 条：接口优先于反射机制

核心反射机制（core reflection facility），java.lang.reflect 包，提供了"通过程序来访问任意类"的能力。给定一个 Class 对象，可以获得 Constructor、Method 和 Field 实例，它们分别代表了该 Class 实例所表示的类的构造器、方法和域。这些对象提供了"通过程序来访问类的成员名称、域类型、方法签名等信息"的能力。

此外，Constructor、Method 和 Field 实例使你能够通过反射机制操作它们的底层对等体：通过调用 Constructor、Method 和 Field 实例上的方法，可以构造底层类的实例、调用底层类的方法，并访问底层类中的域。例如，Method.invoke 使你可以调用任何类的任何对象上的任何方法（遵从常规的安全限制）。反射机制允许一个类使用另一个类，即使当前者被编译的时候后者还根本不存在。然而，这种能力也要付出代价：

❑ 损失了编译时类型检查的优势，包括异常检查。如果程序企图用反射方式调用不存在的或者不可访问的方法，在运行时它将会失败，除非采取了特别的预防措施。

❑ 执行反射访问所需要的代码非常笨拙和冗长。编写这样的代码非常乏味，阅读起来也很困难。

❑ 性能损失。反射方法调用比普通方法调用慢了许多。具体慢了多少，这很难说，因为受到了多个因素的影响。在我的机器上，调用一个没有输入参数和 int 返回值的方法，用普通方法调用比用反射机制调用快了 11 倍。

有一些复杂的应用程序需要使用反射机制。这些示例包括代码分析工具和依赖注入框架。不过最近以来，这类工具已经不再使用反射机制，因为它的缺点越来越明显。如果你怀疑自己的应用程序是否也需要反射机制，它很有可能是不需要的。

如果只是以非常有限的形式使用反射机制，虽然也要付出少许代价，但是可以获得许多好处。许多程序必须用到的类在编译时是不可用的，但是在编译时存在适当的接口或者超类，通过它们可以引用这个类（详见第 64 条）。如果是这种情况，就可以用反射方式创建实例，然后通过它们的接口或者超类，以正常的方式访问这些实例。

例如，下面的程序创建了一个 Set<String> 实例，它的类是由第一个命令行参数指定的。该程序把其余的命令行参数插入到这个集合中，然后打印该集合。不管第一个参数是什么，程序都会打印出余下的命令行参数，其中重复的参数会被消除掉。这些参数的打印顺序取决于第一个参数中指定的类。如果指定 java.util.HashSet，显然这些参数就会以随机的顺序打印出来；如果指定 java.util.TreeSet，则会按照字母顺序打印，因为 TreeSet 中的元素是排好序的。相应的代码如下：

```java
// Reflective instantiation with interface access
public static void main(String[] args) {
    // Translate the class name into a Class object
    Class<? extends Set<String>> cl = null;
    try {
        cl = (Class<? extends Set<String>>)  // Unchecked cast!
                Class.forName(args[0]);
    } catch (ClassNotFoundException e) {
        fatalError("Class not found.");
    }

    // Get the constructor
    Constructor<? extends Set<String>> cons = null;
    try {
        cons = cl.getDeclaredConstructor();
    } catch (NoSuchMethodException e) {
        fatalError("No parameterless constructor");
    }

    // Instantiate the set
    Set<String> s = null;
    try {
        s = cons.newInstance();
    } catch (IllegalAccessException e) {
        fatalError("Constructor not accessible");
    } catch (InstantiationException e) {
        fatalError("Class not instantiable.");
    } catch (InvocationTargetException e) {
        fatalError("Constructor threw " + e.getCause());
    } catch (ClassCastException e) {
        fatalError("Class doesn't implement Set");
    }

    // Exercise the set
    s.addAll(Arrays.asList(args).subList(1, args.length));
    System.out.println(s);
}
private static void fatalError(String msg) {
    System.err.println(msg);
    System.exit(1);
}
```

　　尽管这只是一个试验程序，但是它所演示的方法是非常强大的。这个试验程序可以很容易地变成一个通用的集合测试器，通过侵入式地操作一个或者多个集合实例，并检查是否遵守 Set 接口的约定，以此来验证指定的 Set 实现。同样地，它也可以变成一个通用的集合性能分析工具。实际上，它所演示的这种方法足以实现一个成熟的服务提供者框架（service provider framework），详见第 1 条。绝大多数情况下，使用反射机制时需要的也正是这种方法。

　　这个示例演示了反射机制的两个缺点。第一，这个例子会产生 6 个运行时异常，如果不使用反射方式的实例化，这 6 个错误都会成为编译时错误。（为了好玩，你也可以通过传入适当的命令行参数，让程序逐个生成这 6 个异常。）第二，根据类名生成其实例需要 25 行冗长的代码，而调用一个构造器则可以非常简洁地只用一行代码。程序的长度可以通过捕捉 ReflectiveOperationException 异常来减少，这是在 Java 7 中引入的各种反射异常的一个超类。这两个缺点都局限于实例化对象的那部分代码。一旦对象被实例化，它与其他的 Set 实例就难以区分了。在实际的程序中，通过这种限定使用反射的方法，绝大部分代码可以不受影响。

　　如果试着编译这个程序，会得到一条未受检的转换警告。这条警告是合法的，因此转换 Class<? extends Set<String>> 会成功，即使具名类不是一个 Set 实现，在这种情况下，程序在实例化这个类时就会抛出一个 ClassCastException 异常。要了解禁止这种警告的最佳方法，请参见第 27 条。

　　类对于在运行时可能不存在的其他类、方法或者域的依赖性，用反射法进行管理是合理的，但是很少使用。如果要编写一个包，并且它运行的时候就必须依赖其他某个包的多个版本，这种做法可能就非常有用。具体做法就是，在支持包所需要的最小环境下对它进行编译，通常是最老的版本，然后以反射方式访问任何更加新的类或者方法。如果企图访问的新类或者新方法在运行时不存在，为了使这种方法有效你还必须采取适当的动作。所谓适当的动作，可能包括使用某种其他可替换的办法来达到同样的目的，或者使用简化的功能进行处理。

　　总而言之，反射机制是一种功能强大的机制，对于特定的复杂系统编程任务，它是非常必要的，但它也有一些缺点。如果你编写的程序必须要与编译时未知的类一起工作，如有可能，就应该仅仅使用反射机制来实例化对象，而访问对象时则使用编译时已知的某个接口或者超类。

第 66 条：谨慎地使用本地方法

　　Java Native Interface（JNI）允许 Java 应用程序调用本地方法（native method），所谓本地方法是指用本地编程语言（比如 C 或者 C++）来编写的方法。它们提供了"访问特定于平台的机制"的能力，比如访问注册表（registry）。它们还提供了访问本地遗留代码库的能力，从而可以访问遗留数据（legacy data）。最后，本地方法可以通过本地语言，编写应用程序中注重性能的部分，以提高系统的性能。

使用本地方法来访问特定于平台的机制是合法的，但是几乎没有必要：因为随着 Java 平台的不断成熟，它提供了越来越多以前只有在宿主平台上才拥有的特性。例如，Java 9 增加的进程 API，提供了访问操作系统进程的能力。当 Java 中没有相当的类库可用时，使用本地方法来使用遗留代码库也是合法的。

使用本地方法来提高性能的做法不值得提倡。在早期的发行版本中（Java 3 发行版本之前），这样做往往是很有必要的，但是从那以后，JVM 实现变得越来越快了。对于大多数任务，现在用 Java 就可以获得与之相当的性能。举例来说，当 Java 1.1 发行版本中增加了 java.math 时，`BigInteger` 是在一个用 C 编写的快速多精度运算库的基础上实现的。在 Java 3 发行版本中，`BigInteger` 则完全用 Java 重新实现了，并且进行了精心的性能调优，运行得比原来的本地实现更快。

这个故事有一个悲伤的尾声：从那时起，`BigInteger` 几乎没怎么改变，但在 Java 8 中，大整数却以更快的乘积速度在发展。当时，遗留代码库的工作还在持续快速地发展中，著名的有 GNU 高精度算术运算库（GNU Multiple Precision，GMP）。对于需要真正高性能的高精度算术运算的 Java 程序员，现在通过本地方法来使用 GMP 也是无可厚非的 [Blum14]。

使用本地方法有一些严重的缺陷。因为本地语言不是安全的（详见第 50 条），所以使用本地方法的应用程序也不再能免受内存毁坏错误的影响。因为本地语言是与平台相关的，使用本地方法的应用程序也不再是可自由移植的。使用本地方法的应用程序也更难调试。如果不小心，本地方法还可能降低性能，因为回收垃圾器不是自动的，甚至无法追踪本机内存（native memory）使用情况（详见第 8 条），而且在进入和退出本地代码时，还需要相关的开销。最后一点，需要"胶合代码"的本地方法编写起来单调乏味，并且难以阅读。

总而言之，在使用本地方法之前务必三思。只有在极少数情况下需要使用本地方法来提高性能。如果你必须要使用本地方法来访问底层的资源，或者遗留代码库，也要尽可能少用本地代码，并且要全面进行测试。本地代码中只要有一个 Bug 都可能破坏整个应用程序。

第 67 条：谨慎地进行优化

有三条与优化有关的格言是每个人都应该知道的：

> 很多计算上的过失都被归咎于效率（没有达到必要的效率），而不是任何其他的原因——甚至包括盲目地做傻事。

> ——William A. Wulf [Wulf72]

　　　　不要去计较效率上的一些小小的得失，在 97% 的情况下，不成熟的优化才是
一切问题的根源。

——Donald E. Knuth [Knuth74]

　　　　在优化方面，我们应该遵守两条规则：

　　　　规则 1：不要进行优化。

　　　　规则 2（仅针对专家）：还是不要进行优化——也就是说，在你还没有绝对清晰
的未优化方案之前，请不要进行优化。

——M. A. Jackson [Jackson75]

　　所有这些格言都比 Java 程序设计语言的出现早了 20 年。它们讲述了一个关于优化的深
刻真理：优化的弊大于利，特别是不成熟的优化。在优化过程中，产生的软件可能既不快速，
也不正确，而且还不容易修正。

　　不要为了性能而牺牲合理的结构。要努力编写好的程序而不是快的程序。如果好的程序
不够快，它的结构将使它可以得到优化。好的程序体现了信息隐藏（information hiding）的原
则：只要有可能，它们就会把设计决策集中在单个模块中，因此可以改变单个决策，而不会
影响到系统的其他部分（详见第 15 条）。

　　这并不意味着，在完成程序之前就可以忽略性能问题。实现上的问题可以通过后期的优
化而得到修正，但是，遍布全局并且限制性能的结构缺陷几乎是不可能被改正的，除非重新
编写系统。在系统完成之后再改变设计的某个基本方面，会破坏系统的结构，从而难以维护
和改进。因此，必须在设计过程中考虑到性能问题。

　　要努力避免那些限制性能的设计决策。当一个系统设计完成之后，其中最难以更改的组
件是那些指定了模块之间交互关系以及模块与外界交互关系的组件。在这些设计组件之中，
最主要的是 API、交互层（wire-level）协议以及永久数据格式。这些设计组件不仅在事后难
以甚至不可能改变，而且它们都有可能对系统本该达到的性能产生严重的限制。

　　要考虑 API 设计决策的性能后果。使公有的类型成为可变的，这可能会导致大量不必要
的保护性拷贝（详见第 50 条）。同样地，在适合使用复合模式的公有类中使用继承，会把这
个类与它的超类永远地束缚在一起，从而人为地限制了子类的性能（详见第 18 条）。最后一
个例子，在 API 中使用实现类型而不是接口，会把你束缚在一个具体的实现上，即使将来出
现更快的实现你也无法使用（详见第 64 条）。

　　API 设计对于性能的影响是非常实际的。以 Java.awt.Component 类中的 getSize 方
法为例。决定就是，这个注重性能的方法将返回 Dimension 实例，与此密切相关的决定
是，Dimension 实例是可变的，迫使这个方法的任何实现都必须为每个调用分配一个新的
Dimension 实例。尽管在现代 VM 上分配小对象的开销并不大，但是分配数百万个不必要的

对象仍然会严重地损害性能。

在这种情况下，有几种可供选择的替换方案。理想情况下，Dimension 应该是不可变的（详见第 17 条）；另一种方案是，用两个方法来替换 getSize 方法，它们分别返回 Dimension 对象的单个基本组件。实际上，在 Java 2 发行版本中，出于性能方面的原因，有两个这样的方法被加入到 Component API 中。然而，原先的客户端代码仍然可以使用 getSize 方法，并且仍然要承受原始 API 设计决策所带来的性能影响。

幸运的是，一般而言，好的 API 设计也会带来好的性能。为获得好的性能而对 API 进行包装，这是一种非常不好的想法。导致你对 API 进行包装的性能因素可能会在平台未来的发行版本中，或者在将来的底层软件中不复存在，但是被包装的 API 以及由它引起的问题将永远困扰着你。

一旦精心地设计了程序，并且产生了一个清晰、简明、结构良好的实现，那么就到了该考虑优化的时候了，假定此时你对于程序的性能还不满意。

回想一下 Jackson 提出的两条优化原则："不要优化" 以及 "（仅针对专家）还是不要优化"。他可以再增加一条：在每次试图做优化之前和之后，要对性能进行测量。你可能会惊讶于自己的发现。试图做的优化通常对于性能并没有明显的影响，有时候甚至会使性能变得更差。主要原因在于，要猜出程序把时间花在哪些地方并不容易。你认为程序慢的地方可能并没有问题，这种情况下实际上是在浪费时间去尝试优化。大多数人认为：程序把 90% 的时间花在 10% 的代码上了。

性能剖析工具有助于决定应该把优化的重心放在哪里。这些工具可以为你提供运行时的信息，比如每个方法大致上花费了多少时间、它被调用多少次。除了确定优化的重点之外，它还可以警告你是否需要改变算法。如果一个平方级（或更差）的算法潜藏在程序中，无论怎么调整和优化都很难解决问题。你必须用更有效的算法来替换原来的算法。系统中的代码越多，使用性能剖析器就显得越发重要。这就好像要在一堆干草中寻找一根针：这堆干草越大，使用金属探测器就越有用。值得特别提及的另一种工具是 jmh，它不是一个性能剖析器，而是微基准测试框架（microbenchmarking framework），它提供了非并行地可见 Java 代码性能详情的能力 [JMH]。

在 Java 平台上对优化的结果进行测量，比在其他的传统平台（如 C 和 C++）上更有必要，因为 Java 程序设计语言没有很强的性能模型（performance model）：各种基本操作的相对开销也没有明确定义。程序员所编写的代码与 CPU 执行的代码之间存在 "语义沟"（semantic gap），而且这条语义沟比传统编译语言中的更大，这使得要想可靠地预测出任何优化的性能结果都非常困难。大量流传的关于性能的说法最终都被证明为半真半假，或者根本就不正确。

不仅 Java 的性能模型未得到很好的定义，而且在不同的 JVM 实现，不同的发行版本，以及不同的处理器中，也都各不相同。如果将要在多个 JVM 实现和多种硬件平台上运行程序，很重要的一点是，需要在每个 Java 实现上测量优化效果。有时候，还必须在从不同 JVM 实现或者硬件平台上得到的性能结果之中进行权衡。

自从本条目开始编写以来的近二十年，Java 软件堆栈的每一个组件都变得更加复杂，从管理器到虚拟机，再到类库，运行 Java 的各种硬件也得到了迅猛的发展。这些因素结合起来导致现在 Java 程序的性能比 2001 年时更难以预测了，因此对测量性能的需求也相应地增加了。

总而言之，不要费力去编写快速的程序——应该努力编写好的程序，速度自然会随之而来。但在设计系统的时候，特别是在设计 API、交互层协议和永久数据格式的时候，一定要考虑性能的因素。当构建完系统之后，要测量它的性能。如果它足够快，你的任务就完成了。如果不够快，则可以在性能剖析器的帮助下，找到问题的根源，然后设法优化系统中相关的部分。第一个步骤是检查所选择的算法：再多的低层优化也无法弥补算法的选择不当。必要时重复这个过程，在每一次修改之后都要测量性能，直到满意为止。

第 68 条：遵守普遍接受的命名惯例

Java 平台建立了一整套很好的命名惯例（naming convention），其中有许多命名惯例包含在了《The Java Language Specification》[JLS, 6.1] 中。不严格地讲，这些命名惯例分为两大类：字面的（typographical）和语法的（grammatical）。

字面的命名惯例比较少，但也涉及包、类、接口、方法、域和类型变量。应该尽量不违反这些惯例，不到万不得已，千万不要违反。如果 API 违反了这些惯例，使用起来可能会很困难。如果实现违反了它们，可能会难以维护。在这两种情况下，违反惯例都会潜在地给使用这些代码的其他程序员带来困惑和苦恼，并且使他们做出错误的假设，造成程序出错。本条目将对这些惯例做简要的介绍。

包和模块的名称应该是层次状的，用句号分隔每个部分。每个部分都包括小写字母，极少数情况下还有数字。任何将在你的组织之外使用的包，其名称都应该以你的组织的 Internet 域名开头，并且顶级域名要放在前面，例如 edu.cmu、com.google、org.eff。标准类库和一些可选的包，其名称以 java 和 javax 开头，它们属于这一规则的例外。用户创建的包的名称绝不能以 java 和 javax 开头。关于将 Internet 域名转换为包名称前缀的详细规则，请参见《The Java Language Specification》[JLS, 6.1]。

包名称的其余部分应该包括一个或者多个描述该包的组成部分。这些组成部分应该比较简短，通常不超过 8 个字符。鼓励使用有意义的缩写形式，例如，使用 util 而不是 utilities。只取首字母的缩写形式也是可以接受的，例如 awt。每个组成部分通常都应该由一个单词或者一个缩写词组成。

许多包的名称中都只有一个组成部分再加上 Internet 域名。比较大的名称使用附加部分是正确的，它们的规模要求它们要被分割成一个非正式的层次结构。例如，`javax.util` 包有着非常丰富的包层次，如 `javax.util.concurrent.atomic`。这样的包通常被称为子包（subpackage），尽管 Java 语言并没有提供对包层次的支持。

类和接口的名称，包括枚举和注解类型的名称，都应该包括一个或者多个单词，每个单词的首字母大写，例如 List 和 FutureTask。应该尽量避免用缩写，除非是一些首字母缩写和一些通用的缩写，比如 max 和 min。对于首字母缩写，到底应该全部大写还是只有首字母大写，没有统一的说法。虽然有些程序员仍然采用全部大写的形式，但还是有人强烈支持只首字母大写：即使连续出现多个首字母缩写的形式，你仍然可以区分出一个单词的起始处和结束处。比如类名 HTTPURL 和 HttpUrl 你更愿意看到哪一个？

方法和域的名称与类和接口的名称一样，都遵守相同的字面惯例，只不过方法或者域的名称的第一个字母应该小写，例如 remove、ensureCapacity。如果由首字母缩写组成的单词是一个方法或者域名称的第一个单词，它就应该是小写形式。

上述规则的唯一例外是"常量域"，它的名称应该包含一个或者多个大写的单词，中间用下划线符号隔开，例如 VALUES 或 NEGATIVE_INFINITY。常量域是个静态 final 域，它的值是不可变的。如果静态 final 域有基本类型，或者有不可变的引用类型（详见第 17 条），它就是个常量域。例如，枚举常量是常量域。如果静态 final 域有个可变的引用类型，若被引用的对象是不可变的，它也仍然可以是个常量域。注意，常量域是唯一推荐使用下划线的情形。

局部变量名称的字面命名惯例与成员名称类似，只不过它也允许缩写，单个字符和短字符序列的意义取决于局部变量所在的上下文环境，例如 i、denom 和 houseNum。输入参数是一种特殊的局部变量。它们的命名应该比普通的局部变量更加小心，因为它们的名称是其方法文档的一个组成部分。

类型参数名称通常由单个字母组成。这个字母通常是以下五种类型之一：T 表示任意的类型，E 表示集合的元素类型，K 和 V 表示映射的键和值类型，X 表示异常。函数的返回类型通常是 R。任何类型的序列可以是 T、U、V 或者 T1、T2、T3。

为了快速查阅，下表列出了字面惯例的例子。

标识符类型	示　　例
包或者模块	org.junit.jupiter.api, com.google.common.collect
类或者接口	Stream, FutureTask, LinkedHashMap, HttpClient
方法或者域	remove, groupingBy, getCrc

（续）

标识符类型	示　　例
常量域	MIN_VALUE, NEGATIVE_INFINITY
局部变量	i, denom, houseNum
类型参数	T, E, K, V, X, R, U, V, T1, T2

　　语法命名惯例比字面惯例更加灵活，也更有争议。对于包而言，没有语法命名惯例。可被实例化的类（包括枚举类型）通常用一个名词或者名词短语命名，例如 Thread、PriorityQueue 或者 ChessPiece。不可实例化的工具类（详见第 4 条）经常用复数名词命名，如 Collectors 或者 Collections。接口的命名与类相似，例如 Collection 或 Comparator，或者用一个以 able 或 ible 结尾的形容词来命名，例如 Runnable、Iterable 或者 Accessible。由于注解类型有这么多用处，因此没有单独安排词类。名词、动词、介词和形容词都很常用，例如 BindingAnnotation、Inject、ImplementedBy 或者 Singleton。

　　执行某个动作的方法通常用动词或者动词短语（包括对象）来命名，例如 append 或 drawImage。对于返回 boolean 值的方法，其名称往往以单词 is 开头，很少用 has，后面跟名词或名词短语，或者任何具有形容词功能的单词或短语，例如 isDigit、isProbablePrime、isEmpty、isEnabled 或者 hasSiblings。

　　如果方法返回被调用对象的一个非 boolean 的函数或者属性，它通常用名词、名词短语，或者以动词 get 开头的动词短语来命名，例如 size、hashCode 或者 getTime。有一个组织声称只有第三种形式（以 get 开头）才可以接受，但是这种声明没有得到支持。前两种形式往往会产生可读性更好的代码，例如：

```
if (car.speed() > 2 * SPEED_LIMIT)
    generateAudibleAlert("Watch out for cops!");
```

　　以 get 开头的形式主要出现在被废弃的 Java Beans 规范中，它形成了早期的可重用组件架构的基础。有些现代工具继续依赖 Beans 命名惯例，你大可放心地在那些需要结合这些工具一起使用的代码中使用。如果类中包含了用于相同属性的 setter 方法和 getter 方法，也强烈建议采用这种命名形式。在这种情况下，这两种方法应该分别被命名为 get*Attribute* 和 set*Attribute*。

　　有些方法的名称值得专门提及。转换对象类型的实例方法，它们返回不同类型的独立对象的方法，经常被称为 to*Type*，例如 toString 或者 toArray。返回视图（view，详见第 6 条，视图的类型不同于接收对象的类型）的方法经常被称为 as*Type*，例如 asList。返回一个与被调用对象同值的基本类型的方法，经常被称为 *type*Value，例如 intValue。静态工厂的常用名称包括 from、of、valueOf、instance、getInstance、newInstance、get*Type*

和 new*Type*（详见第 1 条）。

　　域名称的语法惯例没有很好地建立起来，它们也没有类、接口和方法名称那么重要，因为设计良好的 API 很少会包含暴露出来的域。boolean 类型的域命名与 boolean 类型的访问方法（accessor method）很类似，但是省去了初始的 is，例如 initialized 和 composite。其他类型的域通常用名词或者名词短语来命名，比如 height、digits 或 bodyStyle。局部变量的语法惯例类似于域的语法惯例，但是更弱一些。

　　总而言之，把标准的命名惯例当作一种内在的机制来看待，并且学着用它们作为第二特性。字面惯例是非常直接和明确的；语法惯例则更复杂，也更松散。下面这句话引自《The Java Language Specification》[JLS, 6.1]："如果长期养成的习惯用法与此不同，请不要盲目遵从这些命名惯例。"请使用大家公认的做法。

Effective

异　常

充分发挥异常的优点，可以提高程序的可读性、可靠性和可维护性。如果使用不当，它们也会带来负面的影响。本章提供了一些关于有效使用异常的指导原则。

第 69 条：只针对异常的情况才使用异常

某一天，如果你不走运的话，可能会碰到下面这样的代码：

```
// Horrible abuse of exceptions. Don't ever do this!
try {
    int i = 0;
    while(true)
        range[i++].climb();
} catch (ArrayIndexOutOfBoundsException e) {
}
```

这段代码有什么作用？看起来根本不明显，这正是它没有真正被使用的原因（详见第 67 条）。事实证明，作为一个要对数组元素进行遍历的实现方式，它的构想是非常拙劣的。当这个循环企图访问数组边界之外的第一个数组元素时，用抛出（throw）、捕获（catch）、忽略 ArrayIndex-OutOfBoundsException 的手段来达到终止无限循环的目的。假定它与数组循环的标准模式是等价的，对于任何一个 Java 程序员来说，下面的标准模式一看就会明白：

```
for (Mountain m : range)
    m.climb();
```

那么，为什么有人会优先使用基于异常的循环，而不是用行之有效的模式呢？这是被误导了，他们企图利用 Java 的错误判断机制来提高性能，因为 VM 对每次数组访问都要检查越界情况，所以他们认为正常的循环终止测试被编译器隐藏了，但在 for-each 循环中仍然可见，这无疑是多余的，应该避免。这种想法有三个错误：

- □ 因为异常机制的设计初衷是用于不正常的情形，所以几乎没有 JVM 实现试图对它们进行优化，使它们与显式的测试一样快速。
- □ 把代码放在 try-catch 块中反而阻止了现代 JVM 实现本来可能要执行的某些特定优化。
- □ 对数组进行遍历的标准模式并不会导致冗余的检查。有些现代的 JVM 实现会将它们优化掉。

实际上，基于异常的模式比标准模式要慢得多。在我的机器上，对于一个有 100 个元素的数组，基于标准模式比异常的模式快了 2 倍。

基于异常的循环模式不仅模糊了代码的意图，降低了它的性能，而且它还不能保证正常工作！如果出现了不相关的 Bug，这个模式会悄悄地失效，从而掩盖了这个 Bug，极大地增加了调试过程的复杂性。假设循环体中的计算过程调用了一个方法，这个方法执行了对某个不相关数组的越界访问。如果使用合理的循环模式，这个 Bug 会产生未被捕捉的异常，从而导致线程立即结束，产生完整的堆栈轨迹。如果使用这个被误导的基于异常的循环模式，与这个 Bug 相关的异常将会被捕捉到，并且被错误地解释为正常的循环终止条件。

这个例子的教训很简单：顾名思义，异常应该只用于异常的情况下；它们永远不应该用于正常的控制流。一般地，应该优先使用标准的、容易理解的模式，而不是那些声称可以提供更好性能的、弄巧成拙的方法。即使真的能够改进性能，面对平台实现的不断改进，这种模式的性能优势也不可能一直保持。然而，由这种过度聪明的模式带来的微妙的 Bug，以及维护的痛苦却依然存在。

这条原则对于 API 设计也有启发。设计良好的 API 不应该强迫它的客户端为了正常的控制流而使用异常。如果类具有"状态相关"（state-dependent）的方法，即只有在特定的不可预知的条件下才可以被调用的方法，这个类往往也应该有个单独的"状态测试"（state-testing）方法，即指示是否可以调用这个状态相关的方法。例如，Iterator 接口有一个"状态相关"的 next 方法，及相应的状态测试方法 hasNext。这使得利用传统的 for 循环（以及 for-each 循环，在内部使用了 hasNext 方法）对集合进行迭代的标准模式成为可能：

```
for (Iterator<Foo> i = collection.iterator(); i.hasNext(); ) {
    Foo foo = i.next();
    ...
}
```

如果 Iterator 缺少 hasNext 方法，客户端将被迫改用下面的做法：

```
// Do not use this hideous code for iteration over a collection!
try {
    Iterator<Foo> i = collection.iterator();
    while(true) {
        Foo foo = i.next();
        ...
    }
} catch (NoSuchElementException e) {
}
```

这应该非常类似于本条目刚开始时对数组进行迭代的例子。除了代码烦琐且令人误解之外，这个基于异常的模式可能执行起来也比标准模式更差，并且还可能掩盖系统中其他不相关部分中的 Bug。

另一种提供单独的状态测试方法的做法是，如果"状态相关的"方法无法执行想要的计算，就让它返回一个零长度的 optional 值（详见第 55 条），或者返回一个可识别的值，比如 null。

对于"状态测试方法"和" optional 返回值或可识别的返回值"这两种做法，有些指导原则可以帮助你在两者之中做出选择。如果对象将在缺少外部同步的情况下被并发访问，或者可被外界改变状态，就必须使用 optional 返回值或者可识别的返回值，因为在调用"状态测试"方法和调用对应的"状态相关"方法的时间间隔之中，对象的状态有可能会发生变化。如果单独的"状态测试"方法必须重复"状态相关"方法的工作，从性能的角度考虑，就应该使用可被识别的返回值。如果所有其他方面都是等同的，那么"状态测试"方法则略优于可被识别的返回值。它提供了稍微更好的可读性，对于使用不当的情形可能更加易于检测和改正：如果忘了去调用状态测试方法，状态相关的方法就会抛出异常，使这个 Bug 变得很明显；如果忘了去检查可识别的返回值，这个 Bug 就很难被发现。optional 返回值不会有这方面的问题。

总而言之，异常是为了在异常情况下使用而设计的。不要将它们用于普通的控制流，也不要编写迫使它们这么做的 API。

第 70 条：对可恢复的情况使用受检异常，对编程错误使用运行时异常

Java 程序设计语言提供了三种可抛出结构（throwable）：受检异常（checked exception）、

运行时异常（run-time exception）和错误（error）。关于什么时候适合使用哪种可抛出结构，程序员中间存在一些困惑。虽然这项决定并不总是那么清晰，但还是有些一般性的原则提出了强有力的指导。

在决定使用受检异常或是未受检异常时，主要的原则是：如果期望调用者能够适当地恢复，对于这种情况就应该使用受检异常。通过抛出受检的异常，强迫调用者在一个 catch 子句中处理该异常，或者将它传播出去。因此，方法中声明要抛出的每个受检异常，都是对 API 用户的一种潜在指示：与异常相关联的条件是调用这个方法的一种可能的结果。

API 的设计者让 API 用户面对受检异常，以此强制用户从这个异常条件中恢复。用户可以忽视这样的强制要求，只需捕获异常并忽略即可，但这往往不是个好办法（详见第 77 条）。

有两种未受检的可抛出结构：运行时异常和错误。在行为上两者是等同的：它们都是不需要也不应该被捕获的可抛出结构。如果程序抛出未受检的异常或者错误，往往就属于不可恢复的情形，继续执行下去有害无益。如果程序没有捕捉到这样的可抛出结构，将会导致当前线程中断（halt），并出现适当的错误消息。

用运行时异常来表明编程错误。大多数的运行时异常都表示前提违例（precondition violation）。所谓前提违例是指 API 的客户没有遵守 API 规范建立的约定。例如，数组访问的约定指明了数组的下标值必须在零和数组长度减 1 之间。ArrayIndexOutOfBoundsException 表明违反了这个前提。

这条建议有一个问题：对于要处理可恢复的条件，还是处理编程错误，情况并非总是那么黑白分明。例如，考虑资源枯竭的情形，这可能是由于程序错误而引起的，比如分配了一块不合理的过大的数组，也可能确实是由于资源不足而引起的。如果资源枯竭是由于临时的短缺，或是临时需求太大所造成的，这种情况可能就是可恢复的。API 设计者需要判断这样的资源枯竭是否允许恢复。如果你相信一种情况可能允许恢复，就使用受检的异常；如果不是，则使用运行时异常。如果不清楚是否有可能恢复，最好使用未受检的异常，原因请参见第 71 条的讨论。

虽然 JLS（Java 语言规范）并没有要求，但是按照惯例，错误往往被 JVM 保留下来使用，以表明资源不足、约束失败，或者其他使程序无法继续执行的条件。由于这已经是个几乎被普遍接受的惯例，因此最好不要再实现任何新的 Error 子类。因此，你实现的所有未受检的抛出结构都应该是 RuntimeException 的子类（直接的或者间接的）。不仅不应该定义 Error 子类，甚至也不应该抛出 AssertionError 异常。

要想定义一个抛出结构，使它不是 Exception、RuntimeException 或 Error 的子类，这也是可能的。JLS 并没有直接规定这样的抛出结构，而是隐式地指定了：从行为意义上讲，它们等同于普通的受检异常（即 Exception 的子类，但不是 RuntimeException 的子类）。那么，什么时候应该使用这样的抛出结构呢？一句话：永远也不会用到。它与普通的受检异常相比没有任何益处，只会困扰 API 的用户。

API 的设计者往往会忘记，异常也是个完全意义上的对象，可以在它上面定义任意的方法。这些方法的主要用途是为捕获异常的代码而提供额外的信息，特别是关于引发这个异常条件的信息。如果没有这样的方法，程序员必须要懂得如何解析"该异常的字符串表示法"，以便获得这些额外信息。这是极为不好的做法（详见第 12 条）。类很少会指定它们的字符串表示法中的细节，因此，对于不同的实现及不同的版本，字符串表示法会大相径庭。由此可见，"解析异常的字符串表示法"的代码可能是不可移植的，也是非常脆弱的。

因为受检异常往往指明了可恢复的条件，所以，对于这样的异常，提供一些辅助方法尤其重要，通过这些方法，调用者可以获得一些有助于恢复的信息。例如，假设因为用户资金不足，当他企图购买一张礼品卡时导致失败，于是抛出一个受检的异常。这个异常应该提供一个访问方法，以便允许客户查询所缺的费用金额，使得调用者可以将这个数值传递给用户。关于这个主题的更多详情，请参阅第 75 条。

总而言之，对于可恢复的情况，要抛出受检异常；对于程序错误，要抛出运行时异常。不确定是否可恢复，则抛出未受检异常。不要定义任何既不是受检异常也不是运行时异常的抛出类型。要在受检异常上提供方法，以便协助恢复。

第 71 条：避免不必要地使用受检异常

许多 Java 程序员不喜欢受检异常，但是如果使用得当，它们可以改善 API 和程序。不同于返回码和未受检异常的是，它们强迫程序员处理异常的条件，大大增强了可靠性。也就是说，过分使用受检异常会使 API 使用起来非常不方便。如果方法抛出受检异常，调用该方法的代码就必须在一个或者多个 catch 块中处理这些异常，或者它必须声明抛出这些异常，并让它们传播出去。无论使用哪一种方法，都给程序员增添了不可忽视的负担。这种负担在 Java 8 中更重了，因为抛出受检异常的方法不能直接在 Stream 中使用（详见第 45 条至第 48 条）。

如果正确地使用 API 并不能阻止这种异常条件的产生，并且一旦产生异常，使用 API 的程序员可以立即采取有用的动作，这种负担就被认为是正当的。除非这两个条件都成立，否则更适合于使用未受检异常。作为一个石蕊测试（石蕊测试是指简单而具有决定性的测试），你可以试着问自己：程序员将如何处理该异常。下面的做法是最好的吗？

```
} catch (TheCheckedException e) {
    throw new AssertionError(); // Can't happen!
}
```

下面这种做法又如何？

```
} catch (TheCheckedException e) {
    e.printStackTrace();            // Oh well, we lose.
    System.exit(1);
}
```

如果使用 API 的程序员无法做得比这更好，那么未受检的异常可能更为合适。

如果方法抛出的受检异常是唯一的，它给程序员带来的额外负担就会非常高。如果这个方法还有其他的受检异常，该方法被调用的时候，必须已经出现在一个 try 块中，所以这个异常只需要另外一个 catch 块。如果方法只抛出一个受检异常，单独这一个异常就表示：该方法必须放置于一个 try 块中，并且不能在 Stream 中直接使用。在这种情况下，应该问问自己，是否还有别的途径可以避免使用受检异常。

消除受检异常最容易的方法是，返回所要的结果类型的一个 optional（详见第 55 条）。这个方法不抛出受检异常，而只是返回一个零长度的 optional。这种方法的缺点是，方法无法返回任何额外的信息，来详细说明它无法执行你想要的计算。相反，异常则具有描述性的类型，并且能够导出方法，以提供额外的信息（详见第 70 条）。

"把受检异常变成未受检异常"的一种方法是，把这个抛出异常的方法分成两个方法，其中第一个方法返回一个 boolean 值，表明是否应该抛出异常。这种 API 重构，把下面的调用序列：

```
// Invocation with checked exception
try {
    obj.action(args);
} catch (TheCheckedException e) {
    ... // Handle exceptional condition
}
```

重构为：

```
// Invocation with state-testing method and unchecked exception
if (obj.actionPermitted(args)) {
    obj.action(args);
} else {
    ... // Handle exceptional condition
}
```

这种重构并非总是恰当的，但是，凡是在恰当的地方，它都会使 API 用起来更加舒服。虽然后者的调用序列没有前者漂亮，但是这样得到的 API 更加灵活。如果程序员知道调用将会成功，或者不介意由于调用失败而导致的线程终止，这种重构还允许以下这个更为简单的调用形式：

```
obj.action(args);
```

如果你怀疑这个简单的调用序列是否符合要求，这个 API 重构可能就是恰当的。这样重构之后的 API 在本质上等同于第 69 条中的 "状态测试方法"，并且同样的告诫依然适用：如果对象将在缺少外部同步的情况下被并发访问，或者可被外界改变状态，这种重构就是不恰当的，因为在 `actionPermitted` 和 `action` 这两个调用的时间间隔之中，对象的状态有可能会发生变化。如果单独的 `actionPermitted` 方法必须重复 `action` 方法的工作，出于性能的考虑，这种 API 重构就不值得去做。

总而言之，在谨慎使用的前提之下，受检异常可以提升程序的可读性；如果过度使用，将会使 API 使用起来非常痛苦。如果调用者无法恢复失败，就应该抛出未受检异常。如果可以恢复，并且想要迫使调用者处理异常的条件，首选应该返回一个 optional 值。当且仅当万一失败时，这些无法提供足够的信息，才应该抛出受检异常。

第 72 条：优先使用标准的异常

专家级程序员与缺乏经验的程序员一个最主要的区别在于，专家追求并且通常也能够实现高度的代码重用。代码重用是值得提倡的，这是一条通用的规则，异常也不例外。Java 平台类库提供了一组基本的未受检异常，它们满足了绝大多数 API 的异常抛出需求。

重用标准的异常有多个好处。其中最主要的好处是，它使 API 更易于学习和使用，因为它与程序员已经熟悉的习惯用法一致。第二个好处是，对于用到这些 API 的程序而言，它们的可读性会更好，因为它们不会出现很多程序员不熟悉的异常。最后（也是最不重要的）一点是，异常类越少，意味着内存占用（footprint）就越小，装载这些类的时间开销也越少。

最经常被重用的异常类型是 `IllegalArgumentException`（详见第 49 条）。当调用者传递的参数值不合适的时候，往往就会抛出这个异常。比如，假设某一个参数代表了 "某个动作的重复次数"，如果程序员给这个参数传递了一个负数，就会抛出这个异常。

另一个经常被重用的异常是 `IllegalStateException`。如果因为接收对象的状态而使调用非法，通常就会抛出这个异常。例如，如果在某个对象被正确地初始化之前，调用者就企图使用这个对象，就会抛出这个异常。

可以这么说，所有错误的方法调用都可以被归结为非法参数或者非法状态，但是，还有一些其他的标准异常也被用于某些特定情况下的非法参数和非法状态。如果调用者在某个不允许 null 值的参数中传递了 null，习惯的做法就是抛出 `NullPointerException` 异常，而不是 `IllegalArgumentException`。同样地，如果调用者在表示序列下标的参数中传递了越界的值，应该抛出的就是 `IndexOutOfBoundsException` 异常，而不是 `Illegal-ArgumentException`。

另一个值得了解的通用异常是 `ConcurrentModificationException`。如果检测到一个专门设计用于单线程的对象，或者与外部同步机制配合使用的对象正在（或已经）被并发地修改，就应该抛出这个异常。这个异常顶多就是一个提示，因为不可能可靠地侦测到并发的修改。

最后一个值得注意的标准异常是 `UnsupportedOperationException`。如果对象不支持所请求的操作，就会抛出这个异常。很少用到它，因为绝大多数对象都会支持它们实现的所有方法。如果类没有实现由它们实现的接口所定义的一个或者多个可选操作（optional operation），它就可以使用这个异常。例如，对于只支持追加操作的 `List` 实现，如果有人试图从列表中删除元素，它就会抛出这个异常。

不要直接重用 `Exception`、`RuntimeException`、`Throwable` 或者 `Error`。对待这些类要像对待抽象类一样。你无法可靠地测试这些异常，因为它们是一个方法可能抛出的其他异常的超类。

下表概括了最常见的可重用异常：

异　　常	使　用　场　合
`IllegalArgumentException`	非 null 的参数值不正确
`IllegalStateException`	不适合方法调用的对象状态
`NullPointerException`	在禁止使用 null 的情况下参数值为 null
`IndexOutOfBoundsException`	下标参数值越界
`ConcurrentModificationException`	在禁止并发修改的情况下，检测到对象的并发修改
`UnsupportedOperationException`	对象不支持用户请求的方法

虽然这些都是 Java 平台类库中迄今为止最常被重用的异常，但是，在条件许可的情况下，其他的异常也可以被重用。例如，如果要实现诸如复数或者有理数之类的算术对象，也可以重用 `ArithmeticException` 和 `NumberFormatException`。如果某个异常能够满足你的需要，就不要犹豫，使用就是，不过一定要确保抛出异常的条件与该异常的文档中描述的条件一致。这种重用必须建立在语义的基础上，而不是建立在名称的基础之上。而且，如果希望稍微增加更多的失败 – 捕获（failure-capture）信息（详见第 75 条），可以放心地子类化标准异常，但要记住异常是可序列化的（详见第 12 章）。这也正是"如果没有非常正当的理由，千万不要自己编写异常类"的原因。

选择重用哪一种异常并非总是那么精确，因为上表中的"使用场合"并不是相互排斥的。比如，以表示一副纸牌的对象为例。假设有一个处理发牌操作的方法，它的参数是发一手牌的纸牌张数。假设调用者在这个参数中传递的值大于整副纸牌的剩余张数。这种情形既可以被解释为 `IllegalArgumentException`（handSize 参数的值太大），也可以被解释为 `IllegalStateException`（纸牌对象包含的纸牌太少）。在这种情况下，如果没有可用的参数值，就抛出 `IllegalStateException`，否则就抛出 `IllegalArgumentException`。

第 73 条：抛出与抽象对应的异常

如果方法抛出的异常与它所执行的任务没有明显的联系，这种情形将会使人不知所措。当方法传递由低层抽象抛出的异常时，往往会发生这种情况。除了使人感到困惑之外，这也"污染"了具有实现细节的更高层的 API。如果高层的实现在后续的发行版本中发生了变化，它所抛出的异常也可能会跟着发生变化，从而潜在地破坏现有的客户端程序。

为了避免这个问题，更高层的实现应该捕获低层的异常，同时抛出可以按照高层抽象进行解释的异常。这种做法称为异常转译（exception translation），如下代码所示：

```
// Exception Translation
try {
    ... // Use lower-level abstraction to do our bidding
} catch (LowerLevelException e) {
    throw new HigherLevelException(...);
}
```

下面的异常转译例子取自于 AbstractSequentialList 类，该类是 List 接口的一个骨架实现（skeletal implementation），详见第 20 条。在这个例子中，按照 List<E> 接口中 get 方法的规范要求，异常转译是必需的：

```
/**
 * Returns the element at the specified position in this list.
 * @throws IndexOutOfBoundsException if the index is out of range
 *         ({@code index < 0 || index >= size()}).
 */
public E get(int index) {
    ListIterator<E> i = listIterator(index);
    try {
        return i.next();
    } catch (NoSuchElementException e) {
        throw new IndexOutOfBoundsException("Index: " + index);
    }
}
```

一种特殊的异常转译形式称为异常链（exception chaining），如果低层的异常对于调试导致高层异常的问题非常有帮助，使用异常链就很合适。低层的异常（原因）被传到高层的异常，高层的异常提供访问方法（Throwable 的 getCause 方法）来获得低层的异常：

```
// Exception Chaining
try {
    ... // Use lower-level abstraction to do our bidding
} catch (LowerLevelException cause) {
    throw new HigherLevelException(cause);
}
```

高层异常的构造器将原因传到支持链（chaining-aware）的超级构造器，因此它最终将被传给 Throwable 的其中一个运行异常链的构造器，例如 Throwable(Throwable)：

```java
// Exception with chaining-aware constructor
class HigherLevelException extends Exception {
    HigherLevelException(Throwable cause) {
        super(cause);
    }
}
```

大多数标准的异常都有支持链的构造器。对于没有支持链的异常，可以利用 Throwable 的 initCause 方法设置原因。异常链不仅让你可以通过程序（用 getCause）访问原因，还可以将原因的堆栈轨迹集成到更高层的异常中。

尽管异常转译与不加选择地从低层传递异常的做法相比有所改进，但是也不能滥用它。如有可能，处理来自低层异常的最好做法是，在调用低层方法之前确保它们会成功执行，从而避免它们抛出异常。有时候，可以在给低层传递参数之前，检查更高层方法的参数的有效性，从而避免低层方法抛出异常。

如果无法阻止来自低层的异常，其次的做法是，让更高层来悄悄地处理这些异常，从而将高层方法的调用者与低层的问题隔离开来。在这种情况下，可以用某种适当的记录机制（如 java.util.logging）将异常记录下来。这样有助于管理员调查问题，同时又将客户端代码和最终用户与问题隔离开来。

总而言之，如果不能阻止或者处理来自更低层的异常，一般的做法是使用异常转译，只有在低层方法的规范碰巧可以保证"它所抛出的所有异常对于更高层也是合适的"情况下，才可以将异常从低层传播到高层。异常链对高层和低层异常都提供了最佳的功能：它允许抛出适当的高层异常，同时又能捕获低层的原因进行失败分析（详见第 75 条）。

第 74 条：每个方法抛出的所有异常都要建立文档

描述一个方法所抛出的异常，是正确使用这个方法时所需文档的重要组成部分。因此，花点时间仔细地为每个方法抛出的异常建立文档是特别重要的。

始终要单独地声明受检异常，并且利用 Javadoc 的 @throws 标签，准确地记录下抛出每个异常的条件。如果一个公有方法可能抛出多个异常类，则不要使用"快捷方式"声明它会抛出这些异常类的某个超类。永远不要声明一个公有方法直接"throws Exception"，或者更糟糕的是声明它直接"throws Throwable"，这是非常极端的例子。这样的声明不仅没有为程序员提供关于"这个方法能够抛出哪些异常"的任何指导信息，而且大大地妨碍了该方法的使用，因为它实际上掩盖了该方法在同样的执行环境下可能抛出的任何其他异常。这条建议有一个例外，就是 main 方法，它可以被安全地声明抛出 Exception，因为它只通过虚拟机调用。

　　虽然 Java 语言本身并没有要求程序员为一个方法声明它可能会抛出的未受检异常，但是，如同受检异常一样，仔细地为它们建立文档是非常明智的。未受检异常通常代表编程上的错误（详见第 70 条），让程序员了解所有这些错误都有助于帮助他们避免犯同样的错误。对于方法可能抛出的未受检异常，如果将这些异常信息很好地组织成列表文档，就可以有效地描述出这个方法被成功执行的前提条件。每个方法的文档应该描述它的前提条件（详见第 56 条），这是很重要的，在文档中记录下未受检异常是满足前提条件的最佳做法。

　　对于接口中的方法，在文档中记录下它可能抛出的未受检异常显得尤为重要。这份文档构成了该接口的通用约定（general contract）的一部分，它指定了该接口的多个实现必须遵循的公共行为。

　　使用 Javadoc 的 @throws 标签记录下一个方法可能抛出的每个未受检异常，但是不要使用 throws 关键字将未受检的异常包含在方法的声明中。使用 API 的程序员必须知道哪些异常是需要受检的，哪些是不需要受检的，因为他们有责任区分这两种情形。当缺少由 throws 声明产生的方法标头时，由 Javadoc 的 @throws 标签所产生的文档就会提供明显的提示信息，以帮助程序员区分受检异常和未受检异常。

　　应该注意的是，为每个方法可能抛出的所有未受检异常建立文档是很理想的，但是在实践中并非总能做到这一点。当类被修订之后，如果有个导出方法被修改了，它将会抛出额外的未受检异常，这不算违反源代码或者二进制兼容性。假设一个类调用了另一个独立编写的类中的方法。第一个类的编写者可能会为每个方法抛出的未受检异常仔细地建立文档，但是，如果第二个类被修订了，抛出了额外的未受检异常，很有可能第一个类（它并没有被修订）就会把新的未受检异常传播出去，尽管它并没有声明这些异常。

　　如果一个类中的许多方法出于同样的原因而抛出同一个异常，在该类的文档注释中对这个异常建立文档，这是可以接受的，而不是为每个方法单独建立文档。一个常见的例子是 NullPointerException。若类的文档注释中有这样的描述："All methods in this class throw a NullPointerException if a null object reference is passed in any parameter"（如果 null 对象引用被传递到任何一个参数中，这个类中的所有方法都会抛出 NullPointerException），或者有其他类似的语句，这是可以的。

　　总而言之，要为你编写的每个方法所能抛出的每个异常建立文档。对于未受检异常和受检异常，以及抽象的方法和具体的方法一概如此。这个文档在文档注释中应当采用 @throws 标签的形式。要在方法的 throws 子句中为每个受检异常提供单独的声明，但是不要声明未受检的异常。如果没有为可以抛出的异常建立文档，其他人就很难或者根本不可能有效地使用你的类和接口。

第 75 条：在细节消息中包含失败 – 捕获信息

当程序由于未被捕获的异常而失败的时候，系统会自动地打印出该异常的堆栈轨迹。在堆栈轨迹中包含该异常的字符串表示法（string representation），即它的 `toString` 方法的调用结果。它通常包含该异常的类名，紧随其后的是细节消息（detail message）。通常，这只是程序员或者网站可靠性工程师在调查软件失败原因时必须检查的信息。如果失败的情形不容易重现，要想获得更多的信息会非常困难，甚至是不可能的。因此，异常类型的 `toString` 方法应该尽可能多地返回有关失败原因的信息，这一点特别重要。换句话说，异常的字符串表示法应该捕获失败，以便于后续进行分析。

为了捕获失败，异常的细节信息应该包含"对该异常有贡献"的所有参数和域的值。例如，`IndexOutOfBoundsException` 异常的细节消息应该包含下界、上界以及没有落在界内的下标值。该细节消息提供了许多关于失败的信息。这三个值中任何一个或者全部都有可能是错的。实际的下标值可能小于下界或等于上界（"越界错误"），或者它可能是个无效值，太小或太大。下界也有可能大于上界（严重违反内部约束条件的一种情况）。每一种情形都代表了不同的问题，如果程序员知道应该去查找哪种错误，就可以极大地加速诊断过程。

对安全敏感的信息有一条忠告。由于在诊断和修正软件问题的过程中，许多人都可以看见堆栈轨迹，因此千万不要在细节消息中包含密码、密钥以及类似的信息！

虽然在异常的细节消息中包含所有相关的数据是非常重要的，但是包含大量的描述信息往往没有什么意义。堆栈轨迹的用途是与源文件结合起来进行分析，它通常包含抛出该异常的确切文件和行数，以及堆栈中所有其他方法调用所在的文件和行数。关于失败的冗长描述信息通常是不必要的，这些信息可以通过阅读源代码而获得。

异常的细节消息不应该与"用户层次的错误消息"混为一谈，后者对于最终用户而言必须是可理解的。与用户层次的错误消息不同，异常的字符串表示法主要是让程序员或者网站可靠性工程师用来分析失败的原因。因此，信息的内容比可读性要重要得多。用户层次的错误消息经常被本地化，而异常的细节消息则几乎没有被本地化。

为了确保在异常的细节消息中包含足够的失败 – 捕捉信息，一种办法是在异常的构造器而不是字符串细节消息中引入这些信息。然后，有了这些信息，只要把它们放到消息描述中，就可以自动产生细节消息。例如，`IndexOutOfBoundsException` 使用如下构造器代替 `String` 构造器：

```
/**
 * Constructs an IndexOutOfBoundsException.
 *
 * @param lowerBound the lowest legal index value
 * @param upperBound the highest legal index value plus one
```

```
 * @param index        the actual index value
 */
public IndexOutOfBoundsException(int lowerBound, int upperBound,
                                 int index) {
    // Generate a detail message that captures the failure
    super(String.format(
            "Lower bound: %d, Upper bound: %d, Index: %d",
            lowerBound, upperBound, index));

    // Save failure information for programmatic access
    this.lowerBound = lowerBound;
    this.upperBound = upperBound;
    this.index = index;
}
```

从 Java 9 开始，`IndexOutOfBoundsException` 终于获得了一个构造器，它可以带一个类型为 `int` 的 `index` 参数值，但遗憾的是，它删去了 `lowerBound` 和 `upperBound` 参数。更通俗地说，Java 平台类库并没有广泛地使用这种做法，但是，这种做法仍然值得大力推荐。它使程序员更加易于抛出异常以捕获失败。实际上，这种做法使程序员不想捕获失败都难！这种做法可以有效地把代码集中起来放在异常类中，由这些代码对异常类自身中的异常产生高质量的细节消息，而不是要求类的每个用户都多余地产生细节消息。

正如第 70 条中所建议的，为异常的失败 - 捕获信息（在上述例子中为 `lowerBound`、`upperBound` 和 `index`）提供一些访问方法是合适的。提供这样的访问方法对受检的异常，比对未受检异常更为重要，因为失败 - 捕获信息对于从失败中恢复是非常有用的。程序员希望通过程序的手段来访问未受检异常的细节，这很少见（尽管也是可以想象的）。然而，即使对于未受检异常，作为一般原则提供这些访问方法也是明智的（详见第 12 条）。

第 76 条：努力使失败保持原子性

当对象抛出异常之后，通常我们期望这个对象仍然保持在一种定义良好的可用状态之中，即使失败是发生在执行某个操作的过程中间。对于受检异常而言，这尤为重要，因为调用者期望能从这种异常中进行恢复。一般而言，失败的方法调用应该使对象保持在被调用之前的状态。具有这种属性的方法被称为具有失败原子性（failure atomic）。

有几种途径可以实现这种效果。最简单的办法莫过于设计一个不可变的对象（详见第 17 条）。如果对象是不可变的，失败原子性就是显然的。如果一个操作失败了，它可能会阻止创建新的对象，但是永远也不会使已有的对象保持在不一致的状态之中，因为当每个对象被创建之后它就处于一致的状态之中，以后也不会再发生变化。

对于在可变对象上执行操作的方法，获得失败原子性最常见的办法是，在执行操作之前检查参数的有效性（详见第 49 条）。这可以使得在对象的状态被修改之前，先抛出适当的异常。比如，以第 7 条中的 `Stack.pop` 方法为例：

```
public Object pop() {
    if (size == 0)
        throw new EmptyStackException();
    Object result = elements[--size];
    elements[size] = null; // Eliminate obsolete reference
    return result;
}
```

如果取消对初始大小（size）的检查，当这个方法企图从一个空栈中弹出元素时，它仍然会抛出异常。然而，这将会导致 size 域保持在不一致的状态（负数）之中，从而导致将来对该对象的任何方法调用都会失败。此外，那时，pop 方法抛出的 `ArrayIndexOutOfBounds-Exception` 异常对于该抽象来说也是不恰当的（详见第 73 条）。

一种类似的获得失败原子性的办法是，调整计算处理过程的顺序，使得任何可能会失败的计算部分都在对象状态被修改之前发生。如果对参数的检查只有在执行了部分计算之后才能进行，这种办法实际上就是上一种办法的自然扩展。比如，以 TreeMap 的情形为例，它的元素被按照某种特定的顺序做了排序。为了向 TreeMap 中添加元素，该元素的类型就必须是可以利用 TreeMap 的排序准则与其他元素进行比较的。如果企图增加类型不正确的元素，在 tree 以任何方式被修改之前，自然会导致 `ClassCastException` 异常。

第三种获得失败原子性的办法是，在对象的一份临时拷贝上执行操作，当操作完成之后再用临时拷贝中的结果代替对象的内容。如果数据保存在临时的数据结构中，计算过程会更加迅速，使用这种办法就是件很自然的事。例如，有些排序函数会在执行排序之前，先把它的输入列表备份到一个数组中，以便降低在排序的内循环中访问元素所需要的开销。这是出于性能考虑的做法，但是，它增加了一项优势：即使排序失败，它也能保证输入列表保持原样。

最后一种获得失败原子性的办法远远没有那么常用，做法是编写一段恢复代码（recovery code），由它来拦截操作过程中发生的失败，以及使对象回滚到操作开始之前的状态上。这种办法主要用于永久性的（基于磁盘的）数据结构。

虽然一般情况下都希望实现失败原子性，但并非总是可以做到。举个例子，如果两个线程企图在没有适当的同步机制的情况下，并发地修改同一个对象，这个对象就有可能被留在不一致的状态之中。因此，在捕获了 `ConcurrentModificationException` 异常之后再假设对象仍然是可用的，这就是不正确的。错误通常是不可恢复的，因此，当方法抛出 `AssertionError` 时，不需要努力去保持失败原子性。

即使在可以实现失败原子性的场合，它也并不总是人们所期望的。对于某些操作，它会显著地增加开销或者复杂性。也就是说，一旦了解了这个问题，获得失败原子性往往既简单又容易。

总而言之，作为方法规范的一部分，它产生的任何异常都应该让对象保持在调用该方法之前的状态。如果违反这条规则，API 文档就应该清楚地指明对象将会处于什么样的状态。遗憾的是，大量现有的 API 文档都未能做到这一点。

第 77 条：不要忽略异常

尽管这条建议看上去是显而易见的，但是它却常常被违反，因而值得再次提出来。当 API 的设计者声明一个方法将抛出某个异常的时候，他们等于正在试图说明某些事情。所以，请不要忽略它！要忽略一个异常非常容易，只需将方法调用通过 try 语句包围起来，并包含一个空的 catch 块：

```
// Empty catch block ignores exception - Highly suspect!
try {
    ...
} catch (SomeException e) {
}
```

空的 catch 块会使异常达不到应有的目的，即强迫你处理异常的情况。忽略异常就如同忽略火警信号一样——如果把火警信号器关掉了，当真正有火灾发生时，就没有人能看到火警信号了。或许你会侥幸逃过劫难，或许结果将是灾难性的。每当见到空的 catch 块时，应该让警钟长鸣。

有些情形可以忽略异常。比如，关闭 FileInputStream 的时候。因为你还没有改变文件的状态，因此不必执行任何恢复动作，并且已经从文件中读取到所需要的信息，因此不必终止正在进行的操作。即使在这种情况下，把异常记录下来还是明智的做法，因为如果这些异常经常发生，你就可以调查异常的原因。如果选择忽略异常，catch 块中应该包含一条注释，说明为什么可以这么做，并且变量应该命名为 ignored：

```
Future<Integer> f = exec.submit(planarMap::chromaticNumber);
int numColors = 4; // Default; guaranteed sufficient for any map
try {
    numColors = f.get(1L, TimeUnit.SECONDS);
} catch (TimeoutException | ExecutionException ignored) {
    // Use default: minimal coloring is desirable, not required
}
```

本条目中的建议同样适用于受检异常和未受检异常。不管异常代表了可预见的异常条件，还是编程错误，用空的 catch 块忽略它，都将导致程序在遇到错误的情况下悄然地执行下去。然后，有可能在将来的某个点上，当程序不能再容忍与错误源明显相关的问题时，它就会失败。正确地处理异常能够彻底避免失败。只要将异常传播给外界，至少会导致程序迅速失败，从而保留了有助于调试该失败条件的信息。

并　发

线程机制允许同时进行多个活动。并发程序设计比单线程程序设计要困难得多，因为有更多的东西可能出错，也很难重现失败。但是你无法避免并发，因为我们所做的大部分事情都需要并发，而且并发也是能否从多核的处理器中获得好的性能的一个条件，这些现在都是很平常的事了。本章阐述的建议可以帮助你编写出清晰、正确、文档组织良好的并发程序。

第 78 条：同步访问共享的可变数据

关键字 synchronized 可以保证在同一时刻，只有一个线程可以执行某一个方法，或者某一个代码块。许多程序员把同步的概念仅仅理解为一种互斥（mutual exclusion）的方式，即，当一个对象被一个线程修改的时候，可以阻止另一个线程观察到对象内部不一致的状态。按照这种观点，对象被创建的时候处于一致的状态（详见第 17 条），当有方法访问它的时候，它就被锁定了。这些方法观察到对象的状态，并且可能会引起状态转变（state transition），即把对象从一种一致的状态转换到另一种一致的状态。正确地使用同步可以保证没有任何方法会看到对象处于不一致的状态中。

这种观点是正确的，但是它并没有说明同步的全部意义。如果没有同步，一个线程的变化就不能被其他线程看到。同步不仅可以阻止一个线程看到对象处于不一致的状态之中，它还可以保证进入同步方法或者同步代码块的每个线程，都能看到由同一个锁保护的之前所有的修改效果。

Java 语言规范保证读或者写一个变量是原子的（atomic），除非这个变量的类型为 `long` 或者 `double`[JLS，17.4，17.7]。换句话说，读取一个非 `long` 或 `double` 类型的变量，可以保证返回值是某个线程保存在该变量中的，即使多个线程在没有同步的情况下并发地修改这个变量也是如此。

你可能听说过，为了提高性能，在读或写原子数据的时候，应该避免使用同步。这个建议是非常危险而错误的。虽然语言规范保证了线程在读取原子数据的时候，不会看到任意的数值，但是它并不保证一个线程写入的值对于另一个线程将是可见的。为了在线程之间进行可靠的通信，也为了互斥访问，同步是必要的。这归因于 Java 语言规范中的内存模型（memory model），它规定了一个线程所做的变化何时以及如何变成对其他线程可见 [JLS，17.4; Goetz06, 16]。

如果对共享的可变数据的访问不能同步，其后果将非常可怕，即使这个变量是原子可读写的。以下面这个阻止一个线程妨碍另一个线程的任务为例。Java 的类库中提供了 `Thread.stop` 方法，但是在很久以前就不提倡使用该方法了，因为它本质上是不安全的——使用它会导致数据遭到破坏。千万不要使用 `Thread.stop` 方法。要阻止一个线程妨碍另一个线程，建议的做法是让第一个线程轮询（poll）一个 `boolean` 域，这个域一开始为 `false`，但是可以通过第二个线程设置为 `true`，以表示第一个线程将终止自己。由于 `boolean` 域的读和写操作都是原子的，程序员在访问这个域的时候不再需要使用同步：

```java
// Broken! - How long would you expect this program to run?
public class StopThread {
    private static boolean stopRequested;

    public static void main(String[] args)
            throws InterruptedException {
        Thread backgroundThread = new Thread(() -> {
            int i = 0;
            while (!stopRequested)
                i++;
        });
        backgroundThread.start();

        TimeUnit.SECONDS.sleep(1);
        stopRequested = true;
    }
}
```

你可能期待这个程序运行大约一秒钟左右，之后主线程将 `stopRequested` 设置为 `true`，致使后台线程的循环终止。但是在我的机器上，这个程序永远不会终止：因为后台线程永远在循环！

问题在于，由于没有同步，就不能保证后台线程何时"看到"主线程对 `stopRequested`

的值所做的改变。没有同步，虚拟机将以下代码：

```
while (!stopRequested)
    i++;
```

转变成这样：

```
if (!stopRequested)
    while (true)
        i++;
```

这种优化称作提升（hoisting），正是 OpenJDK Server VM 的工作。结果是一个活性失败（liveness failure）：这个程序并没有得到提升。修正这个问题的一种方式是同步访问 stop-Requested 域。这个程序会如预期般在大约一秒之内终止：

```
// Properly synchronized cooperative thread termination
public class StopThread {
    private static boolean stopRequested;

    private static synchronized void requestStop() {
        stopRequested = true;
    }

    private static synchronized boolean stopRequested() {
        return stopRequested;
    }

    public static void main(String[] args)
            throws InterruptedException {
        Thread backgroundThread = new Thread(() -> {
            int i = 0;
            while (!stopRequested())
                i++;
        });
        backgroundThread.start();

        TimeUnit.SECONDS.sleep(1);
        requestStop();
    }
}
```

注意写方法（requestStop）和读方法（stopRequested）都被同步了。只同步写方法还不够！除非读和写操作都被同步，否则无法保证同步能起作用。有时候，会在某些机器上看到只同步了写（或读）操作的程序看起来也能正常工作，但是在这种情况下，表象具有很大的欺骗性。

StopThread 中被同步方法的动作即使没有同步也是原子的。换句话说，这些方法的同步只是为了它的通信效果，而不是为了互斥访问。虽然循环的每个迭代中的同步开销很小，还是有其他更正确的替代方法，它更加简洁，性能也可能更好。如果 stopRequested 被声明为 volatile，第二种版本的 StopThread 中的锁就可以省略。虽然 volatile 修饰符不执行互斥访问，但它可以保证任何一个线程在读取该域的时候都将看到最近刚刚被写入的值：

```java
// Cooperative thread termination with a volatile field
public class StopThread {
    private static volatile boolean stopRequested;

    public static void main(String[] args)
            throws InterruptedException {
        Thread backgroundThread = new Thread(() -> {
            int i = 0;
            while (!stopRequested)
                i++;
        });
        backgroundThread.start();

        TimeUnit.SECONDS.sleep(1);
        stopRequested = true;
    }
}
```

在使用 volatile 的时候务必要小心。以下面的方法为例，假设它要产生序列号：

```java
// Broken - requires synchronization!
private static volatile int nextSerialNumber = 0;

public static int generateSerialNumber() {
    return nextSerialNumber++;
}
```

这个方法的目的是要确保每个调用都返回不同的值（只要不超过 2^{32} 个调用）。这个方法的状态只包含一个可原子访问的域：nextSerialNumber，这个域的所有可能的值都是合法的。因此，不需要任何同步来保护它的约束条件。然而，如果没有同步，这个方法仍然无法正确地工作。

问题在于，增量操作符 (++) 不是原子的。它在 nextSerialNumber 域中执行两项操作：首先它读取值，然后写回一个新值，相当于原来的值再加上 1。如果第二个线程在第一个线程读取旧值和写回新值期间读取这个域，第二个线程就会与第一个线程一起看到同一个值，并返回相同的序列号。这就是安全性失败（safety failure）：这个程序会计算出错误的结果。

修正 generateSerialNumber 方法的一种方法是在它的声明中增加 synchronized 修饰符。这样可以确保多个调用不会交叉存取，确保每个调用都会看到之前所有调用的效果。一旦这么做，就可以且应该从 nextSerialNumber 中删除 volatile 修饰符。为了保护这个方法，要用 long 代替 int，或者在 nextSerialNumber 要进行包装时抛出异常。

最好还是遵循第 59 条中的建议，使用 AtomicLong 类，它是 java.util.concurrent.atomic 的组成部分。这个包为在单个变量上进行免锁定、线程安全的编程提供了基本类型。虽然 volatile 只提供了同步的通信效果，但这个包还提供了原子性。这正是你想让 generateSerialNumber 完成的工作，并且它可能比同步版本完成得更好：

```
// Lock-free synchronization with java.util.concurrent.atomic
private static final AtomicLong nextSerialNum = new AtomicLong();

public static long generateSerialNumber() {
    return nextSerialNum.getAndIncrement();
}
```

避免本条目中所讨论到的问题的最佳办法是不共享可变的数据。要么共享不可变的数据（详见第 17 条），要么压根不共享。换句话说，将可变数据限制在单个线程中。如果采用这一策略，对它建立文档就很重要，以便它可以随着程序的发展而得到维护。深刻地理解正在使用的框架和类库也很重要，因为它们引入了你不知道的线程。

让一个线程在短时间内修改一个数据对象，然后与其他线程共享，这是可以接受的，它只同步共享对象引用的动作。然后其他线程没有进一步的同步也可以读取对象，只要它没有再被修改。这种对象被称作高效不可变（effectively immutable）[Goetz06, 3.5.4]。将这种对象引用从一个线程传递到其他的线程被称作安全发布（safe publication）[Goetz06, 3.5.3]。安全发布对象引用有许多种方法：可以将它保存在静态域中，作为类初始化的一部分；可以将它保存在 volatile 域、final 域或者通过正常锁定访问的域中；或者可以将它放到并发的集合中（详见第 81 条）。

总而言之，当多个线程共享可变数据的时候，每个读或者写数据的线程都必须执行同步。如果没有同步，就无法保证一个线程所做的修改可以被另一个线程获知。未能同步共享可变数据会造成程序的活性失败（liveness failure）和安全性失败（safety failure）。这样的失败是最难调试的。它们可能是间歇性的，且与时间相关，程序的行为在不同的虚拟机上可能根本不同。如果只需要线程之间的交互通信，而不需要互斥，volatile 修饰符就是一种可以接受的同步形式，但要正确地使用它可能需要一些技巧。

第 79 条：避免过度同步

第 78 条告诫过我们缺少同步的危险性。本条目则关注相反的问题。依据情况的不同，过度同步则可能导致性能降低、死锁，甚至不确定的行为。

为了避免活性失败和安全性失败，在一个被同步的方法或者代码块中，永远不要放弃对客户端的控制。换句话说，在一个被同步的区域内部，不要调用设计成被覆盖的方法，或者是由客户端以函数对象的形式提供的方法（详见第 24 条）。从包含该同步区域的类的角度来看，这样的方法是外来的（alien）。这个类不知道该方法会做什么事情，也无法控制它。根据外来方法的作用，从同步区域中调用它会导致异常、死锁或者数据损坏。

为了对这个过程进行更具体的说明，以下面的类为例，它实现了一个可以观察到的集合包装（set wrapper）。该类允许客户端在将元素添加到集合中时预订通知。这就是观察者（Observer）模式 [Gamma95]。为了简洁起见，类在从集合中删除元素时没有提供通知，但要提供通知也是一件很容易的事情。这个类是在第 18 条中可重用的 ForwardingSet 上实现的：

```java
// Broken - invokes alien method from synchronized block!
public class ObservableSet<E> extends ForwardingSet<E> {
    public ObservableSet(Set<E> set) { super(set); }

    private final List<SetObserver<E>> observers
            = new ArrayList<>();

    public void addObserver(SetObserver<E> observer) {
        synchronized(observers) {
            observers.add(observer);
        }
    }

    public boolean removeObserver(SetObserver<E> observer) {
        synchronized(observers) {
            return observers.remove(observer);
        }
    }

    private void notifyElementAdded(E element) {
        synchronized(observers) {
            for (SetObserver<E> observer : observers)
                observer.added(this, element);
        }
    }

    @Override public boolean add(E element) {
        boolean added = super.add(element);
        if (added)
            notifyElementAdded(element);
        return added;
    }

    @Override public boolean addAll(Collection<? extends E> c) {
        boolean result = false;
        for (E element : c)
            result |= add(element);  // Calls notifyElementAdded
        return result;
    }
}
```

观察者通过调用 addObserver 方法预订通知，通过调用 removeObserver 方法取消预订。在这两种情况下，这个回调（callback）接口的实例都会被传递给方法：

```java
@FunctionalInterface public interface SetObserver<E> {
    // Invoked when an element is added to the observable set
    void added(ObservableSet<E> set, E element);
}
```

这个接口的结构与 BiConsumer<ObservableSet<E>,E> 一样。我们选择定义一个定制的函数接口，因为该接口和方法名称可以提升代码的可读性，且该接口可以发展整合多个回调。也就是说，还可以设置合理的参数来使用 BiConsumer（详见第 44 条）。

如果只是粗略地检验一下，ObservableSet 会显得很正常。例如，下面的程序打印出 0～99 的数字：

```
public static void main(String[] args) {
    ObservableSet<Integer> set =
            new ObservableSet<>(new HashSet<>());

    set.addObserver((s, e) -> System.out.println(e));

    for (int i = 0; i < 100; i++)
        set.add(i);
}
```

现在我们来尝试一些更复杂点的例子。假设我们用一个 addObserver 调用来代替这个调用，用来替换的那个 addObserver 调用传递了一个打印 Integer 值的观察者，这个值被添加到该集合中，如果值为 23，这个观察者要将自身删除：

```
set.addObserver(new SetObserver<>() {
    public void added(ObservableSet<Integer> s, Integer e) {
        System.out.println(e);
        if (e == 23)
            s.removeObserver(this);
    }
});
```

注意，这个调用以一个匿名类 SetObserver 实例代替了前一个调用中使用的 lambda。这是因为函数对象需要将自身传给 s.removeObserver，而 lambda 则无法访问它们自己（详见第 42 条）。

你可能以为这个程序会打印数字 0～23，之后观察者会取消预订，程序会悄悄地完成它的工作。实际上却是打印出数字 0～23，然后抛出 ConcurrentModificationException。问题在于，当 notifyElementAdded 调用观察者的 added 方法时，它正处于遍历 observers 列表的过程中。added 方法调用可观察集合的 removeObserver 方法，从而调用 observers.remove。现在我们有麻烦了。我们正企图在遍历列表的过程中，将一个元素从列表中删除，这是非法的。notifyElementAdded 方法中的迭代是在一个同步的块中，可以防止并发的修改，但是无法防止迭代线程本身回调到可观察的集合中，也无法防止修改它的 observers 列表。

现在我们要尝试一些比较奇特的例子：我们来编写一个试图取消预订的观察者，但是不直接调用 removeObserver，它用另一个线程的服务来完成。这个观察者使用了一个 executor service（详见第 80 条）：

```
// Observer that uses a background thread needlessly
set.addObserver(new SetObserver<>() {
    public void added(ObservableSet<Integer> s, Integer e) {
        System.out.println(e);
        if (e == 23) {
```

```
    ExecutorService exec =
        Executors.newSingleThreadExecutor();
    try {
        exec.submit(() -> s.removeObserver(this)).get();
    } catch (ExecutionException | InterruptedException ex) {
        throw new AssertionError(ex);
    } finally {
        exec.shutdown();
    }
        }
    }
});
```

顺便提一句，注意看这个程序在一个 catch 子句中捕获了两个不同的异常类型。这个机制是在 Java 7 中增加的，不太正式地称之为多重捕获（multi-catch）。它可以极大地提升代码的清晰度，行为与多异常类型相同的程序，其篇幅可以大幅减少。

运行这个程序时，没有遇到异常，而是遭遇了死锁。后台线程调用 s.removeObserver，它企图锁定 observers，但它无法获得该锁，因为主线程已经有锁了。在这期间，主线程一直在等待后台线程来完成对观察者的删除，这正是造成死锁的原因。

这个例子是刻意编写用来示范的，因为观察者实际上没理由使用后台线程，但这个问题却是真实的。从同步区域中调用外来方法，在真实的系统中已经造成了许多死锁，例如 GUI 工具箱。

在前面这两个例子中（异常和死锁），我们都还算幸运。调用外来方法（added）时，同步区域（observers）所保护的资源处于一致的状态。假设当同步区域所保护的约束条件暂时无效时，你要从同步区域中调用一个外来方法。由于 Java 程序设计语言中的锁是可重入的（reentrant），这种调用不会死锁。就像在第一个例子中一样，它会产生一个异常，因为调用线程已经有这个锁了，因此当该线程试图再次获得该锁时会成功，尽管概念上不相关的另一项操作正在该锁所保护的数据上进行着。这种失败的后果可能是灾难性的。从本质上来说，这个锁没有尽到它的职责。可重入的锁简化了多线程的面向对象程序的构造，但是它们可能会将活性失败变成安全性失败。

幸运的是，通过将外来方法的调用移出同步的代码块来解决这个问题通常并不太困难。对于 notifyElementAdded 方法，这还涉及给 observers 列表拍张"快照"，然后没有锁也可以安全地遍历这个列表了。经过这一修改，前两个例子运行起来便再也不会出现异常或者死锁了：

```
// Alien method moved outside of synchronized block - open calls
private void notifyElementAdded(E element) {
    List<SetObserver<E>> snapshot = null;
    synchronized(observers) {
        snapshot = new ArrayList<>(observers);
    }
    for (SetObserver<E> observer : snapshot)
        observer.added(this, element);
}
```

事实上，要将外来方法的调用移出同步的代码块，还有一种更好的方法。Java 类库提供了一个并发集合（concurrent collection），详见第 81 条，称作 `CopyOnWriteArrayList`，这是专门为此定制的。这个 `CopyOnWriteArrayList` 是 `ArrayList` 的一种变体，它通过重新拷贝整个底层数组，在这里实现所有的写操作。由于内部数组永远不改动，因此迭代不需要锁定，速度也非常快。如果大量使用，`CopyOnWriteArrayList` 的性能将大受影响，但是对于观察者列表来说却是很好的，因为它们几乎不改动，并且经常被遍历。

如果将这个列表改成使用 `CopyOnWriteArrayList`，就不必改动 `ObservableSet` 的 `add` 和 `addAll` 方法。下面是这个类的其余代码。注意其中并没有任何显式的同步：

```java
// Thread-safe observable set with CopyOnWriteArrayList
private final List<SetObserver<E>> observers =
        new CopyOnWriteArrayList<>();

public void addObserver(SetObserver<E> observer) {
    observers.add(observer);
}

public boolean removeObserver(SetObserver<E> observer) {
    return observers.remove(observer);
}

private void notifyElementAdded(E element) {
    for (SetObserver<E> observer : observers)
        observer.added(this, element);
}
```

在同步区域之外被调用的外来方法被称作"开放调用"（open call）[Goetz06, 10.1.4]。除了可以避免失败之外，开放调用还可以极大地增加并发性。外来方法的运行时间可能为任意时长。如果在同步区域内调用外来方法，其他线程对受保护资源的访问就会遭到不必要的拒绝。

通常来说，应该在同步区域内做尽可能少的工作。获得锁，检查共享数据，根据需要转换数据，然后释放锁。如果你必须要执行某个很耗时的动作，则应该设法把这个动作移到同步区域的外面，而不违背第 78 条中的指导方针。

本条目的第一部分是关于正确性的。接下来，我们要简单地讨论一下性能。虽然自 Java 平台早期以来，同步的成本已经下降了，但更重要的是，永远不要过度同步。在这个多核的时代，过度同步的实际成本并不是指获取锁所花费的 CPU 时间；而是指失去了并行的机会，以及因为需要确保每个核都有一个一致的内存视图而导致的延迟。过度同步的另一项潜在开销在于，它会限制虚拟机优化代码执行的能力。

如果正在编写一个可变的类，有两种选择：省略所有的同步，如果想要并发使用，就允许客户端在必要的时候从外部同步，或者通过内部同步，使这个类变成是线程安全的（详见第 82 条），你还可以因此获得明显比从外部锁定整个对象更高的并发性。`java.util` 中的集合（除了已经废弃的 `Vector` 和 `Hashtable` 之外）采用了前一种方法，而 `java.util.`

concurrent 中的集合则采用了后一种方法（详见第 81 条）。

在 Java 平台出现的早期，许多类都违背了这些指导方针。例如，StringBuffer 实例几乎总是被用于单个线程之中，而它们执行的却是内部同步。为此，StringBuffer 基本上都由 StringBuilder 代替，它是一个非同步的 StringBuffer。同样地，java.util.Random 中线程安全的伪随机数生成器，被 java.util.concurrent.ThreadLocalRandom 中非同步的实现取代，主要也是出于上述原因。当你不确定的时候，就不要同步类，而应该建立文档，注明它不是线程安全的。

如果你在内部同步了类，就可以使用不同的方法来实现高并发性，例如分拆锁、分离锁和非阻塞并发控制。这些方法都超出了本书的讨论范围，但有其他著作对此进行了阐述 [Goetz06, Herlihy12]。

如果方法修改了静态域，并且该方法很可能要被多个线程调用，那么也必须在内部同步对这个域的访问（除非这个类能够容忍不确定的行为）。多线程的客户端要在这种方法上执行外部同步是不可能的，因为其他不相关的客户端不需要同步也能调用该方法。域本质上就是一个全局变量，即使是私有的也一样，因为它可以被不相关的客户端读取和修改。第 78 条中的 generateSerialNumber 方法使用的 nextSerialNumber 域就是这样的一个例子。

总而言之，为了避免死锁和数据破坏，千万不要从同步区域内部调用外来方法。更通俗地讲，要尽量将同步区域内部的工作量限制到最少。当你在设计一个可变类的时候，要考虑一下它们是否应该自己完成同步操作。在如今这个多核的时代，这比永远不要过度同步来得更重要。只有当你有足够的理由一定要在内部同步类的时候，才应该这么做，同时还应该将这个决定清楚地写到文档中（详见第 82 条）。

第 80 条：executor、task 和 stream 优先于线程

本书第 1 版中阐述了简单的工作队列（work queue）[Bloch01，详见第 49 条] 的代码。这个类允许客户端按队列等待由后台线程异步处理的工作项目。当不再需要这个工作队列时，客户端可以调用一个方法，让后台线程在完成了已经在队列中的所有工作之后，优雅地终止自己。这个实现几乎就像一件玩具，但即使如此，它还是需要一整页精细的代码，一不小心，就容易出现安全问题或者导致活性失败。幸运的是，你再也不需要编写这样的代码了。

到本书第二版出版的时候，Java 平台中已经增加了 java.util.concurrent。这个包中包含了一个 Executor Framework，它是一个很灵活的基于接口的任务执行工具。它创建了一个在各方面都比本书第一版更好的工作队列，却只需要这一行代码：

```
ExecutorService exec = Executors.newSingleThreadExecutor();
```

下面是为执行而提交一个 runnable 的方法：

```
exec.execute(runnable);
```

下面是告诉 executor 如何优雅地终止（如果你没有这么做，虚拟机可能不会退出）：

```
exec.shutdown();
```

你可以利用 executor service 完成更多的工作。例如，可以等待完成一项特殊的任务（就如第 79 条中的 get 方法一样），你可以等待一个任务集合中的任何任务或者所有任务完成（利用 invokeAny 或者 invokeAll 方法），可以等待 executor service 优雅地完成终止（利用 awaitTermination 方法），可以在任务完成时逐个地获取这些任务的结果（利用 ExecutorCompletionService），可以调度在某个特殊的时间段定时运行或者阶段性地运行的任务（利用 ScheduledThreadPoolExecutor），等等。

如果想让不止一个线程来处理来自这个队列的请求，只要调用一个不同的静态工厂，这个工厂创建了一种不同的 executor service，称作线程池（thread pool）。你可以用固定或者可变数目的线程创建一个线程池。java.util.concurrent.Executors 类包含了静态工厂，能为你提供所需的大多数 executor。然而，如果你想来点特别的，可以直接使用 ThreadPoolExecutor 类。这个类允许你控制线程池操作的几乎每个方面。

为特殊的应用程序选择 executor service 是很有技巧的。如果编写的是小程序，或者是轻量负载的服务器，使用 Executors.newCachedThreadPool 通常是个不错的选择，因为它不需要配置，并且一般情况下能够正确地完成工作。但是对于大负载的服务器来说，缓存的线程池就不是很好的选择了！在缓存的线程池中，被提交的任务没有排成队列，而是直接交给线程执行。如果没有线程可用，就创建一个新的线程。如果服务器负载得太重，以致它所有的 CPU 都完全被占用了，当有更多的任务时，就会创建更多的线程，这样只会使情况变得更糟。因此，在大负载的产品服务器中，最好使用 Executors.newFixedThreadPool，它为你提供了一个包含固定线程数目的线程池，或者为了最大限度地控制它，就直接使用 ThreadPoolExecutor 类。

不仅应该尽量不要编写自己的工作队列，而且还应该尽量不直接使用线程。当直接使用线程时，Thread 是既充当工作单元，又是执行机制。在 Executor Framework 中，工作单元和执行机制是分开的。现在关键的抽象是工作单元，称作任务（task）。任务有两种：Runnable 及其近亲 Callable（它与 Runnable 类似，但它会返回值，并且能够抛出任意的异常）。执行任务的通用机制是 executor service。如果你从任务的角度来看问题，并让一个 executor service 替你执行任务，在选择适当的执行策略方面就获得了极大的灵活性。从本质上讲，Executor

Framework 所做的工作是执行，Collections Framework 所做的工作是聚合（aggregation）。

在 Java 7 中，Executor Framework 得到了扩展，它可以支持 fork-join 任务了，这些任务是通过一种称作 fork-join 池的特殊 executor 服务运行的。fork-join 任务用 `ForkJoinTask` 实例表示，可以被分成更小的子任务，包含 `ForkJoinPool` 的线程不仅要处理这些任务，还要从另一个线程中"偷"任务，以确保所有的线程保持忙碌，从而提高 CPU 使用率、提高吞吐量，并降低延迟。fork-join 任务的编写和调优是很有技巧的。并发的 stream（详见第 48 条）是在 fork join 池上编写的，我们不费什么力气就能享受到它们的性能优势，前提是假设它们正好适用于我们手边的任务。

Executor Framework 的完整处理方法超出了本书的讨论范围，但是有兴趣的读者可以参阅《Java Concurrency in Practice》一书 [Goetz06]。

第 81 条：并发工具优先于 wait 和 notify

本书第 1 版中专门用了一个条目来说明如何正确地使用 wait 和 notify（Bloch01，详见第 50 条）。它提出的建议仍然有效，并且在本条目的最后也对此做了概述，但是这条建议现在远远没有之前那么重要了。这是因为几乎没有理由再使用 wait 和 notify 了。自从 Java 5 发行版本开始，Java 平台就提供了更高级的并发工具，它们可以完成以前必须在 wait 和 notify 上手写代码来完成的各项工作。既然正确地使用 wait 和 notify 比较困难，就应该用更高级的并发工具来代替。

`java.util.concurrent` 中更高级的工具分成三类：Executor Framework、并发集合（Concurrent Collection）以及同步器（Synchronizer），Executor Framework 只在第 80 条中简单地提到过，并发集合和同步器将在本条目中进行简单的阐述。

并发集合为标准的集合接口（如 `List`、`Queue` 和 `Map`）提供了高性能的并发实现。为了提供高并发性，这些实现在内部自己管理同步（详见第 79 条）。因此，并发集合中不可能排除并发活动；将它锁定没有什么作用，只会使程序的速度变慢。

因为无法排除并发集合中的并发活动，这意味着也无法自动地在并发集合中组成方法调用。因此，有些并发集合接口已经通过依赖状态的修改操作（state-dependent modify operation）进行了扩展，它将几个基本操作合并到了单个原子操作中。事实证明，这些操作在并发集合中已经够用，它们通过缺省方法（详见第 21 条）被加到了 Java 8 对应的集合接口中。

例如，`Map` 的 `putIfAbsent(key, value)` 方法，当键没有映射时会替它插入一个映射，并返回与键关联的前一个值，如果没有这样的值，则返回 `null`。这样就能很容易地实现线程安全的标准 Map 了。例如，下面这个方法模拟了 `String.intern` 的行为：

```
// Concurrent canonicalizing map atop ConcurrentMap - not optimal
private static final ConcurrentMap<String, String> map =
        new ConcurrentHashMap<>();

public static String intern(String s) {
    String previousValue = map.putIfAbsent(s, s);
    return previousValue == null ? s : previousValue;
}
```

事实上，你还可以做得更好。ConcurrentHashMap 对获取操作（如 get）进行了优化。因此，只有当 get 表明有必要的时候，才值得先调用 get，再调用 putIfAbsent：

```
// Concurrent canonicalizing map atop ConcurrentMap - faster!
public static String intern(String s) {
    String result = map.get(s);
    if (result == null) {
        result = map.putIfAbsent(s, s);
        if (result == null)
            result = s;
    }
    return result;
}
```

ConcurrentHashMap 除了提供卓越的并发性之外，速度也非常快。在我的机器上，上面这个优化过的 intern 方法比 String.intern 快了不止 6 倍（但是记住，String.intern 必须使用某种弱引用，避免随着时间的推移而发生内存泄漏）。并发集合导致同步的集合大多被废弃了。比如，应该优先使用 ConcurrentHashMap，而不是使用 Collections.synchronizedMap。只要用并发 Map 替换同步 Map，就可以极大地提升并发应用程序的性能。

有些集合接口已经通过阻塞操作（blocking operation）进行了扩展，它们会一直等待（或者阻塞）到可以成功执行为止。例如，BlockingQueue 扩展了 Queue 接口，并添加了包括 take 在内的几个方法，它从队列中删除并返回了头元素，如果队列为空，就等待。这样就允许将阻塞队列用于工作队列（work queue），也称作生产者 - 消费者队列（producer-consumer queue），一个或者多个生产者线程（producer thread）在工作队列中添加工作项目，并且当工作项目可用时，一个或者多个消费者线程（consumer thread）则从工作队列中取出队列并处理工作项目。不出所料，大多数 ExecutorService 实现（包括 ThreadPoolExecutor）都使用了一个 BlockingQueue（详见第 80 条）。

同步器（Synchronizer）是使线程能够等待另一个线程的对象，允许它们协调动作。最常用的同步器是 CountDownLatch 和 Semaphore。较不常用的是 CyclicBarrier 和 Exchanger。功能最强大的同步器是 Phaser。

倒计数锁存器（Countdown Latch）是一次性的障碍，允许一个或者多个线程等待一个或者多个其他线程来做某些事情。CountDownLatch 的唯一构造器带有一个 int 类型的参数，这个 int 参数是指允许所有在等待的线程被处理之前，必须在锁存器上调用 countDown 方法的次数。

要在这个简单的基本类型之上构建一些有用的东西，做起来是相当容易。例如，假设想要构建一个简单的框架，用来给一个动作的并发执行定时。这个框架中只包含单个方法，该方法带有一个执行该动作的 executor，一个并发级别（表示要并发执行该动作的次数），以及表示该动作的 runnable。所有的工作线程（worker thread）自身都准备好，要在 timer 线程启动时钟之前运行该动作。当最后一个工作线程准备好运行该动作时，timer 线程就"发起头炮"，同时允许工作线程执行该动作。一旦最后一个工作线程执行完该动作，timer 线程就立即停止计时。直接在 wait 和 notify 之上实现这个逻辑会很混乱，而在 CountDownLatch 之上实现则相当简单：

```java
// Simple framework for timing concurrent execution
public static long time(Executor executor, int concurrency,
        Runnable action) throws InterruptedException {
    CountDownLatch ready = new CountDownLatch(concurrency);
    CountDownLatch start = new CountDownLatch(1);
    CountDownLatch done  = new CountDownLatch(concurrency);

    for (int i = 0; i < concurrency; i++) {
        executor.execute(() -> {
            ready.countDown(); // Tell timer we're ready
            try {
                start.await(); // Wait till peers are ready
                action.run();
            } catch (InterruptedException e) {
                Thread.currentThread().interrupt();
            } finally {
                done.countDown();  // Tell timer we're done
            }
        });
    }

    ready.await();     // Wait for all workers to be ready
    long startNanos = System.nanoTime();
    start.countDown(); // And they're off!
    done.await();      // Wait for all workers to finish
    return System.nanoTime() - startNanos;
}
```

注意这个方法使用了三个倒计数锁存器。第一个是 ready，工作线程用它来告诉 timer 线程它们已经准备好了。然后工作线程在第二个锁存器 start 上等待。当最后一个工作线程调用 ready.countDown 时，timer 线程记录下起始时间，并调用 start.countDown，允许所有的工作线程继续进行。然后 timer 线程在第三个锁存器 done 上等待，直到最后一个工作线程运行完该动作，并调用 done.countDown。一旦调用这个，timer 线程就会苏醒过来，并记录下结束的时间。

还有一些细节值得注意。传递给 time 方法的 executor 必须允许创建至少与指定并发级别一样多的线程，否则这个测试就永远不会结束。这就是线程饥饿死锁（thread starvation deadlock）[Goetz06 8.1.1]。如果工作线程捕捉到 InterruptedException，就会利用习惯用法 Thread.currentThread().interrupt() 重新断言中断，并从它的 run 方法中返回。这样就允许 executor 在必要的时候处理中断，事实上也理应如此。注意，我们利用了 System.nanoTime 来给活动定时。对于间歇式的定时，始终应该优先使用 System.nanoTime，而不是使用 System.currentTimeMillis。因为 System.nanoTime 更准确，也更精确，它不受系统的实时时钟的调整所影响。最后，注意本例中的代码并不能进行准确的定时，除非 action 能完成一定量的工作，比如一秒或者一秒以上。众所周知，准确的微基准测试十分困难，最好在专门的框架如 jmh 的协助下进行 [JMH]。

本条目仅仅触及了并发工具的一些皮毛。例如，前一个例子中的那三个倒计数锁存器其实可以用一个 CyclicBarrier 或者 Phaser 实例代替。这样得到的代码更加简洁，但是理解起来比较困难。

虽然你始终应该优先使用并发工具，而不是使用 wait 方法和 notify 方法，但可能必须维护使用了 wait 方法和 notify 方法的遗留代码。wait 方法被用来使线程等待某个条件。它必须在同步区域内部被调用，这个同步区域将对象锁定在了调用 wait 方法的对象上。下面是使用 wait 方法的标准模式：

```
// The standard idiom for using the wait method
synchronized (obj) {
    while (<condition does not hold>)
        obj.wait(); // (Releases lock, and reacquires on wakeup)
    ... // Perform action appropriate to condition
}
```

始终应该使用 wait 循环模式来调用 wait 方法；永远不要在循环之外调用 wait 方法。循环会在等待之前和之后对条件进行测试。

在等待之前测试条件，当条件已经成立时就跳过等待，这对于确保活性是必要的。如果条件已经成立，并且在线程等待之前，notify（或者 notifyAll）方法已经被调用，则无法保证该线程总会从等待中苏醒过来。

在等待之后测试条件，如果条件不成立的话继续等待，这对于确保安全性是必要的。当条件不成立的时候，如果线程继续执行，则可能会破坏被锁保护的约束关系。当条件不成立时，有下面一些理由可使一个线程苏醒过来：

❑ 另一个线程可能已经得到了锁，并且从一个线程调用 notify 方法那一刻起，到等待线程苏醒过来的这段时间中，得到锁的线程已经改变了受保护的状态。

❑ 条件并不成立，但是另一个线程可能意外地或恶意地调用了 notify 方法。在公有可访问的对象上等待，这些类实际上把自己暴露在了这种危险的境地中。公有可访问对象的同步方法中包含的 wait 方法都会出现这样的问题。

❑ 通知线程（notifying thread）在唤醒等待线程时可能会过度"大方"。例如，即使只有某些等待线程的条件已经被满足，但是通知线程可能仍然调用 notifyAll 方法。

❑ 在没有通知的情况下，等待线程也可能（但很少）会苏醒过来。这被称为"伪唤醒"（spurious wakeup）[POSIX, 11.4.3.6.1；Java9-api]。

一个相关的话题是，为了唤醒正在等待的线程，你应该使用 notify 方法还是 notify-All 方法（回忆一下，notify 方法唤醒的是单个正在等待的线程，假设有这样的线程存在，而 notifyAll 方法唤醒的则是所有正在等待的线程）。一种常见的说法是，应该始终使用 notifyAll 方法。这是合理而保守的建议。它总会产生正确的结果，因为它可以保证你将会唤醒所有需要被唤醒的线程。你可能也会唤醒其他一些线程，但是这不会影响程序的正确性。这些线程醒来之后，会检查它们正在等待的条件，如果发现条件并不满足，就会继续等待。

从优化的角度来看，如果处于等待状态的所有线程都在等待同一个条件，而每次只有一个线程可以从这个条件中被唤醒，那么你就应该选择调用 notify 方法，而不是 notifyAll 方法。

即使这些前提条件都满足，也许还是有理由使用 notifyAll 方法而不是 notify 方法。就好像把 wait 方法调用放在一个循环中，以避免在公有可访问对象上的意外或恶意的通知一样，与此类似，使用 notifyAll 方法代替 notify 方法可以避免来自不相关线程的意外或恶意的等待。否则，这样的等待会"吞掉"一个关键的通知，使真正的接收线程无限地等待下去。

简而言之，直接使用 wait 方法和 notify 方法就像用"并发汇编语言"进行编程一样，而 java.util.concurrent 则提供了更高级的语言。没有理由在新代码中使用 wait 方法和 notify 方法，即使有，也是极少的。如果你在维护使用 wait 方法和 notify 方法的代码，务必确保始终是利用标准的模式从 while 循环内部调用 wait 方法。一般情况下，应该优先使用 notifyAll 方法，而不是使用 notify 方法。如果使用 notify 方法，请一定要小心，以确保程序的活性。

第 82 条：线程安全性的文档化

当一个类的方法被并发使用的时候，这个类的行为如何，是该类与其客户端程序建立的约定的重要组成部分。如果你没有在一个类的文档中描述其行为的并发性情况，使用这个类的程序员将不得不做出某些假设。如果这些假设是错误的，所得到的程序就可能缺少足够的同步（详见第 78 条），或者过度同步（详见第 79 条）。无论属于这其中的哪一种情况，都可能会发生严重的错误。

你可能听到过这样的说法：通过查看文档中是否出现 synchronized 修饰符，可以确定一个方法是否是线程安全的。这种说法从几个方面来说都是错误的。在正常的操作中，

Javadoc 并没有在它的输出中包含 synchronized 修饰符，这是有理由的。因为在一个方法声明中出现 synchronized 修饰符，这是个实现细节，并不是导出的 API 的一部分。它并不一定表明这个方法是线程安全的。

而且"出现了 synchronized 关键字就足以用文档说明线程安全性"的这种说法隐含了一个错误的观念，即认为线程安全性是一种"要么全有要么全无"的属性。实际上，线程安全性有多种级别。一个类为了可被多个线程安全地使用，必须在文档中清楚地说明它所支持的线程安全性级别。下述分项概括了线程安全性的几种级别。这些分项并没有涵盖所有的可能，只是列出了常见的情形：

❑ 不可变的（immutable）——这个类的实例是不变的。所以，不需要外部的同步。这样的例子包括 String、Long 和 BigInteger（详见第 17 条）。

❑ 无条件的线程安全（unconditionally thread-safe）——这个类的实例是可变的，但是这个类有着足够的内部同步，所以它的实例可以被并发使用，无须任何外部同步。其例子包括 AtomicLong 和 ConcurrentHashMap。

❑ 有条件的线程安全（conditionally thread-safe）——除了有些方法为进行安全的并发使用而需要外部同步之外，这种线程安全级别与无条件的线程安全相同。这样的例子包括 Collections.synchronized 包装返回的集合，它们的迭代器要求外部同步。

❑ 非线程安全（not thread-safe）——这个类的实例是可变的。为了并发地使用它们，客户端必须利用自己选择的外部同步包围每个方法调用（或者调用序列）。这样的例子包括通用的集合实现，例如 ArrayList 和 HashMap。

❑ 线程对立的（thread-hostile）——这种类不能安全地被多个线程并发使用，即使所有的方法调用都被外部同步包围。线程对立的根源通常在于，没有同步地修改静态数据。没有人会有意编写一个线程对立的类；这种类是因为没有考虑到并发性而产生的后果。当一个类或者方法被发现是线程对立的，一般会得到修正，或者被标注为"不再建议使用"。第 78 条中的 generateSerialNumber 方法就是线程对立的，因为没有从内部进行同步，详情请参阅第 79 条。

这些分类（除了线程对立的之外）粗略对应于《Java Concurrency in Practice》一书中的线程安全注解（thread safety annotation），分别为 Immutable、ThreadSafe 和 NotThread-Safe [Goetz06，Appendix A]。上述分类中无条件和有条件的线程安全类别都涵盖在 Thread-Safe 注解中了。

在文档中描述一个有条件的线程安全类要特别小心。你必须指明哪个调用序列需要外部同步，还要指明为了执行这些序列，必须获得哪一把锁（极少的情况下是指哪几把锁）。通常情况下，这是指作用在实例自身上的那把锁，但也有例外。例如，Collections.syn-chronizedMap 的文档中有这样的说明：

It is imperative that the user manually synchronize on the returned map when iterating over any of its collection views:

（当遍历任何被返回 Map 的集合视图时，用户必须手工对它们进行同步：）

```
Map<K, V> m = Collections.synchronizedMap(new HashMap<>());
Set<K> s = m.keySet();  // Needn't be in synchronized block
    ...
synchronized(m) {  // Synchronizing on m, not s!
    for (K key : s)
        key.f();
}
```

如果没有遵循这样的建议，就可能造成不确定的行为。

类的线程安全说明通常放在它的文档注释中，但是带有特殊线程安全属性的方法则应该在它们自己的文档注释中说明它们的属性。没有必要说明枚举类型的不可变性。除非从返回类型来看已经很明显，否则静态工厂必须在文档中说明被返回对象的线程安全性，如 `Collections.synchronizedMap`（上述）所示。

当一个类承诺"使用一个公有可访问的锁对象"时，就意味着允许客户端以原子的方式执行一个方法调用序列，但是，这种灵活性是要付出代价的。并发集合（如 Concurrent-HashMap）使用的那种并发控制，并不能与高性能的内部并发控制相兼容。客户端还可以发起拒绝服务（denial-of service）攻击，他只需超时地保持公有可访问锁即可。这有可能是无意的，也可能是有意的。

为了避免这种拒绝服务攻击，应该使用一个私有锁对象（private lock object）来代替同步的方法（隐含着一个公有可访问锁）：

```
// Private lock object idiom - thwarts denial-of-service attack
private final Object lock = new Object();

public void foo() {
    synchronized(lock) {
        ...
    }
}
```

因为这个私有锁对象不能在这个类之外被访问，也不能被这个类的客户端程序所访问，所以客户端不可能妨碍对象的同步。实际上，我们正是在应用第 15 条的建议，把锁对象封装在它所同步的对象中。

注意 lock 域被声明为 final 的。这样可以防止不小心改变它的内容，而导致不同步访问包含对象的悲惨后果（详见第 78 条）。我们这是在应用第 17 条的建议，将 lock 域的可变性减到最小。lock 域应该始终声明为 final。这是真的，无论是使用普通的监控锁（如上所述），还是使用来自 java.util.concurrent.locks 包中的锁。

私有锁对象模式只能用在无条件的线程安全类上。有条件的线程安全类不能使用这种模式，因为它们必须在文档中说明：在执行某些方法调用序列时，它们的客户端程序必须获得哪把锁。

私有锁对象模式特别适用于那些专门为继承而设计的类（详见第 19 条）。如果这种类使用它的实例作为锁对象，子类可能很容易在无意中妨碍基类的操作，反之亦然。出于不同的目的而使用相同的锁，子类和基类可能会"相互绊住对方的脚"。这不只是一个理论意义上的问题。例如，这种现象在 Thread 类上就出现过 [Bloch05，Puzzle 77]。

简而言之，每个类都应该利用字斟句酌的说明或者线程安全注解，清楚地在文档中说明它的线程安全属性。synchronized 修饰符与这个文档毫无关系。有条件的线程安全类必须在文档中指明"哪个方法调用序列需要外部同步，以及在执行这些序列的时候要获得哪把锁"。如果你编写的是无条件的线程安全类，就应该考虑使用私有锁对象来代替同步的方法。这样可以防止客户端程序和子类的不同步干扰，让你能够在后续的版本中灵活地对并发控制采用更加复杂的方法。

第 83 条：慎用延迟初始化

延迟初始化（lazy initialization）是指延迟到需要域的值时才将它初始化的行为。如果永远不需要这个值，这个域就永远不会被初始化。这种方法既适用于静态域，也适用于实例域。虽然延迟初始化主要是一种优化，但它也可以用来破坏类中的有害循环和实例初始化 [Bloch05，Puzzle 51]。

就像大多数的优化一样，对于延迟初始化，最好建议"除非绝对必要，否则就不要这么做"（详见第 67 条）。延迟初始化就像一把双刃剑。它降低了初始化类或者创建实例的开销，却增加了访问被延迟初始化的域的开销。根据延迟初始化的域的哪个部分最终需要初始化、初始化这些域要多少开销，以及每个域多久被访问一次，延迟初始化（就像其他的许多优化一样）实际上降低了性能。

也就是说，延迟初始化有它的好处。如果域只在类的实例部分被访问，并且初始化这个域的开销很高，可能就值得进行延迟初始化。要确定这一点，唯一的办法就是测量类在用和不用延迟初始化时的性能差别。

当有多个线程时，延迟初始化是需要技巧的。如果两个或者多个线程共享一个延迟初始化的域，采用某种形式的同步是很重要的，否则就可能造成严重的 Bug（详见第 78 条）。本条目中讨论的所有初始化方法都是线程安全的。

在大多数情况下，正常的初始化要优先于延迟初始化。下面是正常初始化的实例域的一个典型声明。注意其中使用了 final 修饰符（详见第 17 条）：

```
// Normal initialization of an instance field
private final FieldType field = computeFieldValue();
```

如果利用延迟优化来破坏初始化的循环，就要使用同步访问方法，因为它是最简单、最清楚的替代方法：

```
// Lazy initialization of instance field - synchronized accessor
private FieldType field;

private synchronized FieldType getField() {
    if (field == null)
        field = computeFieldValue();
    return field;
}
```

这两种习惯模式（正常的初始化和使用了同步访问方法的延迟初始化）应用到静态域上时保持不变，除了给域和访问方法声明添加了 static 修饰符之外。

如果出于性能的考虑而需要对静态域使用延迟初始化，就使用 lazy initialization holder class 模式。这种模式（也称作 initialize-on-demand holder class idiom）保证了类要到被用到的时候才会被初始化 [JLS，12.4.1]。如下所示：

```
// Lazy initialization holder class idiom for static fields
private static class FieldHolder {
    static final FieldType field = computeFieldValue();
}
private static FieldType getField() { return FieldHolder.field; }
```

当 getField 方法第一次被调用时，它第一次读取 FieldHolder.field，导致 Field-Holder 类得到初始化。这种模式的魅力在于，getField 方法没有被同步，并且只执行一个域访问，因此延迟初始化实际上并没有增加任何访问成本。现代的 VM 将在初始化该类的时候，同步域的访问。一旦这个类被初始化，虚拟机将修补代码，以便后续对该域的访问不会导致任何测试或者同步。

如果出于性能的考虑而需要对实例域使用延迟初始化，就使用双重检查模式（double-check idiom）。这种模式避免了在域被初始化之后访问这个域时的锁定开销（详见第 79 条）。这种模式背后的思想是：两次检查域的值，因此名字叫双重检查（double-check），第一次检查时没有锁定，看看这个域是否被初始化了；第二次检查时有锁定。只有当第二次检查时表明这个域没有被初始化，才会对这个域进行初始化。因为如果域已经被初始化就不会有锁定，这个域被声明为 volatile 就很重要了（详见第 78 条）。下面就是这种习惯模式：

```
// Double-check idiom for lazy initialization of instance fields
private volatile FieldType field;

private FieldType getField() {
```

```
        FieldType result = field;
        if (result == null) {  // First check (no locking)
            synchronized(this) {
                if (field == null)  // Second check (with locking)
                    field = result = computeFieldValue();
            }
        }
        return result;
    }
```

这段代码可能看起来似乎有些费解。尤其对于需要用到局部变量 result 可能有点不解。这个变量的作用是确保 field 只在已经被初始化的情况下读取一次。虽然这不是严格需要，但是可以提升性能，并且因为给低级的并发编程应用了一些标准，因此更加优雅。在我的机器上，上述的方法比没用局部变量的方法快了大约 1.4 倍。

虽然也可以对静态域应用双重检查模式，但是没有理由这么做，因为 lazy initialization holder class idiom 是更好的选择。

双重检查模式的两个变量值得一提。有时可能需要延迟初始化一个可以接受重复初始化的实例域。如果处于这种情况，就可以使用双重检查模式的一个变量，它负责分配第二次检查。没错，它就是单重检查模式（single-check idiom）。下面就是这样的一个例子。注意 field 仍然被声明为 volatile：

```
// Single-check idiom - can cause repeated initialization!
private volatile FieldType field;

private FieldType getField() {
    FieldType result = field;
    if (result == null)
        field = result = computeFieldValue();
    return result;
}
```

本条目中讨论的所有初始化方法都适用于基本类型的域，以及对象引用域。当双重检查模式（double-check idiom）或者单重检查模式（single-check idiom）应用到数值型的基本类型域时，就会用 0 来检查这个域（这是数值型基本变量的默认值），而不是用 null。

如果你不在意是否每个线程都重新计算域的值，并且域的类型为基本类型，而不是 long 或者 double 类型，就可以选择从单重检查模式的域声明中删除 volatile 修饰符。这种变体称之为 racy single-check idiom。它加快了某些架构上的域访问，代价是增加了额外的初始化（直到访问该域的每个线程都进行一次初始化）。这显然是一种特殊的方法，不适合于日常的使用。

总而言之，大多数的域应该正常地进行初始化，而不是延迟初始化。如果为了达到性能目标，或者为了破坏有害的初始化循环，而必须延迟初始化一个域，就可以使用相应的延迟初始化方法。对于实例域，就使用双重检查模式（double-check idiom）；对于静态域，则使用 lazy initialization holder class idiom。对于可以接受重复初始化的实例域，也可以考虑使用单重检查模式（single-check idiom）。

第 84 条：不要依赖于线程调度器

当有多个线程可以运行时，由线程调度器（thread scheduler）决定哪些线程将会运行，以及运行多长时间。任何一个合理的操作系统在做出这样的决定时，都会努力做到公正，但是所采用的策略却大相径庭。因此，编写良好的程序不应该依赖于这种策略的细节。任何依赖于线程调度器来达到正确性或者性能要求的程序，很有可能都是不可移植的。

要编写出健壮、响应良好、可移植的多线程应用程序，最好的办法是确保可运行线程的平均数量不明显多于处理器的数量。这使得线程调度器没有更多的选择：它只需要运行这些可运行的线程，直到它们不再可运行为止。即使在根本不同的线程调度算法下，这些程序的行为也不会有很大的变化。注意可运行线程的数量并不等于线程的总数量，前者可能更多。在等待的线程并不是可运行的。

保持可运行线程数量尽可能少的主要方法是，让每个线程做些有意义的工作，然后等待更多有意义的工作。如果线程没有在做有意义的工作，就不应该运行。根据 Executor Framework（详见第 80 条），这意味着适当地规定了线程池的大小 [Goetz06, 8.2]，并且使任务保持适当得小，彼此独立。任务不应该太小，否则分配的开销也会影响到性能。

线程不应该一直处于忙 – 等（busy-wait）的状态，即反复地检查一个共享对象，以等待某些事情发生。除了使程序易受到调度器的变化影响之外，忙 – 等这种做法也会极大地增加处理器的负担，降低了同一机器上其他进程可以完成的有用工作量。作为不该做的一个极端的反面例子，考虑下面这个 CountDownLatch 的不正当的重新实现：

```java
// Awful CountDownLatch implementation - busy-waits incessantly!
public class SlowCountDownLatch {
    private int count;

    public SlowCountDownLatch(int count) {
        if (count < 0)
            throw new IllegalArgumentException(count + " < 0");
        this.count = count;
    }

    public void await() {
        while (true) {
            synchronized(this) {
                if (count == 0)
                    return;
            }
        }
    }

    public synchronized void countDown() {
        if (count != 0)
            count--;
    }
}
```

在我的机器上，当 1000 个线程在锁存器（latch）中等待的时候，SlowCountDown-LatchJava 自带的 CountDownLatch 比人快了大约 10 倍。虽然这个例子可能显得有点牵强，但是系统中有一个或者多个线程处于不必要的可运行状态，这种现象并不少见。其性能和可移植性都可能受到损害。

如果某一个程序不能工作，是因为某些线程无法像其他线程那样获得足够的 CPU 时间，那么，不要企图通过调用 Thread.yield 来“修正”该程序。你可能好不容易成功地让程序能够工作，但这样得到的程序仍然是不可移植的。同一个 yield 调用在一个 JVM 实现上能提高性能，而在另一个 JVM 实现上却有可能会更差，在第三个 JVM 实现上则可能没有影响。Thread.yield 没有可测试的语义（testable semantic）。更好的解决办法是重新构造应用程序，以减少可并发运行的线程数量。

有一种相关的方法是调整线程优先级（thread priority），也可以算是一条建议。线程优先级是 Java 平台上最不可移植的特征了。通过调整某些线程的优先级来改善应用程序的响应能力，这样做并非不合理，却是不必要的，也是不可移植的。通过调整线程的优先级来解决严重的活性问题是不合理的。在你找到并修正底层的真正原因之前，这个问题可能会再次出现。

总而言之，不要让应用程序的正确性依赖于线程调度器。否则，得到的应用程序将既不健壮，也不具有可移植性。同样，不要依赖 Thread.yield 或者线程优先级。这些机制都只是影响到调度器。线程优先级可以用来提高一个已经能够正常工作的程序的服务质量，但永远不应该用来“修正”一个原本并不能工作的程序。

Effective

序 列 化

本章讨论对象序列化（object serialization），它是 Java 的一个框架，用来将对象编码成字节流（序列化），并从字节流编码中重新构建对象（反序列化）。一旦对象被序列化后，它的编码就可以从一台正在运行的虚拟机被传递到另一台虚拟机上，或者被存储到磁盘上，供后续反序列化时使用。本章主要关注序列化的风险，以及如何将风险降到最低。

第 85 条：其他方法优先于 Java 序列化

1997 年，Java 新增了序列化时，就被认为是有风险的。这种方法已经作为研究语言（Modula-3）做过尝试，但在生产语言中还从未试过。虽然分布式对象使程序员这部分的工作简化了，为之付出的代价却是不可见的构造器，还有 API 和实现之间模糊的界限，而且在代码的正确性、性能、安全性、维护性方面都有潜在的问题。拥护者们相信利大于弊，但是历史证明事实正好相反。

在本书第 2 版中谈到的安全性问题，事实证明每一点滴都可能酿成大祸。2000 年之前广泛讨论的安全漏洞，十年之后酿成了严重的攻击事件（exploit），其中著名的有 2016 年 11 月发生在旧金山市政交通局（SFMTA Muni）的黑客勒索软件攻击事件，导致整个收费系统整整瘫痪了两天 [Gallagher16]。

序列化的根本问题在于，其攻击面（attack surface）过于庞大，无法进行防护，并且它还在不断地扩大：对象图是通过在 `ObjectInputStream` 上调用 `readObject` 方法进行反序列化的。这个方法其实是个神奇的构造器，它可以将类路径上几乎任何类型的对象都实例化，只要该类型实现了 `Serializable` 接口。在反序列化字节流的过程中，该方法可以执行以上任意类型的代码，因此所有这些类型的代码都是攻击面的一部分。

攻击面包括 Java 平台类库中的类、第三方类库如 Apache Commons Collections 中的类，以及应用本身的类。即便遵守所有相关的最佳实践，成功地编写了无懈可击的可序列化类，这个应用也依然是有漏洞的。引用 CERT（计算机安全应急响应组）协调中心技术经理 Robert Seacord 的话说：

> Java 反序列化是一个明显存在的风险，它不仅被应用直接广泛使用，也被 Java 子系统如 RMI（远程方法调用）、JMX（Java 管理扩展）和 JMS（Java 消息系统）等大量地间接使用。将不被信任的流进行反序列化，可能导致远程代码执行（Remote Code Execution，RCE）、拒绝服务（Denial-of-Service，DoS），以及一系列其他的攻击。即使应用本身没有做错任何事情，也可能受到这些攻击 [Seacord17]。

攻击者和安全研究员都在研究 Java 类库和常用的第三方类库中可序列化的类型，寻找在进行潜在危险活动的反序列化期间被调用的方法。这些方法被称作指令片段（gadget）。多个指令片段可以一起使用，形成一个指令片段链（gadget chain）。随着时间的推移，我们发现指令片段链的功能十分强大，允许攻击者在底层硬件中执行任意的本机代码，唯一的机会就是为反序列化提交精心编写的字节流。这正是发生在 SFMTA Muni 的攻击。这个攻击不是孤立的，还会有其他的攻击，并且会越来越多。

如果不使用任何指令片段，对于需要长时间进行反序列化的简短字节流，只要引发反序列化，就可以轻松地展开一次拒绝服务攻击。这样的字节流被称作反序列化炸弹（deserialization bomb）[Svoboda16]。下面举一个来自 Wouter Coekaerts 的范例，它只用了散列集和一个字符串 [Coekaerts 15]：

```java
// Deserialization bomb - deserializing this stream takes forever
static byte[] bomb() {
    Set<Object> root = new HashSet<>();
    Set<Object> s1 = root;
    Set<Object> s2 = new HashSet<>();
    for (int i = 0; i < 100; i++) {
        Set<Object> t1 = new HashSet<>();
        Set<Object> t2 = new HashSet<>();
        t1.add("foo"); // Make t1 unequal to t2
        s1.add(t1);  s1.add(t2);
        s2.add(t1);  s2.add(t2);
        s1 = t1;
        s2 = t2;
    }
    return serialize(root); // Method omitted for brevity
}
```

对象图中包含了 201 个 HashSet 实例,其中每个实例都包含 3 个或 3 个以下对象引用。整个字节流的长度为 5744 个字节,但在反序列化之前,总长度会呈爆炸式增长。问题在于,反序列化 HashSet 实例需要计算其元素的散列码。根散列集合中的这 2 个元素,就是包含 2 个散列集元素的散列集本身,其中每个都包含 2 个散列集元素,等等,一共有 100 级之深。因此,反序列化集合会导致 hashCode 方法被调用超过 2^{100} 次。反序列化花费的时间是无限的,而且它从不提示是什么东西出了错。它几乎不产生任何对象,堆栈深度也是有限的。

我们怎么做才能预防这些问题呢?每当反序列化一个不信任的字节流时,自己就要试着去攻击它。避免序列化攻击的最佳方式是永远不要反序列化任何东西。引用 1983 年电影《 WarGames 》中 Joshua 的话:"获胜的唯一方法就是压根儿不参与比赛。"在新编写的任何新系统中都没有理由再使用 Java 序列化。为了避免 Java 序列化的诸多风险,还有许多其他机制可以完成对象和字节序列之间的转化,它们同时还能带来很多便利,诸如跨平台支持、高性能、一个大型的工具生态系统,以及一个广阔的专家社区。本书把这些机制作称跨平台的结构化数据表示法(cross-platform structured-data representation)。虽然在其他地方有时候会把它们称作序列化系统,但本书不那样用,避免与 Java 序列化造成混淆。

这些表示法的共同点是,它们都远比 Java 序列化要简单得多。它们不支持任意对象图的自动序列化和反序列化。而是支持包含属性 / 值对的简单的结构化数据对象。它们只支持一些基本类型和数组数据类型。事实证明,这个抽象虽然简单,却足以构建功能极其强大的分布式系统,同时又简单得足以避免自 Java 序列化出现以来就一直造成困扰的那些重大问题。

最前沿的跨平台结构化数据表示法是 JSON [JSON] 和 Protocol Buffers,也称作 protobuf [Protobuf]。JSON 是 Douglas Crockford 为浏览器 – 服务器之间的通信设计的,Protocol Buffers 是 Google 为了在服务器之间保存和交换结构化数据设计的。尽管有时候这些表示法也被称作中性语言(language-neutral),JSON 起初却是为 JavaScript 开发的,protobuf 是为 C++ 开发的,这两者都保持着设计初衷的痕迹。

JSON 和 protobuf 之间最明显的区别在于,JSON 是基于文本的,人类可以阅读,而 protobuf 是二进制的,从根本上来说更有效;JSON 纯粹就是一个数据表示法,而 protobuf 则提供模式(类型),建立文档,强制正确的用法。虽然 protobuf 比 JSON 更加有效,但 JSON 对于基于文本的表示法却非常高效。protobuf 虽然是一个二进制表示法,但它提供了可以替代的另一种文本表示法(pbtxt),当人类需要读懂它的时候可以使用。

如果无法完全避免 Java 序列化,或许是因为需要在 Java 序列化的遗留系统环境中工作,下一步最好永远不要反序列化不被信任的数据。尤其是永远不应该接受来自不信任资源的 RMI 通信。Java 官方安全编码指导方针中提出:"对不信任数据的反序列化,从本质上来说是危险的,应该予以避免。"这个句子在文中用红色的字体突出显示,在介绍这一点的整个文档中,只有这一句话 [Java-secure]。

如果无法避免序列化，又不能绝对确保被反序列化的数据的安全性，就应利用 Java 9 中新增的对象反序列化过滤（object deserialization filtering），这一功能也已经移植到了 Java 较早的版本（`java.io.ObjectInputFilter`）。它可以在数据流被反序列化之前，为它们定义一个过滤器。它可以操作类的粒度，允许接受或者拒绝某些类。默认接受类，同时拒绝可能存在危险的黑名单（blacklisting）；默认拒绝类，同时接受假定安全的白名单（whitelisting）。白名单优于黑名单，因为黑名单只能抵御已知的攻击。有一个工具叫作 SWAT（Serial Whitelist Application Trainer），它可以自动地替应用准备好白名单 [Schneider16]。过滤设施也能帮助你避免过度使用内存，并广泛深入对象图，但无法防御上面提到过的序列化炸弹。

遗憾的是，序列化在 Java 生态系统中仍然十分普遍。如果在维护的系统是基于 Java 序列化的，一定要认真考虑将它迁移到跨平台的结构化数据表示法，尽管这项工作费时费力。现实中，可能会发现仍然需要编写或者维护可序列化的类。要编写出正确、安全和高效的序列化类，需要加倍小心。本章剩下的内容将针对何时以及如何做到上述要求提出专业的建议。

总而言之，序列化是很危险的，应该予以避免。如果是重新设计一个系统，一定要用跨平台的结构化数据表示法代替，如 JSON 或者 protobuf。不要反序列化不被信任的数据。如果必须这么做，就要使用对象的反序列化过滤，但要注意的是，它并不能确保阻止所有的攻击。不要编写可序列化的类。如果必须这么做，一定要倍加小心地进行试验。

第 86 条：谨慎地实现 Serializable 接口

要想使一个类的实例可被序列化，非常简单，只要在它的声明中加入 `implements Serializable` 字样即可。正因为太容易了，所以普遍存在这样一种误解，认为程序员毫不费力就可以实现序列化。而实际的情形要复杂得多。虽然使一个类可被序列化的直接开销非常低，甚至可以忽略不计，但是为了序列化而付出的长期开销往往是相当高的。

实现 `Serializable` 接口而付出的最大代价是，一旦一个类被发布，就大大降低了"改变这个类的实现"的灵活性。如果一个类实现了 `Serializable` 接口，它的字节流编码（或者说序列化形式）就变成了它的导出的 API 的一部分。一旦这个类被广泛使用，往往必须永远支持这种序列化形式，就好像你必须要支持导出的 API 的所有其他部分一样。如果不努力设计一种自定义的序列化形式（custom serialized form），而仅仅接受了默认的序列化形式，这种序列化形式将被永远地束缚在该类最初的内部表示法上。换句话说，如果接受了默认的序列化形式，这个类中私有的和包级私有的实例域将都变成导出的 API 的一部分，这不符合"最低限度地访问域"的实践准则（详见第 15 条），从而它就失去了作为信息隐藏工具的有效性。

如果接受了默认的序列化形式，并且以后又要改变这个类的内部表示法，则结果可能导致序列化形式的不兼容。客户端程序企图用这个类的旧版本来序列化一个类，然后用新版本进行反序列化，结果将导致程序失败。反之亦然。在改变内部表示法的同时仍然维持原来的序列化形式（使用 `ObjectOutputStream.putFields` 和 `ObjectInputStream.read-Fields`），这也是可能的，但是做起来比较困难，并且会在源代码中留下一些明显的隐患。因此，应该仔细地设计一种高质量的序列化形式，并且在很长时间内都愿意使用这种形式（详见第 87 条和第 90 条）。这样做将会增加开发的初始成本，但这是值得的。设计良好的序列化形式也许会给类的演变带来限制；但是设计不好的序列化形式则可能会使类根本无法演变。

序列化会使类的演变受到限制，这种限制的一个例子与流的唯一标识符（stream unique identifier）有关，通常称它为序列版本 UID（serial version UID）。每个可序列化的类都有一个唯一标识号与它相关联。如果你没有在一个名为 `serialVersionUID` 的私有静态 final 的 `long` 域中显式地指定该标识号，系统就会对这个类的结构运用一个加密的散列函数（SHA-1），从而在运行时自动产生该标识号。这个自动产生的值会受到类名称、它所实现的接口的名称，以及所有公有的和受保护的成员的名称所影响。如果你通过任何方式改变了这些信息，比如，增加了一个不是很重要的工具方法，自动产生的序列版本 UID 也会发生变化。因此，如果你没有声明一个显式的序列版本 UID，兼容性将会遭到破坏，在运行时导致 `InvalidClassException` 异常。

实现 `Serializable` 的第二个代价是，它增加了出现 Bug 和安全漏洞的可能性（详见第 85 条）。通常情况下，对象是利用构造器来创建的；序列化机制是一种语言之外的对象创建机制（extralinguistic mechanism）。无论你是接受了默认的行为，还是覆盖了默认的行为，反序列化机制（deserialization）都是一个"隐藏的构造器"，具备与其他构造器相同的特点。因为反序列化机制中没有显式的构造器，所以你很容易忘记要保证：反序列化过程必须也要保证所有"由真正的构造器建立起来的约束关系"，并且不允许攻击者访问正在构造过程中的对象的内部信息。依靠默认的反序列化机制，很容易使对象的约束关系遭到破坏，以及遭受到非法访问（见第 88 条）。

实现 `Serializable` 的第三个代价是，随着类发行新的版本，相关的测试负担也会增加。当一个可序列化的类被修订的时候，很重要的一点是，要检查是否可以"在新版本中序列化一个实例，然后在旧版本中反序列化"，反之亦然。因此，测试所需要的工作量与"可序列化的类的数量和发行版本号"的乘积成正比，这个乘积可能会非常大。你必须既要确保"序列化 – 反序列化"过程成功，也要确保结果产生的对象真正是原始对象的复制品。如果在最初编写一个类的时候，就精心设计了自定义的序列化形式，测试的要求就可以有所降低。

实现 `Serializable` 接口并不是一个很轻松就可以做出的决定。如果一个类将要加入到某个框架中，并且该框架依赖于序列化来实现对象传输或者持久化，对于这个类来说，实现 `Serializable` 接口就非常有必要。更进一步来看，如果这个类要成为另一个类的一个组件，并且后者必须实现 `Serializable` 接口，若前者也实现了 `Serializable` 接口，它就会更易于被后者使用。然而，有许多实际的开销都与实现 Serializable 接口有关。每当你实现一个类的时候，都需要权衡一下所付出的代价和带来的好处。根据经验，如 BigInteger 和 Instant 等值类应该实现 Serializable 接口，大多数的集合类也应该如此。代表活动实体的类，比如线程池（thread pool），一般不应该实现 Serializable 接口。

为了继承而设计的类（详见第 19 条）应该尽可能少地去实现 Serializable 接口，用户的接口也应该尽可能少继承 Serializable 接口。如果违反了这条规则，扩展这个类或者实现这个接口的程序员就会背上沉重的负担。然而在某些情况下违反这条规则却是合适的。例如，如果一个类或者接口存在的目的主要是为了参与到某个框架中，该框架要求所有的参与者都必须实现 Serializable 接口，那么，对于这个类或者接口来说，实现或者扩展 Serializable 接口就是非常有意义的。

在为了继承而设计的类中，真正实现了 Serializable 接口的有 Throwable 类和 Component 类。因为 Throwable 类实现了 Serializable 接口，所以 RMI 的异常可以从服务器端传到客户端。Component 类实现了 Serializable 接口，因此 GUI 可以被发送、保存和恢复，但是即使在 Swing 和 AWT 的鼎盛时间，这个机制在实践中也鲜被使用。

如果实现了一个带有实例域的类，它是可序列化和可扩展的，就应该担心以下几个风险。如果类的实例域值有一些约束条件，重要的是防止子类覆盖 finalize 方法，类只要通过覆盖 finalize 并把它声明为 final 便可以完成这个任务。否则，类就很容易受到终结器攻击（finalizer attack），详见第 8 条。最后，如果类有限制条件，当类的实例域被初始化成它们的默认值（整数类型为 0，boolean 为 false，对象引用类型为 null）时，就会违背这些约束条件，这时候就必须给这个类添加 readObjectNoData 方法：

```
// readObjectNoData for stateful extendable serializable classes
private void readObjectNoData() throws InvalidObjectException {
    throw new InvalidObjectException("Stream data required");
}
```

Java 4 版本就增加了这个 readObjectNoData 方法，还包含了一些冷僻的用例，包括给现有的可序列化类添加可序列化的超类 [Serialization, 3.5]。

有一条告诫与"不要实现 Serializable 接口"有关。如果一个专门为了继承而设计的类不是可序列化的，那么想要编写出可序列化的子类就特别费力。这种类正常的反序列化就要求超类得有一个可访问的无参构造器 [Serialization, 1.10]。如果没有提供这样的无参构造器，子类就会被迫使用序列化代理模式（serialization proxy patten），详见第 90 条。

内部类（详见第 24 条）不应该实现 Serializable 接口。它们使用编译器产生的合成域（synthetic field）来保存指向外围实例（enclosing instance）的引用，以及保存来自外围作用域的局部变量的值。"这些域如何对应到类定义中"并没有明确的规定，就好像没有指定匿名类和局部类的名称一样。因此，内部类的默认序列化形式是定义不清楚的。然而，静态成员类

（static member class）却可以实现 Serializable 接口。

简而言之，千万不要认为实现 Serializable 接口会很容易。除非一个类只在受保护的环境下使用，在这里版本之间永远不会交互，服务器永远不会暴露给不可信任的数据，否则，实现 Serializable 接口就是个很严肃的承诺，必须认真对待。如果一个类允许继承，则更要加倍小心。

第 87 条：考虑使用自定义的序列化形式

当你在时间紧迫的情况下设计一个类时，一般合理的做法是把工作重心集中在设计最佳的 API 上。有时候，这意味着要发行一个"用完后即丢弃"的实现，因为你知道以后会在新版本中将它替换掉。正常情况下，这不成问题，但是如果这个类实现了 Serializable 接口，并且使用了默认的序列化形式，你就永远无法彻底摆脱那个应该丢弃的实现了。它将永远牵制住这个类的序列化形式。这不只是一个纯理论的问题，在 Java 平台类库中已经有几个类出现了这样的问题，包括 BigInteger 类。

如果事先没有认真考虑默认的序列化形式是否合适，则不要贸然接受。接受默认的序列化形式是一个非常重要的决定，需要从灵活性、性能和正确性等多个角度对这种编码形式进行考察。一般来讲，只有当自行设计的自定义序列化形式与默认的序列化形式基本相同时，才能接受默认的序列化形式。

考虑以一个对象为根的对象图，相对于它的物理表示法而言，该对象的默认序列化形式是一种相当有效的编码形式。换句话说，默认的序列化形式描述了该对象内部所包含的数据，以及每一个可以从这个对象到达的其他对象的内部数据。它也描述了所有这些对象被链接起来后的拓扑结构。对于一个对象来说，理想的序列化形式应该只包含该对象所表示的逻辑数据，而逻辑数据与物理表示法应该是各自独立的。

如果一个对象的物理表示法等同于它的逻辑内容，可能就适合于使用默认的序列化形式。例如，对于下面这些仅仅表示人名的类，默认的序列化形式就是合理的：

```java
// Good candidate for default serialized form
public class Name implements Serializable {
    /**
     * Last name. Must be non-null.
     * @serial
     */
    private final String lastName;

    /**
     * First name. Must be non-null.
     * @serial
     */
    private final String firstName;
```

```
    /**
     * Middle name, or null if there is none.
     * @serial
     */
    private final String middleName;

    ... // Remainder omitted
}
```

从逻辑的角度而言，一个名字通常包含三个字符串，分别代表姓、名和中间名。Name 中的实例域精确地反映了它的逻辑内容。

即使你确定了默认的序列化形式是合适的，通常还必须提供一个 readObject 方法以保证约束关系和安全性。对于这个 Name 类而言，readObject 方法必须确保 lastName 和 firstName 是非 null 的。第 88 条和第 90 条将详细讨论这个问题。

注意，虽然 lastName、firstName 和 middleName 域是私有的，但是它们仍然有相应的注释文档。这是因为，这些私有域定义了一个公有的 API，即这个类的序列化形式，并且该公有的 API 必须建立文档。@serial 标签告诉 Javadoc 工具，把这些文档信息放在有关序列化形式的特殊文档页中。

下面的类与 Name 类不同，它是另一个极端，该类表示了一个字符串列表（此刻我们暂时忽略关于"最好使用标准 List 实现"的建议）：

```
// Awful candidate for default serialized form
public final class StringList implements Serializable {
    private int size = 0;
    private Entry head = null;

    private static class Entry implements Serializable {
        String data;
        Entry  next;
        Entry  previous;
    }

    ... // Remainder omitted
}
```

从逻辑意义上讲，这个类表示了一个字符串序列。但是从物理意义上讲，它把该序列表示成一个双向链表。如果你接受了默认的序列化形式，该序列化形式将不遗余力地镜像出（mirror）链表中的所有项，以及这些项之间的所有双向链接。

当一个对象的物理表示法与它的逻辑数据内容有实质性的区别时，使用默认序列化形式会有以下 4 个缺点：

❑ 它使这个类的导出 API 永远地束缚在该类的内部表示法上。在上面的例子中，私有的 StringList.Entry 类变成了公有 API 的一部分。如果在将来的版本中，内部表示法发生了变化，StringList 类仍需要接受链表形式的输入，并产生链表形式的输出。

这个类永远也摆脱不掉维护链表项所需要的所有代码，即使它不再使用链表作为内部数据结构了，也仍然需要这些代码。

- 它会消耗过多的空间。在上面的例子中，序列化形式既表示了链表中的每个项，也表示了所有的链接关系，这是不必要的。这些链表项以及链接只不过是实现细节，不值得记录在序列化形式中。因为这样的序列化形式过于庞大，所以，把它写到磁盘中，或者在网络上传输都将非常慢。

- 它会消耗过多的时间。序列化逻辑并不了解对象图的拓扑关系，所以它必须要经过一个昂贵的图遍历（traversal）过程。在上面的例子中，沿着 next 引用进行遍历是非常简单的。

- 它会引起栈溢出。默认的序列化过程要对对象图执行一次递归遍历，即使对于中等规模的对象图，这样的操作也可能会引起栈溢出。在我的机器上，如果 String-List 实例包含 1000～1800 个元素，对它进行序列化就会产生 StackOverflow-Error 栈溢出错误。奇怪的是，到底最低多少个元素会引发栈溢出呢？（在我的机器上）每次运行的结果都不一样。引发问题的最少列表元素数量取决于平台实现以及命令行参数，有些实现可能根本不存在这样的问题。

对于 StringList 类，合理的序列化形式可以非常简单，只需先包含链表中字符串的数目，然后紧跟着这些字符串即可。这样就构成了 StringList 所表示的逻辑数据，与它的物理表示细节脱离。下面是 StringList 的一个修订版本，它包含 writeObject 和 readObject 方法，用来实现这样的序列化形式。顺便提醒一下，transient 修饰符表明这个实例域将从一个类的默认序列化形式中省略掉：

```
// StringList with a reasonable custom serialized form
public final class StringList implements Serializable {
    private transient int size   = 0;
    private transient Entry head = null;

    // No longer Serializable!
    private static class Entry {
        String data;
        Entry  next;
        Entry  previous;
    }

    // Appends the specified string to the list
    public final void add(String s) { ... }

    /**
     * Serialize this {@code StringList} instance.
     *
     * @serialData The size of the list (the number of strings
     * it contains) is emitted ({@code int}), followed by all of
     * its elements (each a {@code String}), in the proper
     * sequence.
     */
```

```
        private void writeObject(ObjectOutputStream s)
                throws IOException {
            s.defaultWriteObject();
            s.writeInt(size);

            // Write out all elements in the proper order.
            for (Entry e = head; e != null; e = e.next)
                s.writeObject(e.data);
        }

        private void readObject(ObjectInputStream s)
                throws IOException, ClassNotFoundException {
            s.defaultReadObject();
            int numElements = s.readInt();

            // Read in all elements and insert them in list
            for (int i = 0; i < numElements; i++)
                add((String) s.readObject());
        }

        ... // Remainder omitted
    }
```

尽管 StringList 的所有域都是瞬时的（transient），但 writeObject 方法的首要任务仍是调用 defaultWriteObject，readObject 方法的首要任务则是调用 defaultReadObject。如果类的所有实例域都是瞬时的，从技术角度而言，不调用 defaultWriteObject 和 default-ReadObject 也是允许的，但是序列化规范依然要求你不管怎样都要调用它们。这样得到的序列化形式允许在以后的发行版本中增加非瞬时的实例域，并且还能保持向前或者向后兼容性。如果某一个实例将在未来的版本中被序列化，然后在前一个版本中被反序列化，那么，后增加的域将被忽略掉。如果旧版本的 readObject 方法没有调用 defaultReadObject，反序列化过程将失败，并引发 StreamCorruptedException 异常。

注意，尽管 writeObject 方法是私有的，它也有文档注释。这与 Name 类中私有域的文档注释是同样的道理。该私有方法定义了一个公有的 API，即序列化形式，并且这个公有的 API 应该建立文档。如同域的 @serial 标签一样，方法的 @serialData 标签也告知 Javadoc 工具，要把该文档信息放在有关序列化形式的文档页上。

套用以前对性能的讨论形式，如果平均字符串长度为 10 个字符，StringList 修订版本的序列化形式就只占用原序列化形式一半的空间。在我的机器上，同样是 10 个字符长度的情况下，StringList 修订版的序列化速度比原版本的快 2 倍。最终，修订版中不存在栈溢出的问题，因此，对于可被序列化的 StringList 的大小也没有实际的上限。

虽然默认的序列化形式对于 StringList 类来说只是不适合而已，对于有些类，情况却变得更加糟糕。对于 StringList，默认的序列化形式不够灵活，并且执行效果不佳，但是序列化和反序列化 StringList 实例会产生对原始对象的忠实拷贝，它的约束关系没有被破坏，从这个意义上讲，这个序列化形式是正确的。但是，如果对象的约束关系要依赖于实现的具体细节，对于它们来说，情况就不是这样了。

　　例如，考虑散列表的情形。它的物理表示法是一系列包含"键 – 值"（key-value）项的散列桶。到底一个项将被放在哪个桶中，这是该键的散列码的一个函数，一般情况下，不同的 JVM 实现不保证会有同样的结果。实际上，即使在同一个 JVM 实现中，也无法保证每次运行都会一样。因此，对于散列表而言，接受默认的序列化形式将会构成一个严重的 Bug。对散列表对象进行序列化和反序列化操作所产生的对象，其约束关系会遭到严重的破坏。

　　无论你是否使用默认的序列化形式，当 defaultWriteObject 方法被调用的时候，每一个未被标记为 transient 的实例域都会被序列化。因此，每一个可以被标记为 transient 的实例域都应该做上这样的标记。这包括那些冗余的域，即它们的值可以根据其他"基本数据域"计算而得到的域，比如缓存起来的散列值。它也包括那些"其值依赖于 JVM 的某一次运行"的域，比如一个 long 域代表了一个指向本地数据结构的指针。在决定将一个域做成非瞬时的之前，请一定要确信它的值将是该对象逻辑状态的一部分。如果你正在使用一种自定义的序列化形式，大多数实例域，或者所有的实例域都应该被标记为 transient，就像上述例子中的 StringList 那样。

　　如果你正在使用默认的序列化形式，并且把一个或者多个域标记为 transient，则要记住，当一个实例被反序列化的时候，这些域将被初始化为它们的默认值（default value）：对于对象引用域，默认值为 null；对于数值基本域，默认值为 0；对于 boolean 域，默认值为 false[JLS, 4.12.5]。如果这些值不能被任何 transient 域所接受，你就必须提供一个 readObject 方法，它首先调用 defaultReadObject，然后把这些 transient 域恢复为可接受的值（详见第 88 条）。另一种方法是，这些域可以被延迟到第一次被使用的时候才真正被初始化（详见第 83 条）。

　　无论你是否使用默认的序列化形式，如果在读取整个对象状态的任何其他方法上强制任何同步，则也必须在对象序列化上强制这种同步。因此，如果你有一个线程安全的对象（详见第 82 条），它通过同步每个方法实现了它的线程安全，并且你选择使用默认的序列化形式，就要使用下列的 writeObject 方法：

```
// writeObject for synchronized class with default serialized form
private synchronized void writeObject(ObjectOutputStream s)
        throws IOException {
    s.defaultWriteObject();
}
```

　　如果把同步放在 writeObject 方法中，就必须确保它遵守与其他动作相同的锁排列（lock-ordering）约束条件，否则就有遭遇资源排列（resource-ordering）死锁的危险 [Goetz06, 10.1.5]。

　　不管你选择了哪种序列化形式，都要为自己编写的每个可序列化的类声明一个显式的序列版本 UID。这样可以避免序列版本 UID 成为潜在的不兼容根源（详见第 86 条）。而且，这样做也会带来小小的性能好处。如果没有提供显式的序列版本 UID，就需要在运行时通过一个高开销的计算过程来产生一个序列版本 UID。

要声明一个序列版本 UID 非常简单，只要在你的类中增加下面这行代码：

```
private static final long serialVersionUID = randomLongValue;
```

在编写新的类时，为 randomLongValue 选择什么值并不重要。通过在该类上运行 serialver 工具，你就可以得到一个这样的值，你也可以凭空编造一个数值。如果你想修改一个没有序列版本 UID 的现有的类，并希望新的版本能够接受现有的序列化实例，就必须使用那个自动为旧版本生成的值。通过在旧版的类上运行 serialver 工具⊖，可以得到这个数值（被序列化的实例为之存在的那个数值）。

如果你想为一个类生成一个新的版本，这个类与现有的类不兼容，那么你只需修改序列版本 UID 声明中的值即可。前一版本的实例经序列化之后，再做反序列化时会引发 InvalidClassException 异常而失败。不要修改序列版本 UID，否则将会破坏类现有的已被序列化实例的兼容性。

总而言之，当你决定要将一个类做成可序列化的时候（详见第 86 条），请仔细考虑应该采用什么样的序列化形式。只有当默认的序列化形式能够合理地描述对象的逻辑状态时，才能使用默认的序列化形式；否则就要设计一个自定义的序列化形式，通过它合理地描述对象的状态。你应该分配足够多的时间来设计类的序列化形式，就好像分配足够多的时间来设计它的导出方法一样（详见第 51 条）。正如你无法在将来的版本中去掉导出方法一样，你也不能去掉序列化形式中的域；它们必须被永久地保留下去，以确保序列化兼容性。选择错误的序列化形式对于一个类的复杂性和性能都会有永久的负面影响。

第 88 条：保护性地编写 readObject 方法

第 50 条介绍了一个不可变的日期范围类，它包含可变的私有 Date 域。该类通过在其构造器和访问方法（accessor）中保护性地拷贝 Date 对象，极力地维护其约束条件和不可变性。该类如下代码所示：

```
// Immutable class that uses defensive copying
public final class Period {
    private final Date start;
    private final Date end;
```

⊖ serialver 用法：serialver [-classpath 类路径] [-show] [类名称 ...]——译者注

```
/**
 * @param   start the beginning of the period
 * @param   end the end of the period; must not precede start
 * @throws IllegalArgumentException if start is after end
 * @throws NullPointerException if start or end is null
 */
public Period(Date start, Date end) {
    this.start = new Date(start.getTime());
    this.end   = new Date(end.getTime());
    if (this.start.compareTo(this.end) > 0)
        throw new IllegalArgumentException(
                        start + " after " + end);
}

public Date start () { return new Date(start.getTime()); }

public Date end () { return new Date(end.getTime()); }

public String toString() { return start + " - " + end; }

... // Remainder omitted
}
```

假设决定要把这个类做成可序列化的。因为 Period 对象的物理表示法正好反映了它的逻辑数据内容，所以，使用默认的序列化形式并没有什么不合理的（详见第 87 条）。因此，为了使这个类成为可序列化的，似乎你所需要做的也就是在类的声明中增加 implements Serializable 字样。然而，如果你真的这样做，那么这个类将不再保证它的关键约束了。

问题在于，readObject 方法实际上相当于另一个公有的构造器，如同其他的构造器一样，它也要求警惕同样的所有注意事项。构造器必须检查其参数的有效性（详见第 49 条），并且在必要的时候对参数进行保护性拷贝（详见第 50 条），同样地，readObject 方法也需要这样做。如果 readObject 方法无法做到这两者之一，对于攻击者来说，要违反这个类的约束条件相对就比较简单了。

不严格地说，readObject 方法是一个"用字节流作为唯一参数"的构造器。在正常使用的情况下，对一个正常构造的实例进行序列化可以产生字节流。但是，当面对一个人工仿造的字节流时，readObject 产生的对象会违反它所属的类的约束条件，这时问题就产生了。这种字节流可以用来创建一个不可能的对象（impossible object），这是利用普通的构造器无法创建的。

假设我们仅仅在 Period 类的声明中加上了 implements Serializable 字样。那么这个不完整的程序将产生一个 Period 实例，它的结束时间比起始时间还要早。对于高阶位 byte 值设置的转换，是因为 Java 缺乏 byte 字面量，并且不幸地决定给 byte 类型做标签，这两个因素联合产生的后果：

```
public class BogusPeriod {
  // Byte stream couldn't have come from a real Period instance!
  private static final byte[] serializedForm = {
    (byte)0xac, (byte)0xed, 0x00, 0x05, 0x73, 0x72, 0x00, 0x06,
```

```
    0x50, 0x65, 0x72, 0x69, 0x6f, 0x64, 0x40, 0x7e, (byte)0xf8,
    0x2b, 0x4f, 0x46, (byte)0xc0, (byte)0xf4, 0x02, 0x00, 0x02,
    0x4c, 0x00, 0x03, 0x65, 0x6e, 0x64, 0x74, 0x00, 0x10, 0x4c,
    0x6a, 0x61, 0x76, 0x61, 0x2f, 0x75, 0x74, 0x69, 0x6c, 0x2f,
    0x44, 0x61, 0x74, 0x65, 0x3b, 0x4c, 0x00, 0x05, 0x73, 0x74,
    0x61, 0x72, 0x74, 0x71, 0x00, 0x7e, 0x00, 0x01, 0x78, 0x70,
    0x73, 0x72, 0x00, 0x0e, 0x6a, 0x61, 0x76, 0x61, 0x2e, 0x75,
    0x74, 0x69, 0x6c, 0x2e, 0x44, 0x61, 0x74, 0x65, 0x68, 0x6a,
    (byte)0x81, 0x01, 0x4b, 0x59, 0x74, 0x19, 0x03, 0x00, 0x00,
    0x78, 0x70, 0x77, 0x08, 0x00, 0x00, 0x00, 0x66, (byte)0xdf,
    0x6e, 0x1e, 0x00, 0x78, 0x73, 0x71, 0x00, 0x7e, 0x00, 0x03,
    0x77, 0x08, 0x00, 0x00, 0x00, (byte)0xd5, 0x17, 0x69, 0x22,
    0x00, 0x78
};

    public static void main(String[] args) {
        Period p = (Period) deserialize(serializedForm);
        System.out.println(p);
    }

    // Returns the object with the specified serialized form
    static Object deserialize(byte[] sf) {
        try {
            return new ObjectInputStream(
                new ByteArrayInputStream(sf)).readObject();
        } catch (IOException | ClassNotFoundException e) {
            throw new IllegalArgumentException(e);
        }
    }
}
```

被用来初始化 serializedForm 的 byte 数组常量是这样产生的：首先对一个正常的 Period 实例进行序列化，然后对得到的字节流进行手工编辑。对于这个例子而言，字节流的细节并不重要，但是如果你很好奇，可以在《Java Object Serialization Specification》[Serialization, 6] 中查到有关序列化字节流格式的描述信息。如果运行这个程序，它会打印出 "Fri Jan 01 12：00：00 PST 1999 - Sun Jan 01 12：00：00 PST 1984"。只要把 Period 声明成可序列化的，就会使我们创建出违反其类约束条件的对象。

为了修正这个问题，可以为 Period 提供一个 readObject 方法，该方法首先调用 defaultReadObject，然后检查被反序列化之后的对象的有效性。如果有效性检查失败，readObject 方法就抛出一个 InvalidObjectException 异常，使反序列化过程不能成功地完成：

```
// readObject method with validity checking - insufficient!
private void readObject(ObjectInputStream s)
        throws IOException, ClassNotFoundException {
    s.defaultReadObject();

    // Check that our invariants are satisfied
    if (start.compareTo(end) > 0)
        throw new InvalidObjectException(start +" after "+ end);
}
```

尽管这样的修正避免了攻击者创建无效的 Period 实例，但是，这里仍然隐藏着一个更为微妙的问题。通过伪造字节流，要想创建可变的 Period 实例仍是有可能的，做法是：字节流以一个有效的 Period 实例开头，然后附加上两个额外的引用，指向 Period 实例中的两个私有的 Date 域。攻击者从 ObjectInputStream 中读取 Period 实例，然后读取附加在其后面的"恶意编制的对象引用"。这些对象引用使得攻击者能够访问到 Period 对象内部的私有 Date 域所引用的对象。通过改变这些 Date 实例，攻击者可以改变 Period 实例。下面的类演示了这种攻击：

```java
public class MutablePeriod {
    // A period instance
    public final Period period;

    // period's start field, to which we shouldn't have access
    public final Date start;

    // period's end field, to which we shouldn't have access
    public final Date end;
    public MutablePeriod() {
        try {
            ByteArrayOutputStream bos =
                new ByteArrayOutputStream();
            ObjectOutputStream out =
                new ObjectOutputStream(bos);

            // Serialize a valid Period instance
            out.writeObject(new Period(new Date(), new Date()));

            /*
             * Append rogue "previous object refs" for internal
             * Date fields in Period. For details, see "Java
             * Object Serialization Specification," Section 6.4.
             */
            byte[] ref = { 0x71, 0, 0x7e, 0, 5 }; // Ref #5
            bos.write(ref); // The start field
            ref[4] = 4;     // Ref # 4
            bos.write(ref); // The end field

            // Deserialize Period and "stolen" Date references
            ObjectInputStream in = new ObjectInputStream(
                new ByteArrayInputStream(bos.toByteArray()));
            period = (Period) in.readObject();
            start  = (Date)   in.readObject();
            end    = (Date)   in.readObject();
        } catch (IOException | ClassNotFoundException e) {
            throw new AssertionError(e);
        }
    }
}
```

要查看正在进行的攻击，请运行以下程序：

```java
public static void main(String[] args) {
    MutablePeriod mp = new MutablePeriod();
    Period p = mp.period;
    Date pEnd = mp.end;
```

```
    // Let's turn back the clock
    pEnd.setYear(78);
    System.out.println(p);

    // Bring back the 60s!
    pEnd.setYear(69);
    System.out.println(p);
}
```

在我这里的机器上，运行这个程序，产生的输出结果如下：

```
Wed Nov 22 00:21:29 PST 2017 - Wed Nov 22 00:21:29 PST 1978
Wed Nov 22 00:21:29 PST 2017 - Sat Nov 22 00:21:29 PST 1969
```

虽然 Period 实例被创建之后，它的约束条件没有被破坏，但是要随意地修改它的内部组件仍然是有可能的。一旦攻击者获得了一个可变的 Period 实例，就可以将这个实例传递给一个"安全性依赖于 Period 的不可变性"的类，从而造成更大的危害。这种推断并不牵强：实际上，有许多类的安全性就是依赖于 String 的不可变性。

问题的根源在于，Period 的 readObject 方法并没有完成足够的保护性拷贝。当一个对象被反序列化的时候，对于客户端不应该拥有的对象引用，如果哪个域包含了这样的对象引用，就必须要做保护性拷贝，这是非常重要的。因此，对于每个可序列化的不可变类，如果它包含了私有的可变组件，那么在它的 readObject 方法中，必须要对这些组件进行保护性拷贝。下面的 readObject 方法可以确保 Period 类的约束条件不会遭到破坏，以保持它的不可变性：

```
// readObject method with defensive copying and validity checking
private void readObject(ObjectInputStream s)
        throws IOException, ClassNotFoundException {
    s.defaultReadObject();

    // Defensively copy our mutable components
    start = new Date(start.getTime());
    end   = new Date(end.getTime());

    // Check that our invariants are satisfied
    if (start.compareTo(end) > 0)
        throw new InvalidObjectException(start +" after "+ end);
}
```

注意，保护性拷贝是在有效性检查之前进行的，而且我们没有使用 Date 的 clone 方法来执行保护性拷贝。这两个细节对于保护 Period 类免受攻击是必要的（详见第 50 条）。同时也要注意到，对于 final 域，保护性拷贝是不可能的。为了使用 readObject 方法，我们必须要将 start 和 end 域做成非 final 的。这是很遗憾的，但是这还算是相对比较好的做法。有了这个新的 readObject 方法，并去掉了 start 和 end 域的 final 修饰符之后，MutablePeriod 类将不再有效。此时，上面的攻击程序会产生如下输出：

```
Wed Nov 22 00:23:41 PST 2017 - Wed Nov 22 00:23:41 PST 2017
Wed Nov 22 00:23:41 PST 2017 - Wed Nov 22 00:23:41 PST 2017
```

有一个简单的"石蕊"测试,可以用来确定默认的 `readObject` 方法是否可以被接受。测试方法:增加一个公有的构造器,其参数对应于该对象中每个非瞬时的域,并且无论参数的值是什么,都是不进行检查就可以保存到相应的域中的。对于这样的做法,你是否会感到很舒适?如果你对这个问题的回答是否定的,就必须提供一个显式的 `readObject` 方法,并且它必须执行构造器所要求的所有有效性检查和保护性拷贝。另一种方法是,可以使用序列化代理模式(serialization proxy pattern),详见第 90 条。强烈建议使用这个模式,因为它分担了安全反序列化的部分工作。

对于非 final 的可序列化的类,在 `readObject` 方法和构造器之间还有其他类似的地方。与构造器一样,`readObject` 方法不可以调用可被覆盖的方法,无论是直接调用还是间接调用都不可以(详见第 19 条)。如果违反了这条规则,并且覆盖了该方法,被覆盖的方法将在子类的状态被反序列化之前先运行。程序很可能会失败 [Bloch05,Puzzle 91]。

总而言之,在编写 `readObject` 方法的时候,都要这样想:你正在编写一个公有的构造器,无论给它传递什么样的字节流,它都必须产生一个有效的实例。不要假设这个字节流一定代表着一个真正被序列化过的实例。虽然在本条目的例子中,类使用了默认的序列化形式,但是,所有讨论到的有可能发生的问题也同样适用于使用自定义序列化形式的类。下面以摘要的形式给出一些指导方针,有助于编写出更加健壮的 `readObject` 方法:

- 对于对象引用域必须保持为私有的类,要保护性地拷贝这些域中的每个对象。不可变类的可变组件就属于这一类别。
- 对于任何约束条件,如果检查失败,则抛出一个 `InvalidObjectException` 异常。这些检查动作应该跟在所有的保护性拷贝之后。
- 如果整个对象图在被反序列化之后必须进行验证,就应该使用 `ObjectInputVali-dation` 接口(本书没有讨论)。
- 无论是直接方式还是间接方式,都不要调用类中任何可被覆盖的方法。

第 89 条:对于实例控制,枚举类型优先于 readResolve

第 3 条讲述了 Singleton(单例)模式,并且给出了以下这个 Singleton 类的示例。这个类限制了对其构造器的访问,以确保永远只创建一个实例:

```java
public class Elvis {
    public static final Elvis INSTANCE = new Elvis();
    private Elvis() { ... }
```

```
        public void leaveTheBuilding() { ... }
    }
```

正如在第 3 条中提到的，如果这个类的声明中加上了 `implements Serializable` 的字样，它就不再是一个单例。无论该类使用了默认的序列化形式，还是自定义的序列化形式（详见第 87 条），都没有关系；也跟它是否提供了显式的 `readObject` 方法（见详第 88 条）无关。任何一个 `readObject` 方法，不管是显式的还是默认的，都会返回一个新建的实例，这个新建的实例不同于该类初始化时创建的实例。

`readResolve` 特性允许你用 `readObject` 创建的实例代替另一个实例 [Serialization, 3.7]。对于一个正在被反序列化的对象，如果它的类定义了一个 `readResolve` 方法，并且具备正确的声明，那么在反序列化之后，新建对象上的 `readResolve` 方法就会被调用。然后，该方法返回的对象引用将被返回，取代新建的对象。在这个特性的绝大多数用法中，指向新建对象的引用不需要再被保留，因此立即成为垃圾回收的对象。

如果 `Elvis` 类要实现 `Serializable` 接口，下面的 `readResolve` 方法就足以保证它的单例属性：

```
// readResolve for instance control - you can do better!
private Object readResolve() {
    // Return the one true Elvis and let the garbage collector
    // take care of the Elvis impersonator.
    return INSTANCE;
}
```

该方法忽略了被反序列化的对象，只返回该类初始化时创建的那个特殊的 `Elvis` 实例。因此，`Elvis` 实例的序列化形式并不需要包含任何实际的数据；所有的实例域都应该被声明为瞬时的。事实上，如果依赖 `readResolve` 进行实例控制，带有对象引用类型的所有实例域则都必须声明为 `transient`。否则，那种破釜沉舟式的攻击者，就有可能在 `readResolve` 方法被运行之前，保护指向反序列化对象的引用，采用的方法类似于在第 88 条中提到过的 `MutablePeriod` 攻击。

这种攻击有点复杂，但是背后的思想却很简单。如果单例包含一个非瞬时的对象引用域，这个域的内容就可以在单例的 `readResolve` 方法运行之前被反序列化。当对象引用域的内容被反序列化时，它就允许一个精心制作的流 "盗用" 指向最初被反序列化的单例的引用。

以下是它更详细的工作原理。首先，编写一个 "盗用者" 类，它既有 `readResolver` 方法，又有实例域，实例域指向被序列化的单例的引用，"盗用者" 类就 "潜伏" 在其中。在序列化流中，用 "盗用者" 类的实例代替单例的瞬时域。你现在就有了一个循环：单例包含 "盗用者" 类，"盗用者" 类则引用这个单例。

由于单例包含 "盗用者" 类，当这个单例被反序列化时，"盗用者" 类的 `readResolve`

方法先运行。因此，当"盗用者"的 readResolve 方法运行时，它的实例域仍然引用被部分反序列化（并且也还没有被解析）的 Singleton。

"盗用者"的 readResolve 方法从它的实例域中将引用复制到静态域中，以便该引用可以在 readResolve 方法运行之后被访问到。然后这个方法为它所藏身的那个域返回一个正确的类型值。如果没有这么做，当序列化系统试着将"盗用者"引用保存到这个域中时，虚拟机就会抛出 ClassCastException。

为了更具体地说明这一点，我们以下面这个有问题的单例为例：

```java
// Broken singleton - has nontransient object reference field!
public class Elvis implements Serializable {
    public static final Elvis INSTANCE = new Elvis();
    private Elvis() { }

    private String[] favoriteSongs =
        { "Hound Dog", "Heartbreak Hotel" };
    public void printFavorites() {
        System.out.println(Arrays.toString(favoriteSongs));
    }

    private Object readResolve() {
        return INSTANCE;
    }
}
```

如下"盗用者"类，是根据上述的描述构造的：

```java
public class ElvisStealer implements Serializable {
    static Elvis impersonator;
    private Elvis payload;

    private Object readResolve() {
        // Save a reference to the "unresolved" Elvis instance
        impersonator = payload;

        // Return object of correct type for favoriteSongs field
        return new String[] { "A Fool Such as I" };
    }
    private static final long serialVersionUID = 0;
}
```

下面是一个不完整的程序，它反序列化一个手工制作的流，为那个有缺陷的单例产生两个截然不同的实例。这个程序中省略了反序列化方法，因为它与第 88 条中的一样：

```java
public class ElvisImpersonator {
    // Byte stream couldn't have come from a real Elvis instance!
    private static final byte[] serializedForm = {
        (byte)0xac, (byte)0xed, 0x00, 0x05, 0x73, 0x72, 0x00, 0x05,
        0x45, 0x6c, 0x76, 0x69, 0x73, (byte)0x84, (byte)0xe6,
        (byte)0x93, 0x33, (byte)0xc3, (byte)0xf4, (byte)0x8b,
        0x32, 0x02, 0x00, 0x01, 0x4c, 0x00, 0x0d, 0x66, 0x61, 0x76,
        0x6f, 0x72, 0x69, 0x74, 0x65, 0x53, 0x6f, 0x6e, 0x67, 0x73,
        0x74, 0x00, 0x12, 0x4c, 0x6a, 0x61, 0x76, 0x61, 0x2f, 0x6c,
```

```
    0x61, 0x6e, 0x67, 0x2f, 0x4f, 0x62, 0x6a, 0x65, 0x63, 0x74,
    0x3b, 0x78, 0x70, 0x73, 0x72, 0x00, 0x0c, 0x45, 0x6c, 0x76,
    0x69, 0x73, 0x53, 0x74, 0x65, 0x61, 0x6c, 0x65, 0x72, 0x00,
    0x00, 0x00, 0x00, 0x00, 0x00, 0x00, 0x00, 0x02, 0x00, 0x01,
    0x4c, 0x00, 0x07, 0x70, 0x61, 0x79, 0x6c, 0x6f, 0x61, 0x64,
    0x74, 0x00, 0x07, 0x4c, 0x45, 0x6c, 0x76, 0x69, 0x73, 0x3b,
    0x78, 0x70, 0x71, 0x00, 0x7e, 0x00, 0x02
};

public static void main(String[] args) {
    // Initializes ElvisStealer.impersonator and returns
    // the real Elvis (which is Elvis.INSTANCE)
    Elvis elvis = (Elvis) deserialize(serializedForm);
    Elvis impersonator = ElvisStealer.impersonator;

    elvis.printFavorites();
    impersonator.printFavorites();
}
}
```

运行这个程序会产生如下输出，最终证明可以创建两个截然不同的 Elvis 实例（包含两种不同的音乐品位）：

```
[Hound Dog, Heartbreak Hotel]
[A Fool Such as I]
```

通过将 favoriteSongs 域声明为 transient，可以修正这个问题，但是最好把 Elvis 做成是一个单元素的枚举类型（详见第 3 条）。就如 ElvisStealer 攻击所示范的，用 readResolve 方法防止"临时"被反序列化的实例受到攻击者的访问，这种方法很脆弱，需要万分谨慎。

如果将一个可序列化的实例受控的类编写成枚举，Java 就可以绝对保证除了所声明的常量之外，不会有其他实例，除非攻击者恶意地使用了享受特权的方法，如 Accessible-Object.setAccessible。能够做到这一点的任何一位攻击者，已经具备了足够的特权来执行任意的本地代码，后果不堪设想。将 Elvis 写成枚举的例子如下所示：

```
// Enum singleton - the preferred approach
public enum Elvis {
    INSTANCE;
    private String[] favoriteSongs =
        { "Hound Dog", "Heartbreak Hotel" };
    public void printFavorites() {
        System.out.println(Arrays.toString(favoriteSongs));
    }
}
```

用 readResolve 进行实例控制并不过时。如果必须编写可序列化的实例受控的类，在编译时还不知道它的实例，你就无法将类表示成一个枚举类型。

readResolve 的可访问性（accessibility）很重要。如果把 readResolve 方法放在一个

final 类上，它就应该是私有的。如果把 readResolver 方法放在一个非 final 类上，就必须认真考虑它的可访问性。如果它是私有的，就不适用于任何子类。如果它是包级私有的，就只适用于同一个包中的子类。如果它是受保护的或者公有的，就适用于所有没有覆盖它的子类。如果 readResolve 方法是受保护的或者是公有的，并且子类没有覆盖它，对序列化过的子类实例进行反序列化，就会产生一个超类实例，这样有可能导致 ClassCastException 异常。

　　总而言之，应该尽可能地使用枚举类型来实施实例控制的约束条件。如果做不到，同时又需要一个既可序列化又是实例受控的类，就必须提供一个 readResolver 方法，并确保该类的所有实例域都为基本类型，或者是瞬时的。

第 90 条：考虑用序列化代理代替序列化实例

　　正如第 85 条和第 86 条中提到的，以及本章一直在讨论的，决定实现 Serializable 接口，会增加出错和出现安全问题的可能性，因为它允许利用语言之外的机制来创建实例，而不是用普通的构造器。然而，有一种方法可以极大地减少这些风险。这种方法就是序列化代理模式（serialization proxy pattern）。

　　序列化代理模式相当简单。首先，为可序列化的类设计一个私有的静态嵌套类，精确地表示外围类的实例的逻辑状态。这个嵌套类被称作序列化代理（serialization proxy），它应该有一个单独的构造器，其参数类型就是那个外围类。这个构造器只从它的参数中复制数据：它不需要进行任何一致性检查或者保护性拷贝。从设计的角度来看，序列化代理的默认序列化形式是外围类最好的序列化形式。外围类及其序列代理都必须声明实现 Serializable 接口。

　　例如，以第 50 条中编写的不可变的 Period 类为例，它在第 88 条中被做成可序列化的。以下是这个类的一个序列化代理。Period 类是如此简单，以致它的序列化代理有着与类完全相同的域：

```java
// Serialization proxy for Period class
private static class SerializationProxy implements Serializable {
    private final Date start;
    private final Date end;

    SerializationProxy(Period p) {
        this.start = p.start;
        this.end = p.end;
    }

    private static final long serialVersionUID =
        234098243823485285L; // Any number will do (Item 87)
}
```

接下来，将下面的 writeReplace 方法添加到外围类中。通过序列化代理，这个方法可以被逐字地复制到任何类中：

```
// writeReplace method for the serialization proxy pattern
private Object writeReplace() {
    return new SerializationProxy(this);
}
```

这个方法的存在导致序列化系统产生一个 SerializationProxy 实例，代替外围类的实例。换句话说，writeReplace 方法在序列化之前，将外围类的实例转变成了它的序列化代理。

有了 writeReplace 方法之后，序列化系统永远不会产生外围类的序列化实例，但是攻击者有可能伪造，企图违反该类的约束条件。为了防御此类攻击，只要在外围类中添加如下 readObject 方法即可：

```
// readObject method for the serialization proxy pattern
private void readObject(ObjectInputStream stream)
        throws InvalidObjectException {
    throw new InvalidObjectException("Proxy required");
}
```

最后，在 SerializationProxy 类中提供一个 readResolve 方法，它返回一个逻辑上相当的外围类的实例。这个方法的出现，导致序列化系统在反序列化时将序列化代理转变回外围类的实例。

这个 readResolve 方法仅仅利用它的公有 API 创建外围类的一个实例，这正是该模式的魅力所在。它极大地消除了序列化机制中语言本身之外的特征，因为反序列化实例是利用与任何其他实例相同的构造器、静态工厂和方法而创建的。这样你就不必单独确保被反序列化的实例一定要遵守类的约束条件。如果该类的静态工厂或者构造器建立了这些约束条件，并且它的实例方法在维持着这些约束条件，你就可以确信序列化也会维持这些约束条件。

以下是上述 Period.SerializationProxy 的 readResolve 方法：

```
// readResolve method for Period.SerializationProxy
private Object readResolve() {
    return new Period(start, end);  // Uses public constructor
}
```

正如保护性拷贝方法一样（详见第 88 条），序列化代理方法可以阻止伪字节流的攻击（详见第 88 条）以及内部域的盗用攻击（详见第 88 条）。与前两种方法不同，这种方法允许 Period 类的域为 final 的，为了确保 Period 类真正是不可变的（详见第 17 条），这一点很有必要。与前两种方法不同的还有，这种方法不需要太费心思。你不必知道哪些域可能受到狡猾的序列化攻击的威胁，你也不必显式地执行有效性检查，作为反序列化的一部分。

还有另外一种方法，使用这种方法时，序列化代理模式的功能比保护性拷贝的更加强大。序列化代理模式允许反序列化实例有着与原始序列化实例不同的类。你可能认为这在实际应用中没有什么作用，其实不然。

以 EnumSet 的情况为例（详见第 36 条）。这个类没有公有的构造器，只有静态工厂。从客户端的角度来看，它们返回 EnumSet 实例，但是在目前的 OpenJDK 实现中，它们是返回两种子类之一，具体取决于底层枚举类型的大小。如果底层的枚举类型有 64 个或者少于 64 个的元素，静态工厂就返回一个 RegularEnumSet；否则，它们就返回一个 JumboEnumSet。

现在考虑这种情况：如果序列化一个枚举集合，它的枚举类型有 60 个元素，然后给这个枚举类型再增加 5 个元素，之后反序列化这个枚举集合。当它被序列化的时候，是一个 RegularEnumSet 实例，但是一旦它被反序列化，它最好是一个 JumboEnumSet 实例。实际发生的情况正是如此，因为 EnumSet 使用序列化代理模式。如果你有兴趣，可以看看如下的 EnumSet 序列化代理，它实际上就这么简单：

```java
// EnumSet's serialization proxy
private static class SerializationProxy <E extends Enum<E>>
        implements Serializable {
    // The element type of this enum set.
    private final Class<E> elementType;

    // The elements contained in this enum set.
    private final Enum<?>[] elements;

    SerializationProxy(EnumSet<E> set) {
        elementType = set.elementType;
        elements = set.toArray(new Enum<?>[0]);
    }

    private Object readResolve() {
        EnumSet<E> result = EnumSet.noneOf(elementType);
        for (Enum<?> e : elements)
            result.add((E)e);
        return result;
    }

    private static final long serialVersionUID =
        362491234563181265L;
}
```

序列化代理模式有两个局限性。它不能与可以被客户端扩展的类相兼容（详见第 19 条）。它也不能与对象图中包含循环的某些类相兼容：如果你企图从一个对象的序列化代理的 readResolve 方法内部调用这个对象中的方法，就会得到一个 ClassCast-Exception 异常，因为你还没有这个对象，只有它的序列化代理。

最后一点，序列化代理模式所增强的功能和安全性并不是没有代价的。在我的机器上，通过序列化代理来序列化和反序列化 Period 实例的开销，比用保护性拷贝进行的开销增加了 14%。

总而言之，当你发现自己必须在一个不能被客户端扩展的类上编写 readObject 或者 writeObject 方法时，就应该考虑使用序列化代理模式。要想稳健地将带有重要约束条件的对象序列化时，这种模式可能是最容易的方法。

EFFECTIVE
系列丛书

Effective

APPENDIX · 附录

与第 2 版中条目的对应关系

（续）

第 2 版中的条目号	第 3 版中的条目号及标题
19	第 22 条：接口只用于定义类型
20	第 23 条：类层次优于标签类
21	第 42 条：Lambda 优先于匿名类
22	第 24 条：静态成员类优于非静态成员类
23	第 26 条：请不要使用原生态类型
24	第 27 条：消除非受检的警告
25	第 28 条：列表优于数组
26	第 29 条：优先考虑泛型
27	第 30 条：优先考虑泛型方法
28	第 31 条：利用有限制通配符来提升 API 的灵活性
29	第 33 条：优先考虑类型安全的异构容器
30	第 34 条：用 enum 代替 int 常量
31	第 35 条：用实例域代替序数
32	第 36 条：用 EnumSet 代替位域
33	第 37 条：用 EnumMap 代替序数索引
34	第 38 条：用接口模拟可扩展的枚举
35	第 39 条：注解优先于命名模式
36	第 40 条：坚持使用 Override 注解
37	第 41 条：用标记接口定义类型
38	第 49 条：检查参数的有效性
39	第 50 条：必要时进行保护性拷贝
40	第 51 条：谨慎设计方法签名
41	第 52 条：慎用重载
42	第 53 条：慎用可变参数
43	第 54 条：返回零长度的数组或者集合，而不是 null
44	第 56 条：为所有导出的 API 元素编写文档注释
45	第 57 条：将局部变量的作用域最小化
46	第 58 条：for-each 循环优先于传统的 for 循环
47	第 59 条：了解和使用类库
48	第 60 条：如果需要精确的答案，请避免使用 float 和 double
49	第 61 条：基本类型优先于装箱基本类型
50	第 62 条：如果其他类型更适合，则尽量避免使用字符串

（续）

第 2 版中的条目号	第 3 版中的条目号及标题
51	第 63 条：了解字符串连接的性能
52	第 64 条：通过接口引用对象
53	第 65 条：接口优先于反射机制
54	第 66 条：谨慎地使用本地方法
55	第 67 条：谨慎地进行优化
56	第 68 条：遵守普遍接受的命名惯例
57	第 69 条：只针对异常的情况才使用异常
58	第 70 条：对可恢复的情况使用受检异常，对编程错误使用运行时异常
59	第 71 条：避免不必要地使用受检异常
60	第 72 条：优先使用标准的异常
61	第 73 条：抛出与抽象对应的异常
62	第 74 条：每个方法抛出的所有异常都要建立文档
63	第 75 条：在细节消息中包含失败 – 捕获信息
64	第 76 条：努力使失败保持原子性
65	第 77 条：不要忽略异常
66	第 78 条：同步访问共享的可变数据
67	第 79 条：避免过度同步
68	第 80 条：executor、task 和 stream 优先于线程
69	第 81 条：并发工具优先于 wait 和 notify
70	第 82 条：线程安全性的文档化
71	第 83 条：慎用延迟初始化
72	第 84 条：不要依赖于线程调度器
73	无
74	第 85 条：其他方法优先于 Java 序列化 第 86 条：谨慎地实现 Serializable 接口
75	第 85 条：其他方法优先于 Java 序列化 第 87 条：考虑使用自定义的序列化形式
76	第 85 条：其他方法优先于 Java 序列化 第 88 条：保护性地编写 readObject 方法
77	第 85 条：其他方法优先于 Java 序列化 第 89 条：对于实例控制，枚举类型优先于 readResolve
78	第 85 条：其他方法优先于 Java 序列化 第 90 条：考虑用序列化代理代替序列化实例

参 考 文 献

[Asserts]   *Programming with Assertions.* 2002. Sun Microsystems.
                 http://docs.oracle.com/javase/8/docs/technotes/guides/language/
                 assert.html

[Beck04]   Beck, Kent. 2004. *JUnit Pocket Guide.* Sebastopol, CA: O'Reilly
                 Media, Inc. ISBN: 0596007434.

[Bloch01]   Bloch, Joshua. 2001. *Effective Java Programming Language
                 Guide.* Boston: Addison-Wesley. ISBN: 0201310058.

[Bloch05]   Bloch, Joshua, and Neal Gafter. 2005. *Java Puzzlers: Traps,
                 Pitfalls, and Corner Cases.* Boston: Addison-Wesley.
                 ISBN: 032133678X.

[Blum14]   Blum, Scott. 2014. "Faster RSA in Java with GMP." *The Square
                 Corner* (blog). Feb. 14, 2014. https://medium.com/square-corner
                 -blog/faster-rsa-in-java-with-gmp-8b13c51c6ec4

[Bracha04]   Bracha, Gilad. 2004. "Lesson: Generics" online supplement to *The
                 Java Tutorial: A Short Course on the Basics,* 6th ed. Upper Saddle
                 River, NJ: Addison-Wesley, 2014. https://docs.oracle.com/javase
                 /tutorial/extra/generics/

[Burn01]   Burn, Oliver. 2001–2017. *Checkstyle.*
                 http://checkstyle.sourceforge.net

[Coekaerts15]   Coekaerts, Wouter (@WouterCoekaerts). 2015. "Billion-laughs-
                 style DoS for Java serialization https://gist.github.com/coekie/
                 a27cc406fc9f3dc7a70d ... WONTFIX," Twitter, November 9,
                 2015, 9:46 a.m. https://twitter.com/woutercoekaerts/status
                 /663774695381078016

[CompSci17]   Brief of Computer Scientists as Amici Curiae for the United States
                 Court of Appeals for the Federal Circuit, Case No. 17-1118, Oracle
                 America, Inc. v. Google, Inc. in Support of Defendant-Appellee.
                 (2017)

[Dagger]　　　 *Dagger*. 2013. Square, Inc. http://square.github.io/dagger/

[Gallagher16]　 Gallagher, Sean. 2016. "Muni system hacker hit others by scanning for year-old Java vulnerability." *Ars Technica,* November 29, 2016. https://arstechnica.com/information-technology/2016/11/san -francisco-transit-ransomware-attacker-likely-used-year-old-java -exploit/

[Gamma95]　　 Gamma, Erich, Richard Helm, Ralph Johnson, and John Vlissides. 1995. *Design Patterns: Elements of Reusable Object-Oriented Software.* Reading, MA: Addison-Wesley. ISBN: 0201633612.

[Goetz06]　　　 Goetz, Brian. 2006. *Java Concurrency in Practice.* With Tim Peierls, Joshua Bloch, Joseph Bowbeer, David Holmes, and Doug Lea. Boston: Addison-Wesley. ISBN: 0321349601.

[Gosling97]　　 Gosling, James. 1997. "The Feel of Java." *Computer* 30 no. 6 (June 1997): 53-57. http://dx.doi.org/10.1109/2.587548

[Guava]　　　 *Guava*. 2017. Google Inc. https://github.com/google/guava

[Guice]　　　　 *Guice*. 2006. Google Inc. https://github.com/google/guice

[Herlihy12]　　 Herlihy, Maurice, and Nir Shavit. 2012. *The Art of Multiprocessor Programming, Revised Reprint.* Waltham, MA: Morgan Kaufmann Publishers. ISBN: 0123973376.

[Jackson75]　　 Jackson, M. A. 1975. *Principles of Program Design.* London: Academic Press. ISBN: 0123790506.

[Java-secure]　 *Secure Coding Guidelines for Java SE.* 2017. Oracle. http:// www.oracle.com/technetwork/java/seccodeguide-139067.html

[Java8-feat]　　 *What's New in JDK 8.* 2014. Oracle. http://www.oracle.com / technetwork/java/javase/8-whats-new-2157071.html

[Java9-feat]　　 *Java Platform, Standard Edition What's New in Oracle JDK 9.* 2017. Oracle. https://docs.oracle.com/javase/9/whatsnew/toc.htm

[Java9-api]　　 *Java Platform, Standard Edition & Java Development Kit Version 9 API Specification.* 2017. Oracle. https://docs.oracle.com / javase/9/docs/api/overview-summary.html

[Javadoc-guide] *How to Write Doc Comments for the Javadoc Tool.* 2000–2004. Sun Microsystems. http://www.oracle.com/technetwork/java / javase/documentation/index-137868.html

[Javadoc-ref]　 *Javadoc Reference Guide.* 2014-2017. Oracle.

https://docs.oracle.com/javase/9/javadoc/javadoc.htm

[JLS]　　　　　Gosling, James, Bill Joy, Guy Steele, and Gilad Bracha. 2014. *The Java Language Specification, Java SE 8 Edition*. Boston: Addison-Wesley. ISBN: 013390069X.

[JMH]　　　　　*Code Tools: jmh*. 2014. Oracle. http://openjdk.java.net/projects/code-tools/jmh/

[JSON]　　　　*Introducing JSON*. 2013. Ecma International. https://www.json.org

[Kahan91]　　　Kahan, William, and J. W. Thomas. 1991. *Augmenting a Programming Language with Complex Arithmetic*. UCB/CSD-91-667, University of California, Berkeley.

[Knuth74]　　　Knuth, Donald. 1974. Structured Programming with go to Statements. In *Computing Surveys* 6: 261–301.

[Lea14]　　　　Lea, Doug. 2014. *When to use parallel streams*. http://gee.cs.oswego.edu/dl/html/StreamParallelGuidance.html

[Lieberman86]　Lieberman, Henry. 1986. Using Prototypical Objects to Implement Shared Behavior in Object-Oriented Systems. In *Proceedings of the First ACM Conference on Object-Oriented Programming Systems, Languages, and Applications*, pages 214–223, Portland, September 1986. ACM Press.

[Liskov87]　　　Liskov, B. 1988. Data Abstraction and Hierarchy. In *Addendum to the Proceedings of OOPSLA '87* and *SIGPLAN Notices,* Vol. 23, No. 5: 17–34, May 1988.

[Naftalin07]　　Naftalin, Maurice, and Philip Wadler. 2007. *Java Generics and Collections*. Sebastopol, CA: O'Reilly Media, Inc. ISBN: 0596527756.

[Parnas72]　　　Parnas, D. L. 1972. On the Criteria to Be Used in Decomposing Systems into Modules. In *Communications of the ACM* 15: 1053–1058.

[POSIX]　　　　9945-1:1996 (ISO/IEC) [IEEE/ANSI Std. 1003.1 1995 Edition] Information Technology—Portable Operating System Interface (POSIX)—Part 1: System Application: Program Interface (API) C Language] (ANSI), IEEE Standards Press, ISBN: 1559375736.

[Protobuf]　　　*Protocol Buffers*. 2017. Google Inc. https://developers.google.com/protocol-buffers

[Schneider16]　Schneider, Christian. 2016. SWAT (Serial Whitelist Application

Trainer). https://github.com/cschneider4711/SWAT/

[Seacord17]　Seacord, Robert. 2017. *Combating Java Deserialization Vulnerabilities with Look-Ahead Object Input Streams (LAOIS).* San Francisco: NCC Group Whitepaper. https://www.nccgroup.trust/globalassets/our-research/us/whitepapers/2017/june/ncc_group_combating_java_deserialization_vulnerabilities_with_look-ahead_object_input_streams1.pdf

[Serialization]　*Java Object Serialization Specification.* March 2005. Sun Microsystems. http://docs.oracle.com/javase/9/docs/specs/serialization/index.html

[Sestoft16]　Sestoft, Peter. 2016. *Java Precisely,* 3rd ed. Cambridge, MA: The MIT Press. ISBN: 0262529076.

[Shipilëv16]　Aleksey Shipilëv. 2016. *Arrays of Wisdom of the Ancients.* https://shipilev.net/blog/2016/arrays-wisdom-ancients/

[Smith62]　Smith, Robert. 1962. Algorithm 116 Complex Division. In *Communications of the ACM* 5, no. 8 (August 1962): 435.

[Snyder86]　Snyder, Alan. 1986. "Encapsulation and Inheritance in Object-Oriented Programming Languages." In *Object-Oriented Programming Systems, Languages, and Applications Conference Proceedings*, 38–45. New York, NY: ACM Press.

[Spring]　*Spring Framework.* Pivotal Software, Inc. 2017. https://projects.spring.io/spring-framework/

[Stroustrup]　Stroustrup, Bjarne. [ca. 2000]. "Is Java the language you would have designed if you didn't have to be compatible with C?" *Bjarne Stroustrup's FAQ.* Updated Ocober 1, 2017. http://www.stroustrup.com/bs_faq.html#Java

[Stroustrup95]　Stroustrup, Bjarne. 1995. "Why C++ is not just an object-oriented programming language." In *Addendum to the proceedings of the 10th annual conference on Object-oriented programming systems, languages, and applications*, edited by Steven Craig Bilow and Patricia S. Bilow New York, NY: ACM. http://dx.doi.org/10.1145/260094.260207

[Svoboda16]　Svoboda, David. 2016. *Exploiting Java Serialization for Fun and Profit.* Software Engineering Institute, Carnegie Mellon University. https://resources.sei.cmu.edu/library/asset-view.cfm?assetid=484347

[Thomas94]　Thomas, Jim, and Jerome T. Coonen. 1994. "Issues Regarding Imaginary Types for C and C++." In *The Journal of C Language*

Translation 5, no. 3 (March 1994): 134–138.

[ThreadStop]　*Why Are `Thread.stop`, `Thread.suspend`, `Thread.resume` and `Runtime.runFinalizersOnExit` Deprecated?* 1999. Sun Microsystems. https://docs.oracle.com/javase/8/docs/technotes/guides/concurrency/threadPrimitiveDeprecation.html

[Viega01]　Viega, John, and Gary McGraw. 2001. *Building Secure Software: How to Avoid Security Problems the Right Way.* Boston: Addison-Wesley. ISBN: 020172152X.

[W3C-validator]　*W3C Markup Validation Service.* 2007. World Wide Web Consortium. http://validator.w3.org/

[Wulf72]　Wulf, W. A Case Against the GOTO. 1972. In *Proceedings of the 25th ACM National Conference* 2: 791–797. New York, NY: ACM Press.

推荐阅读

Effective系列

微服务架构设计模式

作者：Chris Richardson ISBN：978-7-111-62412-7 定价：139.00元

世界十大软件架构师之一Chris Richardson力作，微服务架构的权威指南

涵盖44个架构设计模式，系统解决服务拆分、事务管理、查询和跨服务通信等难题

易宝支付CTO陈斌、PolarisTech 联合创始人蔡书、才云科技CEO张鑫等多位专家鼎力推荐

本书将教会你如何开发和部署生产级别的微服务架构应用。这套宝贵的架构设计模式建立在数十年的分布式系统经验之上，Chris还为开发服务添加了新的模式，并将它们组合成可在真实条件下可靠地扩展和执行的系统。本书不仅仅是一个模式目录，还提供了经验驱动的建议，以帮助你设计、实现、测试和部署基于微服务的应用程序。

本书专为熟悉标准企业应用程序架构的开发人员编写，使用Java编写所有示例代码。